PLC

编程与伺服控制
从入门到工程实战

向晓汉　主　编

郭　浩　副主编

化学工业出版社

·北京·

内容简介

本书从实用的角度出发，以案例引导学习的方式，结合视频讲解，全面系统地介绍了西门子 S7-200 SMART PLC 编程技术、西门子 SINAMICS V90、三菱 MR-J4/MR-JE 伺服驱动系统及其系统集成。

全书分为三部分，第一部分介绍西门子 S7-200 SMART PLC 的编程技术；第二部分讲解西门子 SINAMICS V90 和三菱 MR-J4/MR-JE 伺服驱动系统基础，主要介绍三款伺服驱动系统的接线与参数设置；第三部分介绍西门子 SINAMICS V90、三菱 MR-J4/MR-JE 伺服驱动系统工程应用，包括伺服驱动系统的速度控制及应用、伺服驱动系统的位置控制及应用、伺服驱动系统的转矩控制及参数读写和伺服驱动系统调试。本书采用双色图解，内容全面丰富，重点突出，且注重实用性，配有大量的典型实用案例，每个实例都有详细的软件、硬件配置清单，并配有接线图和程序。对重点和复杂内容还配有微课视频资料，方便读者学习。

本书可供电气控制工程技术人员使用，也可作为大中专院校机电类、信息类专业的参考书和工具书。

图书在版编目（CIP）数据

PLC 编程与伺服控制从入门到工程实战/向晓汉主编；郭浩副主编. —北京：化学工业出版社，2023.2（2025.3重印）
（老向讲工控）
ISBN 978-7-122-42437-2

Ⅰ．①P…　Ⅱ．①向…　②郭…　Ⅲ．①PLC技术-程序设计②伺服控制-控制系统　Ⅳ．①TM571.6②TP275

中国版本图书馆 CIP 数据核字（2022）第 201106 号

责任编辑：李军亮　徐卿华　于成成
责任校对：刘曦阳　　　　　　　　　　　　装帧设计：关飞

出版发行：化学工业出版社（北京市东城区青年湖南街13号　邮政编码100011）
印　　装：三河市航远印刷有限公司
787mm×1092mm　1/16　印张20¼　字数499千字　2025年3月北京第1版第2次印刷

购书咨询：010-64518888　　　　　　　　　　售后服务：010-64518899
网　　址：http：//www.cip.com.cn
凡购买本书，如有缺损质量问题，本社销售中心负责调换。

定　　价：88.00元

前 言 >>>>>>

随着计算机技术的发展，以可编程控制器（PLC）、变频器、伺服驱动系统和计算机通信及组态软件等技术为主体的新型电气控制系统已经逐渐取代传统的继电器控制系统，并广泛应用于各个行业。其中，西门子、三菱PLC、变频器、触摸屏及伺服驱动系统具有卓越的性能，且有很高的性价比，因此在工控市场占有非常大的份额，应用十分广泛。

笔者与化学工业出版社合作已有十个年头，期间出版了一系列自动化专业的图书，深受广大读者的喜爱。最近几年，许多读者来电或者来函，希望能够编写风格统一的系列丛书。笔者也有意愿把十余年的企业工作经验和十余年的教学经验融入系列丛书，分享给广大读者，以回馈读者的厚爱。因此，我们决定编写丛书"老向讲工控"，包含以下图书：

（1）三菱FX5U PLC编程从入门到精通
（2）三菱FX系列PLC完全精通教程（第2版）
（3）西门子SINAMICS V90 伺服驱动系统从入门到精通
（4）西门子S7-1500 PLC编程从入门到精通
（5）PLC编程手册
（6）西门子S7-1200/1500PLC编程从入门到精通
（7）三菱iQ-R PLC编程从入门到精通
（8）三菱MR-J4/JE 伺服系统从入门到精通

丛书具有以下特点：

（1）内容全面，知识系统。既适合初学者全面掌握工控技术，也适合有一定基础的读者结合实例深入学习工控技术。

（2）实例引导学习。大部分知识点采用实例讲解，便于读者举一反三，快速掌握编程技巧及应用。

（3）案例丰富，实用性强。精选大量工程实用案例，便于读者模仿应用，重点实例都包含软硬件配置清单、原理图和程序，且程序已经在PLC上运行通过。

（4）对于重点及复杂内容，配有大量微课视频。读者扫描书中二维码即可观看，配合文字讲解，学习效果更好。

本书为《PLC编程与伺服控制从入门到工程实战》。

PLC对伺服驱动系统的控制是PLC控制中公认的难点，对于那些工控刚入门的读者来说就更是如此，考虑到伺服驱动系统在工控中的应用情况，本书选用了西门子SINAMICS V90（PN通信版本）和三菱MR-J4/MR-JE（脉冲版本）伺服驱动系统进行介绍。

为了使读者能更好地掌握PLC对伺服驱动系统的控制技术，我们在总结长期的教学经验和工程实践的基础上，联合相关企业人员，共同编写了本书。

本书在编写时，力求简单和详细，用较多的小例子引领读者入门，让读者读完入门部分后，能完成简单的工程。应用部分精选工程的实际案例，供读者模仿学习，提高读者的学习兴趣和解决实际问题的能力。

全书共分十一章。第1~3章由西安中诺工业自动化科技有限公司的郭浩编写；第4~9章由无锡职业技术学院的向晓汉编写；第10章由无锡博疆机电有限公司的曹英强编写；第11章由无锡博疆机电有限公司的刘摇摇编写。本书由向晓汉任主编，郭浩任副主编。陆金荣高级工程师任主审。

由于编者水平有限，不妥之处在所难免，敬请读者批评指正。

编　者

目 录 ▶▶▶▶

第1篇
西门子S7-200 SMART PLC编程

第4章　逻辑控制编程的编写方法　　　121

第7章　三菱MR-J4伺服驱动系统接线及参数设置　　189

第3篇
西门子、三菱伺服驱动系统工程应用

第10章　伺服驱动系统的转矩控制及参数读写　　286

第11章　西门子 SINAMICS V90 和三菱 MR-J4/MR-JE
伺服驱动系统调试　　300

第 1 篇

西门子 S7-200 SMART PLC 编程

第1章

西门子S7-200 SMART PLC的硬件

本章主要介绍西门子S7-200 SMART PLC的CPU模块及其扩展模块的技术性能和接线方法以及PLC的安装和电源的需求计算。

1.1 认识PLC

1.1.1 PLC是什么

PLC是Programmable Logic Controller（可编程序控制器）的简称，国际电工委员会（IEC）于1985年对可编程序控制器（PLC）作了如下定义：可编程序控制器是一种数字运算操作的电子系统，专为在工业环境下应用而设计。它采用可编程序的存储器，用来在其内部存储执行逻辑运算、顺序控制、定时、计数和算术运算等操作的指令，并通过数字、模拟的输入和输出，控制各种类型的机械或生产过程。可编程序控制器及其有关设备，都应按易于与工业控制系统连成一个整体，易于扩充功能的原则设计。PLC是一种工业计算机，其种类繁多，不同厂家的产品有各自的特点，但作为工业标准设备，PLC又有一定的共性。常见品牌的PLC外形如图1-1所示。

(a) 西门子PLC   (b) 罗克韦尔(AB)PLC   (c) 三菱PLC   (d) 信捷PLC

图1-1 知名品牌的PLC外形

1.1.2　PLC的应用范围

目前，PLC在国内外已广泛应用于专用机床、普通机床、控制系统、自动化楼宇、钢铁、石油、化工、电力、建材、汽车、纺织机械、交通运输、环保以及文化娱乐等场景和行业。随着PLC性能价格比的不断提高，其应用范围还将不断扩大，其应用场合可以说是无处不在，具体应用大致可归纳为如下几类。

（1）顺序控制

这是PLC最基本、最广泛应用的功能，它取代传统的继电器顺序控制，广泛应用于单机控制、多机群控制和自动化生产线的控制。例如数控机床、注塑机、印刷机械、电梯控制和纺织机械等。

（2）计数和定时控制

PLC为用户提供了足够的定时器和计数器，并设置相关的定时和计数指令，PLC的计数器和定时器精度高、使用方便，可以取代继电器系统中的时间继电器和计数器。

（3）位置控制

目前大多数的PLC制造商都提供拖动步进电动机或伺服电动机的单轴或多轴位置控制模块，这一功能可广泛用于各种机械，如金属切削机床和装配机械等。

（4）模拟量处理

PLC通过模拟量的输入/输出模块，实现模拟量与数字量的转换，并对模拟量进行控制，有的PLC还具有PID控制功能可用于锅炉的水位、压力和温度控制。

（5）数据处理

现代的PLC具有数学运算、数据传递、数据转换、排序和查表等功能，也能完成数据的采集、分析和处理。

（6）通信联网

PLC的通信包括PLC相互之间、PLC与上位计算机以及PLC和其他智能设备之间的通信。PLC系统与通用计算机可以直接或通过通信处理单元、通信转接器相连构成网络，以实现信息的交换，并可构成"集中管理、分散控制"的分布式控制系统，满足工厂自动化系统的需要。

1.2　S7-200 SMART PLC概述

S7-200 SMART PLC的CPU标准型模块中有20点、30点、40点和60点四类，每类中又分为继电器输出和晶体管输出两种。经济型CPU模块中也有20点、30点、40点和60点四类，目前只有继电器输出形式。

1.2.1　西门子S7系列模块简介

德国的西门子（SIEMENS）公司是欧洲最大的电子和电气设备制造商之一，生产的SIMATIC可编程序控制器在欧洲处于领先地位。其第一代可编程序控制器是1975年投放市场的 SIMATIC S3 系列控制系统。1979年，西门子公司将微处理器技术应用到可编程序控制器中，研制出了SIMATIC S5系列，取代了S3系列，目前S5系列产品仍然有小部分在工业现场使用。20世纪末，西门子又在S5系列的基础上推出了S7系列产品。最新的SIMATIC产品为SIMATIC S7和C7等系列。C7系列基于S7-300系列PLC性能，同时集成了HMI（人机界面）。

　　SIMATIC S7系列产品分为通用逻辑模块（LOGO!）、S7-200 PLC、S7-200 SMART PLC、S7-1200 PLC、S7-300 PLC、S7-400 PLC和S7-1500 PLC七个产品系列。S7-200是在西门子公司收购的小型PLC的基础上发展而来的，因此其指令系统、程序结构和编程软件同S7-300/400 PLC有区别，在西门子PLC产品系列中较为特殊。S7-200 SMART PLC是S7-200 PLC的升级版本，是西门子家族的新成员，于2012年7月发布。其绝大多数的指令和使用方法与S7-200 PLC类似，编程软件也类似，而且在S7-200 PLC中运行的程序，大部分都可以在S7-200 SMART PLC中运行。S7-1200 PLC是在2009年才推出的新型小型PLC，定位于S7-200 PLC和S7-300 PLC产品之间。S7-300/400 PLC由西门子的S5系列发展而来，是西门子公司最具竞争力的PLC产品。2013年西门子公司又推出了新品S7-1500系列产品。西门子PLC产品系列的定位见表1-1。

表1-1　SIMATIC 控制器的定位

序号	控制器	定　位	主要任务和性能特征
1	LOGO!	低端的独立自动化系统中简单的开关量解决方案和智能逻辑控制器	简单自动化 作为时间继电器、计数器和辅助接触器的替代开关设备 模块化设计，柔性应用 有数字量、模拟量和通信模块 用户界面友好，配置简单 使用具有拖放功能的智能电路图开发
2	S7-200/ S7-200CN	低端的离散自动化系统和独立自动化系统中使用的紧凑型逻辑控制器模块	串行模块结构、模块化扩展 紧凑设计，CPU集成I/O 实时处理能力，高速计数器和报警输入和中断 易学易用的软件 多种通信选项
3	S7-200 SMART	低端的离散自动化系统和独立自动化系统中使用的紧凑型逻辑控制器模块，是S7-200的升级版本	串行模块结构、模块化扩展 紧凑设计，CPU集成I/O 集成了PROFINET接口 实时处理能力，高速计数器和报警输入和中断 易学易用的软件 多种通信选项
4	S7-1200	低端的离散自动化系统和独立自动化系统中使用的小型控制器模块	可升级及灵活的设计 集成了PROFINET接口 集成了强大的计数、测量、闭环控制及运动控制功能 直观高效的STEP7 Basic工程系统可以直接组态控制器和HMI
5	S7-300	中端的离散自动化系统中使用的控制器模块	通用型应用和丰富的CPU模块种类 高性能 模块化设计，紧凑设计 由于使用MMC存储程序和数据，系统免维护

序号	控制器	定位	主要任务和性能特征
6	S7-400	高端的离散和过程自动化系统中使用的控制器模块	特别强的通信和处理能力 定点加法或乘法的指令执行速度最快为0.03μs 大型I/O框架和最高20MB的主内存 快速响应,实时性强,垂直集成 支持热插拔和在线I/O配置,避免重启 具备等时模式,可以通过PROFIBUS控制高速机器
7	S7-1500	中高端系统	S7-1500控制器除了包含多种创新技术之外,还设定了新标准,最大程度提高生产效率。无论是小型设备还是对速度和准确性要求较高的复杂设备装置,都一一适用 SIMATIC S7-1500 无缝集成到TIA博途软件,极大提高了工程组态的效率

1.2.2　S7-200 SMART PLC的产品特点

S7-200 SMART PLC是在S7-200系列PLC的基础上发展而来，它具有一些新的优良特性，具体有以下几方面。

（1）机型丰富，更多选择

提供不同类型、I/O点数丰富的CPU模块，单体I/O点数最高可达60点，可满足大部分小型自动化设备的控制需求。另外，CPU模块配备标准型和经济型供用户选择，对于不同的应用需求，产品配置更加灵活，最大限度地控制成本。

（2）选件扩展，精确定制

新颖的信号板设计可扩展通信端口、数字量通道、模拟量通道。在不额外占用电控柜空间的前提下，信号板扩展能更加贴合用户的实际配置，提升产品的利用率，同时降低用户的扩展成本。

（3）高速芯片，性能卓越

配备西门子专用高速处理器芯片，基本指令执行时间可达0.15μs，在同级别小型PLC中遥遥领先。一颗强有力的"芯"，能在应对繁琐的程序逻辑及复杂的工艺要求时表现得从容不迫。

（4）以太互联，经济便捷

CPU模块本体标配以太网接口，集成了强大的以太网通信功能。通过一根普通的网线即可将程序下载到PLC中，方便快捷，省去了专用编程电缆。而且以太网接口还可与其他CPU模块、触摸屏、计算机进行通信，轻松组网。

（5）三轴脉冲，运动自如

CPU模块本体最多集成3路高速脉冲输出，频率高达100kHz，支持PWM/PTO输出方式以及多种运动模式，可自由设置运动包络。配以方便易用的向导设置功能，快速实现设备调速、定位等功能。

（6）通用SD卡，方便下载

本机集成Micro SD卡插槽，使用市面上通用的Micro SD卡即可实现程序的更新和PLC固件升级，极大地方便了客户工程师对最终用户的服务支持，也省去了因PLC固件升级而返厂服务的不便。

（7）**软件友好，编程高效**

在继承西门子编程软件强大功能的基础上，STEP7-Micro/WIN SMART编程软件融入了更多的人性化设计，如新颖的带状式菜单、全移动式界面窗口、方便的程序注释功能、强大的密码保护等。还能在体验强大功能的同时，大幅提高开发效率，缩短产品上市时间。

（8）**完美整合，无缝集成**

SIMATIC S7-200 SMART PLC、SMART LINE触摸屏和SINAMICS V20变频器完美整合，为OEM客户带来高性价比的小型自动化解决方案，满足客户对于人机交互、控制和驱动等功能的全方位需求。

1.3　S7-200 SMART CPU模块及其接线

1.3.1　S7-200 SMART CPU模块的介绍

全新的S7-200 SMART带来两种不同类型的CPU模块——标准型和经济型，全方位满足不同行业、不同客户的各种需求。标准型作为可扩展CPU模块，可满足对I/O规模有较大需求，逻辑控制较为复杂的应用；而经济型CPU模块直接通过单机本体满足相对简单的控制需求。

（1）**S7-200 SMART CPU的外部介绍**

S7-200 SMART CPU将微处理器、集成电源和多个数字量输入和输出点集成在一个紧凑的盒子中，形成功能比较强大的S7-200 SMART PLC，如图1-2所示。以下按照图中序号为顺序介绍其外部的各部分的功能。

图1-2　S7-200 SMART PLC外形

① 集成以太网口。用于程序下载、设备组网。这使程序下载更加方便快捷，节省了购买专用通信电缆的费用。

② 通信及运行状态指示灯。显示PLC的工作状态，如运行状态、停止状态和强制状态等。

③ 导轨安装卡子。用于安装时将PLC锁紧在35mm的标准导轨上，很便捷。同时此PLC也支持螺钉式安装。

④ 接线端子。S7-200 SMART所有模块的输入、输出端子均可拆卸，而S7-200 PLC没有这个优点。

⑤ 扩展模块接口。用于连接扩展模块，采用插针式连接，使模块连接更加紧密。

⑥ 通用Micro SD卡。支持程序下载和PLC固件更新。

⑦ 指示灯。I/O点接通时，指示灯会亮。

⑧ 信号扩展板安装处。信号板扩展实现精确化配置，同时不占用电控柜空间。

⑨ RS485串口。用于串口通信，如自由口通信、USS通信和Modbus通信等。

（2）S7-200 SMART CPU 的技术性能

西门子公司的CPU是32位的。西门子公司提供多种类型的CPU，以适用各种应用要求，不同的CPU有不同的技术参数，S7-200 SMART CPU的规格（节选）见表1-2。读懂这个性能表是很重要的，设计者在选型时，必须要参考这个表格，例如晶体管输出时，输出电流为0.5A，若使用这个点控制一台电动机的启/停，设计者必须考虑这个电流是否能够驱动接触器，从而决定是否增加一个中间继电器。

表1-2 ST40（DC/DC/DC）的规格表

常 规 规 范		
序号	技 术 参 数	说 明
1	可用电流(EM 总线)	最大1400mA(DC 5V)
2	功耗	18W
3	可用电流(DC 24V)	最大300mA(传感器电源)
4	数字量输入电流消耗(DC 24V)	所用的每点输入4mA

CPU特征			
序号	技 术 参 数		说 明
1	用户存储器	程序	24KB
		用户数据	16KB
		保持性	最大10KB
2	板载数字量I/O		24/16
3	过程映像大小		256位输入(I)/256位输出(Q)
4	位存储器(M)		256位
5	信号模块扩展		最多6个
6	信号板扩展		最多1个
7	高速计数器		单相:4个200kHz,2个30kHz;A/B相:2个100kHz,2个20kHz
8	脉冲输出		3个,每个100kHz
9	存储卡		MicroSD卡(可选)
10	实时时钟精度		120s/月

性 能		
1	布尔运算	0.15µs/指令
2	移动字	1.2µs/指令
3	实数数学运算	3.6µs/指令

支持的用户程序元素		
1	累加器数量	4
2	定时器的类型/数量	非保持性(TON、TOF):192个 保持性 (TONR):64个
3	计数器数量	256

通 信		
1	端口数	以太网:1个PN口
		串行端口:1个RS485口
		附加串行端口:1个(带有可选RS232/485信号板)
2	HMI设备	PROFINET(LAN):8个连接;串行端口:每个端口4个连接
3	连接	以太网:1个用于编程设备,4个用于 HMI RS485:4个用于 HMI

	通 信	
4	数据传输速率	以太网：10/100Mbit/s
		RS485 系统协议：9600bit/s、19200bit/s和187500bit/s
		RS485 自由端口：1200~115200bit/s
5	隔离（外部信号与PLC逻辑侧）	以太网：变压器隔离，AC 1500V
		RS485：无
6	电缆类型	以太网：CAT5e 屏蔽电缆
		RS485：PROFIBUS网络电缆
	数字量输入/输出	
1	电压范围（输出）	DC 20.4~28.8V
2	每点的额定输出电流（最大）	0.5A
3	额定电压（输入）	4mA时DC 24V，额定值
4	允许的连续电压（输入）	最大DC 30V

（3）S7-200 SMART CPU的工作方式

CPU前面板即存储卡插槽的上部，有三盏指示灯显示当前工作方式。指示灯为绿色时，表示运行状态；指示灯为红色时，表示停止状态；标有"SF"的灯亮时，表示系统故障，PLC停止工作。

CPU处于停止工作方式时，不执行程序。进行程序的上传和下载时，都应将CPU置于停止工作方式。停止方式可以通过PLC上的旋钮设定，也可以在编译软件中设定。

CPU处于运行工作方式时，PLC按照自己的工作方式运行用户程序。运行方式可以通过PLC上的旋钮设定，也可以在编译软件中设定。

1.3.2　S7-200 SMART CPU模块的接线

（1）CPU Sx40的输入端子的接线

0101-CPU
模块的接线

S7-200 SMART系列CPU的输入端接线与三菱的FX系列的输入端接线不同，后者不需要接入直流电源，其电源由系统内部提供，而S7-200 SMART系列CPU的输入端则必须接入直流电源。

下面以CPU Sx40为例介绍输入端的接线。"1M"是输入端的公共端子，与DC 24V电源相连，电源有两种连接方法对应PLC的NPN型和PNP型接法。当电源的负极与公共端子相连时，为PNP型接法，如图1-3所示，"N"和"L1"端子为交流电的电源接入端子，通常为AC 120~240V，为PLC提供电源，当然也有直流供电的；而当电源的正极与公共端子相连时，为NPN型接法，如图1-4所示。"M"和"L+"端子为DC 24V的电源接入端子，为PLC提供电源，当然也有交流供电的，注意这对端子不是电源输出端子。

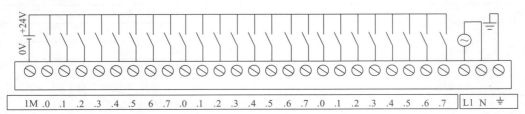

图1-3　输入端子的接线（PNP型）

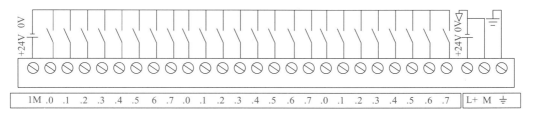

图1-4 输入端子的接线（NPN型）

初学者往往不容易区分PNP型和NPN型的接法，经常混淆，若读者记住以下的方法，就不会出错：把PLC作为负载，以输入开关（通常为接近开关）为对象，若信号从开关流出（信号从开关流出，向PLC流入），则PLC的输入为PNP型接法；把PLC作为负载，以输入开关（通常为接近开关）为对象，若信号从开关流入（信号从PLC流出，向开关流入），则PLC的输入为NPN型接法。三菱的FX系列（FX3U除外）PLC只支持NPN型接法。

【例1-1】有一台CPU Sx40，输入端有一只三线PNP型接近开关和一只二线PNP型接近开关，应如何接线？

【解】 对于CPU Sx40，公共端接电源的负极。对于三线PNP型接近开关，只要将其正、负极分别与电源的正、负极相连，将信号线与PLC的"I0.0"相连即可；而对于二线PNP型接近开关，只要将其正极与电源的正极相连，将信号线与PLC的"I0.1"相连即可，如图1-5所示。

(2) **CPU Sx40的输出端子的接线**

S7-200 SMART系列CPU的数字量输出有两种形式：一种是24V直流输出（即晶体管输出），另一种是继电器输出。标注为"CPU ST40（DC/DC/DC）"的含义是：第一个DC表示供电电源电压为DC 24V，第二个DC表示输入端的电源电压为DC 24V，第三个DC表示输出为DC 24V，在CPU的输出点接

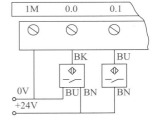

图1-5 例1-1输入端子的接线

线端子旁边印刷有"DC 2V OUTPUTS"字样，"T"的含义就是晶体管输出。标注为"CPU SR40（AC/DC/继电器）"的含义是：AC表示供电电源电压为AC 120~240V，通常用AC 220V，DC表示输入端的电源电压为DC 24V，"继电器"表示输出为继电器输出，在CPU的输出点接线端子旁边印刷有"RELAY OUTPUTS"字样，"R"的含义就是继电器输出。

目前24V直流输出只有一种形式，即PNP型输出，也就是常说的高电平输出，这点与三菱FX系列PLC不同，三菱FX系列PLC（FX3U除外，FX3U有PNP型和NPN型两种可选择的输出形式）为NPN型输出，也就是低电平输出。理解这一点十分重要，特别是利用PLC进行运动控制（如控制步进电动机时）时，必须考虑这一点。

晶体管输出如图1-6所示。继电器输出没有方向性，可以是交流信号，也可以是直流信号，但不能使用220V以上的交流电，特别是 380V的交流电容易误接入。继电器输出如图1-7所示。可以看出，输出是分组安排的，每组既可以是直流，也可以是交流电源，而且每组电源的电压大小可以不同，接直流电源时，没有方向性。在接线时，务必看清接线图。"M"和"L+"端子为DC 24V的电源输出端子，为传感器供电，注意这对端子不是电源输入端子。

在给CPU进行供电接线时，一定要分清是哪一种供电方式，如果把AC 220V接到DC 24V供电的CPU上，或者不小心接到DC 24V传感器的输出电源上，都会造成CPU的损坏。

【例1-2】有一台CPU SR40，控制一只DC 24V的电磁阀和一只AC 220V电磁阀，输

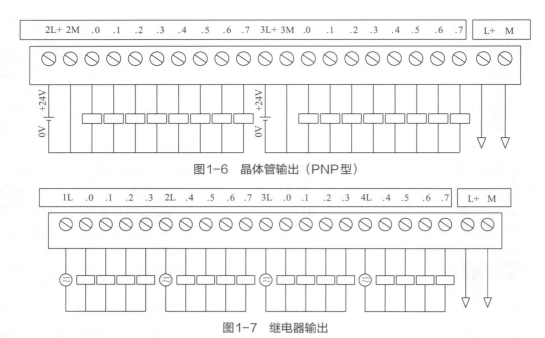

图1-6　晶体管输出（PNP型）

图1-7　继电器输出

出端应如何接线?

【解】因为两个电磁阀的线圈电压不同，而且有直流和交流两种电压，所以如果不经过转换，只能选用继电器输出的CPU，而且两个电磁阀分别在两个组中。其接线如图1-8所示。

【例1-3】有一台CPU ST40，控制两台步进电动机和一台三相异步电动机的启/停，三相电动机的启/停由一只接触器控制，接触器的线圈电压为AC 220V，输出端应如何接线（步进电动机部分的接线可以省略）?

【解】因为要控制两台步进电动机，所以要选用晶体管输出的CPU，而且必须用Q0.0和Q0.1作为输出高速脉冲点控制步进电动机，但接触器的线圈电压为AC 220V，所以电路要经过转换，增加中间继电器KA，其接线如图1-9所示。

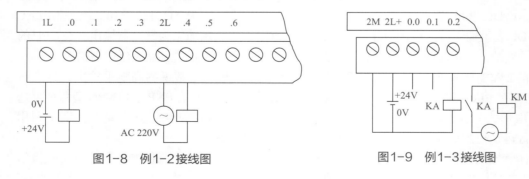

图1-8　例1-2接线图　　　　　图1-9　例1-3接线图

1.4 S7-200 SMART PLC扩展模块及其接线

通常S7-200 SMART CPU只有数字量输入和数字量输出，要完成模拟量输入、模拟量输出、通信以及当数字输入、输出点不够时，都应该选用扩展模块来解决问题。S7-200 SMART CPU中只有标准型CPU才可以连接扩展模块，经济型CPU是不能连接扩展模块的。S7-200 SMART PLC有丰富的扩展模块供用户选用，包括数字量输入/输出、模拟量输入/输出和混合模块（既能用做输入，又能用做输出）以及其他通信模块等。

0102-数字量
模块的接线

1.4.1 数字量输入和输出扩展模块

（1）数字量输入和输出扩展模块的规格

数字量输入和输出扩展模块包括数字量输入模块、数字量输出模块和数字量输入输出混合模块，当数字量输入或者输出点不够时可选用。部分数字量输入和输出模块的规格见表1-3。

表1-3 数字量输入和输出扩展模块规格表

型　　号	输入点	输出点	电压	功率/W	电流	
					SM总线	DC 24V
EM DE08	8	0	DC 24V	1.5	105mA	每点4mA
EM DT08	0	8	DC 20.4~28.8V	1.5	120mA	—
EM DR08	0	8	DC 5~30V或 AC 5~250V	4.5	120mA	每个继电器线圈11mA
EM DT16	8	8		2.5	145mA	每点输入4mA
EM DR16	8	8	DC 5~30V或 AC 5~250V	5.5	145mA	每点输入4mA，所用的每个继电器线圈11mA

（2）数字量输入和输出扩展模块的接线

数字量输入和输出模块有专用的插针与CPU通信，并通过此插针由CPU向扩展I/O模块提供DC 5V的电源。EM DE08数字量输入模块的接线如图1-10所示，图中为PNP型输入，也可以为NPN型输入。

EM DT08数字量晶体管型输出模块，其接线如图1-11所示，只能为PNP型输出。EM DR08数字量继电器型输出模块，其接线如图1-12所示，L+和M端子是模块的DC 24V供电接入端子，而1L和2L可以接入直流和交流电源，是给负载供电的，这点要特别注意。可以发现，数字量输入和输出扩展模块的接线与CPU的数字量输入输出端子的接线是类似的。

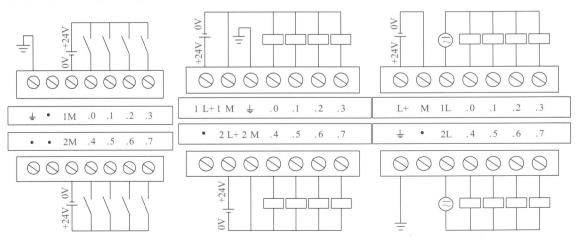

图1-10 EM DE08模块接线图　　图1-11 EM DT08模块接线图　　图1-12 EM DR08模块接线图

当CPU和数字量扩展模块的输入/输出点有信号输入或者输出时，LED指示灯会亮，显示有输入/输出信号。

1.4.2 模拟量输入和输出扩展模块

（1）模拟量输入和输出扩展模块的规格

模拟量输入和输出扩展模块包括模拟量输入模块、模拟量输出模块和模拟量输入输出混合模块。部分模拟量输入和输出模块的规格见表1-4。

表1-4 模拟量输入和输出扩展模块规格表

型 号	输 入 点	输 出 点	电压	功率/W	电 源 要 求	
					SM总线	DC 24V
EM AE04	4	0	DC 24V	1.5	80mA	40mA
EM AQ2	0	2	DC 24V	1.5	60mA	50mA（无负载）
EM AM06	4	2	DC 24V	2	80mA	60mA（无负载）

（2）模拟量输入和输出扩展模块的接线

S7-200 SMART PLC的模拟量模块用于输入/输出电流或者电压信号。模拟量输入模块EM AE04的接线如图1-13所示，通道0和1不能同时测量电流和电压信号，只能二选其一；通道2和3也是如此。信号范围：±10V、±5V、±2.5V和0~20mA；满量程数据字格式：–27648 ~ 27648，这点与S7-300/400 PLC相同，但不同于S7-200 PLC（–32000 ~ 32000）。

模拟量输出模块EM AQ02的接线如图1-14所示，两个模拟输出电流或电压信号，可以按需要选择。信号范围：±10V和0~20mA；满量程数据字格式：–27648 ~ 27648，这点与S7-300/400 PLC相同，但不同于S7-200 PLC。

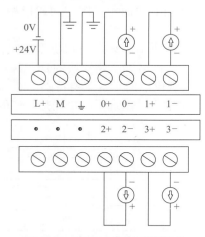

图1-13 EM AE04模块接线

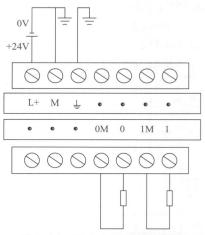

图1-14 EM AQ02模块接线

混合模块上有模拟量输入和输出。其接线如图1-15所示。

模拟量输入模块有两个参数容易混淆，即模拟量转换的分辨率和模拟量转换的精度（误差）。分辨率是A-D模拟量转换芯片的转换精度，即用多少位的数值来表示模拟量。若S7-200 SMART模拟量模块的转换分辨率是12位，能够反映模拟量变化的最小单位是满量程的1/4096。模拟量转换的精度除了取决于A-D转换的分辨率，还受到转换芯片的外围电路的影响。在实际应用中，输入的模拟量信号会有波动、噪声和干扰，内部模拟电路也会产生噪声、漂移，这些都会对转换的最后精度造成影响。这些因素造成的误差要大于A-D芯片的转换误差。

当模拟量的扩展模块为正常状态时，LED指示灯为绿色显示，而当未供电时，为红色闪烁。

使用模拟量模块时，要注意以下问题。

① 模拟量模块有专用的插针接头与CPU通信，并通过此电缆由CPU向模拟量模块提供DC 5V的电源。此外，模拟量模块必须外接DC 24V电源。

② 每个模块能同时输入/输出电流或者电压信号，对于模拟量输入的电压或者电流信号选择和量程的选择都是通过组态软件选择，如图1-16所示，模块EM AM06的通道0设定为电压信号，量程为±2.5V。而S7-200的信号类型和量程是由DIP开关设定的。

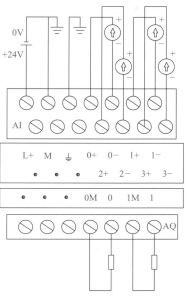

图1-15 EM AM06模块接线

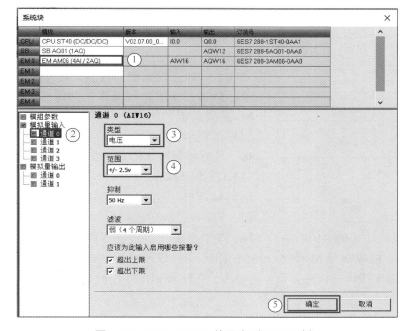

图1-16 EM AM06信号类型和量程选择

双极性就是信号在变化的过程中要经过"零"，单极性不过"零"。由于模拟量转换为数字量，是有符号整数，所以双极性信号对应的数值会有负数。在S7-200 SMART中，单极性模拟量输入/输出信号的数值范围是0~27648；双极性模拟量信号的数值范围是-27648~27648。

③ 对于模拟量输入模块，传感器电缆线应尽可能短，而且应使用屏蔽双绞线，导线应避免弯成锐角。靠近信号源屏蔽线的屏蔽层应单端接地。

④ 一般电压信号比电流信号容易受干扰，所以应优先选用电流信号。电压型的模拟量信号由于输入端的内阻很高（S7-200 SMART PLC的模拟量模块为10MW），极易引入干

扰。电压信号一般用于设备柜内电位器设置，或者距离非常近、电磁环境好的场合。电流信号不容易受到传输线沿途的电磁干扰，因而在工业现场获得广泛的应用。电流信号可以传输的距离比电压信号远得多。

⑤ 前述的 CPU 和扩展模块的数字量的输入点和输出点都有隔离保护，但模拟量的输入和输出则没有隔离。如果用户的系统中需要隔离，需另行购买信号隔离器件。

⑥ 模拟量输入模块的电源地和传感器的信号地必须连接（工作接地），否则将会产生一个很高的上下振动的共模电压，影响模拟量输入值，测量结果可能是一个变动很大的不稳定的值。

⑦ 西门子的模拟量模块的端子排是上下两排分布，容易混淆。在接线时要特别注意，先接下面端子的线，再接上面端子的线，而且要避免弄错端子号。

1.4.3　其他扩展模块

（1）RTD模块

RTD 传感器种类主要有 Pt、Cu 以及 Ni 热电偶和热敏电阻，每个大类中又分为不同小种

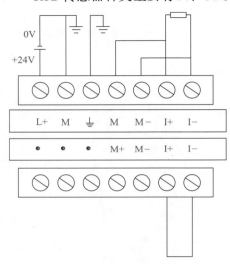

图1-17　EM AR02模块的接线

类的传感器，用于采集温度信号。RTD 模块将传感器采集的温度信号转化成数字量。EM AR02 热电偶模块的接线如图 1-17 所示。

RTD 传感器有四线式、三线式和二线式。四线式的精度最高，二线式精度最低，三线式精度介于二者之间，一般三线式使用较多，其详细接线如图 1-18 所示。I+和 I−端子是电流源，向传感器供电，而 M+和 M−是测量信号的端子。四线式的 RTD 传感器接线很容易，将传感器的一端的 2 根线分别与 M+和 I+相连接，传感器另一端的 2 根线与 M−和 I−相连接；三线式的 RTD 传感器有三根线，将传感器的一端的 2 根线分别与 M−和 I−相连接，传感器另一端的 1 根线与 I+相连接，再用一根导线将 M+和 I+短接；二线式的 RTD 传感器有 2 根线，将传感器两端的 2 根线分别与 I+和 I−相连接，再用一根导线将 M+和 I+短接，用另一根导线将 M−和 I−短接。为了方便读者理解，图 1-18 中细实线代表传感器自身的导线，粗实线表示外接的短接线。

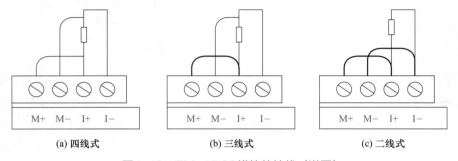

(a) 四线式　　　　　　　　(b) 三线式　　　　　　　　(c) 二线式

图1-18　EM AR02模块的接线（详图）

（2）信号板

S7-200 SMART CPU 有信号板，这是 S7-200 所没有的。目前有模拟量输出模块 SB

AQ01、数字量输入/输出模块SB 2DI/2DQ和通信模块SB RS485/RS232，以下分别介绍。

① 模拟量输出模块SB AQ01。模拟量输出模块SB AQ01只有一个输出点，由CPU供电，不需要外接电源。输出电压或者电流，其范围是电流0~20mA，对应满量程为0~27648，电压范围是–10~10V，对应满量程为–27648~27648。SB AQ01模块的接线如图1-19所示。

② SB 2DI/2DQ模块。SB 2DI/2DQ模块是2个数字量输入和2个数字量输出，输入点有PNP型和NPN型可选，其输出点是PNP型输出。SB 2DI/2DQ模块的接线如图1-20所示。

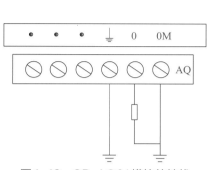

图1-19　SB AQ01模块的接线

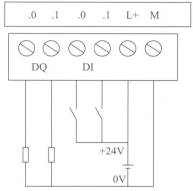

图1-20　SB 2DI/2DQ模块的接线

③ SB RS485/RS232模块。SB RS485/RS232模块可以作为RS232模块或者RS485模块使用，如设计时选择的是RS485模块，那么在硬件组态时，要选择RS485类型，如图1-21所示，在硬件组态时，选择"RS485"类型。

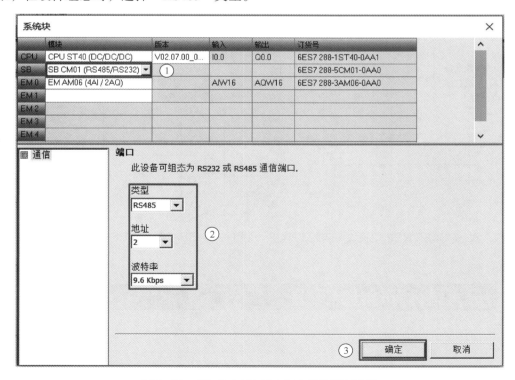

图1-21　SB RS485/RS232模块类型选择

SB RS485/RS232模块不需要外接电源,它直接由CPU模块供电,此模块的引脚的含义见表1-5。

表1-5 SB RS485/RS232模块的引脚的含义

引脚号	功 能	说 明
1	功能性接地	—
2	Tx/B	对于RS485是接收+/发送+,对于RS232是发送
3	RTS	—
4	M	对于RS232是GND接地
5	Rx/A	对于RS485是接收−/发送−,对于RS232是接收
6	5V输出(偏置电压)	—

当SB RS485/RS232模块作为RS232模块使用时,接线如图1-22所示,下侧的是DB9插头,代表的是与SB RS485/RS232模块通信的设备的插头,而上侧的是模块的接线端子,注意DB9的RXD接收数据与模块的Tx发送数据相连,DB9的TXD发送数据与模块的Rx接收数据相连,这就是俗称的"跳线"。

当SB RS485/RS232模块作为RS485模块使用时,接线如图1-23所示,下侧的是DB9插头,代表的是与SB RS485/RS232模块通信的设备的插头,而上侧的是模块的接线端子,注意DB9的发送/接收+与模块的RxA相连,DB9的发送/接收−与模块的TxB相连,RS485无需"跳线"。

【关键点】
SB RS485/RS232模块可以作为RS232模块或者RS485模块使用,但CPU上集成的串口只能作为RS485使用。

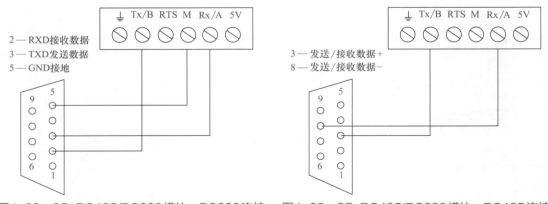

图1-22 SB RS485/RS232模块—RS232连接　　图1-23 SB RS485/RS232模块—RS485连接

1.5 最大输入和输出点配置

0104-S7-200
SMART扩展
模块的地址分配

1.5.1 模块的地址分配

S7-200 SMART CPU配置扩展模块后,扩展模块的起始地址根据其在不同的槽位而有所不同，这点与S7-200 PLC是不同的，读者不能随意给定。扩展模块的地址要在"系统块"的硬件组态时，由软件系统给定，如图1-24所示。

图1-24　扩展模块的起始地址示例

S7-200 SMART CPU最多能配置4个扩展模块，在不同的槽位配置不同模块的起始地址均不相同，见表1-6。

表1-6　不同的槽位扩展模块的地址

模　块	CPU	信号面板	扩展模块1	扩展模块2	扩展模块3	扩展模块4
I/O 起始地址	I0.0	I7.0	I8.0	I12.0	I16.0	I20.0
	Q0.0	Q7.0	Q8.0	Q12.0	Q16.0	Q20.0
	—	—	AIW16	AIW32	AIW48	AIW64
	—	AQW12	AQW16	AQW32	AQW48	AQW64

1.5.2　最大输入和输出点配置

（1）最大I/O的限制条件

CPU的输入和输出点映像区的大小限制，最大为256个输入和256个输出，但实际的S7-200 SMART CPU没有这么多，还要受到下面因素的限制。

① CPU本体的输入和输出点点数的不同。

② CPU所能扩展的模块数目，标准型为4个，经济型不能扩展模块。

③ CPU内部+5V电源是否满足所有扩展模块的需要，扩展模块的+5V电源不能外接电源，只能由CPU供给。

在以上因素中，CPU的供电能力对扩展模块的个数起决定影响，因此最为关键。

（2）最大I/O扩展能力示例

不同型号的CPU的扩展能力不同，表1-7列举了CPU模块的扩展能力。

表1-7　CPU模块的最大扩展能力

CPU模块	可以扩展的最大DI/DO和AI/AO		5V电源/mA	DI	DO	AI	AO
CPU CR40	无		不能扩展				

CPU模块	可以扩展的最大DI/DO和AI/AO		5V电源/mA	DI	DO	AI	AO
CPU SR20	最大 DI/DO	CPU	1400	12	8		
		6×EM DT32 16DT/16DO,DC/DC	−1100	96	96		
		6×EM DR32 16DT/16DO,DC/Relay	−1080				
		总　计	>0	108	104		
	最大 AI/AO	CPU	1400	12	8		
		1×SB 1AO	−15				1
		6×EM AE08或6×EM AQ04	−480			48	24
		总　计	>0	12	8	48	25
CPU SR40/ ST40	最大 DI/DO	CPU	1400	24	16		
		6×EM DT32 16DT/16DO,DC/DC	−1100	96	96		
		6×EM DR32 16DT/16DO,DC/Relay	−1080				
		总　计	>0	120	112		
	最大 AI/AO	CPU	1400	24	16		
		1×SB 1AO	−15				1
		6×EM AE08或6×EM AQ04	−480			48	24
		总　计	>0	24	16	48	25
CPU SR60/ ST60	最大 DI/DO	CPU	1400	36	24		
		6×EM DT32 16DT/16DO,DC/DC	−1110	96	96		
		6×EM DR32 16DT/16DO,DC/Relay	−1080				
		总　计	≥0	132	120		
	最大 AI/AO	CPU	1400	36	24		
		1×SB 1AO	−15				1
		6×EM AE08或6×EM AQ04	−480			48	24
		总　计	>0	36	24	48	25

以CPU SR20为例，对以上表格做一个解释。CPU SR20自身有12个DI（输入点），8个DO（输出点），由于受到总线电流（SM电流，即DC+5V）限制，可以扩展96个DI和96个DO，经过扩展后，DI/DO分别能达到108/104个。最大可以扩展48个AI（模拟量输入）和25个AO（模拟量输出）。表格其余的CPU的各项含义与上述类似，在此不再赘述。

第2章 》》》

西门子S7-200 SMART PLC编程软件使用入门

本章主要介绍STEP7-Micro/WIN SMART软件的安装和使用方法、建立一个完整项目以及仿真软件的使用。

2.1 STEP7-Micro/WIN SMART 编程软件简介与下载

2.1.1 STEP7-Micro/WIN SMART编程软件简介

STEP7-Micro/WIN SMART是一款功能强大的软件，此软件用于S7-200 SMART PLC编程，支持三种模式：LAD（梯形图）、FBD（功能块图）和STL（语句表）。STEP7-Micro/WIN SMART可提供程序的在线编辑、监控和调试。本书介绍的STEP7-Micro/WIN SMART V2.6版本，可以打开大部分S7-200 PLC的程序。

安装此软件对计算机的要求有以下几方面。

① 操作系统：Windows 7（支持32位和64位）和Windows 10（支持64位）。

② 软件安装程序需要至少350MB硬盘空间。

此软件安装完成后，无需安装授权软件即可正常运行。

有了PLC和配置必要软件的计算机，两者之间还必须有一根程序下载电缆，由于S7-200 SMART PLC自带PN口，而计算机都配置了网卡，这样只需要一根普通的网线就可以把程序从计算机下载到PLC中去。个人计算机和PLC的连接如图2-1所示。也可以使用PC/PPI适配器（下载S7-200程序的适配器）下载程序。

【关键点】
S7-200 SMART PLC的PN有自动交叉线（Auto-crossing）功能，所以网线可以是正连接也可以是反连接。

0201-安装
STEP7-Micro/
WIN SMART
软件

图2-1　个人计算机与PLC的连线图

2.1.2　STEP7-Micro/WIN SMART编程软件的下载

初学者往往为下载不到软件非常头疼，正常情况下，可以在西门子的官方网站的"找答案"栏目中找到几乎所有的软件版本。例如目前的V2.6版本，在以上网址中就能找到下载链接（需要读者搜寻），下载界面如图2-2所示。

图2-2　软件下载界面

2.2　STEP7-Micro/WIN SMART编程软件的使用

2.2.1　STEP7-Micro/WIN SMART编程软件的打开

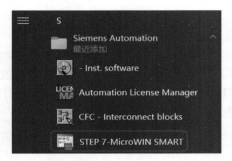

图2-3　打开STEP7-Micro/WIN SMART
编程软件界面

打开STEP7-Micro/WIN SMART编程软件通常有三种方法，分别介绍如下。

① 单击"开始"→"Siemens Auto-mation"→"STEP7-Micro/WIN SMART"，如图2-3所示，即可打开软件。

② 直接双击桌面上的STEP7-Micro/WIN SMART编程软件快捷方式，也可以打开软件，这是较快捷的打开方法。

③ 在电脑的任意位置，双击以前保

存的程序，即可打开软件。

2.2.2 STEP7-Micro/WIN SMART编程软件的界面介绍

STEP7-Micro/WIN SMART编程软件的主界面如图2-4所示。其中包含快速访问工具栏、项目树、导航栏、菜单栏、程序编辑器、符号信息表、符号表、状态栏、输出窗口、状态图、变量表、数据块、交叉引用。STEP7-Micro/WIN SMART的界面颜色为彩色，视觉效果更好。以下按照顺序依次介绍。

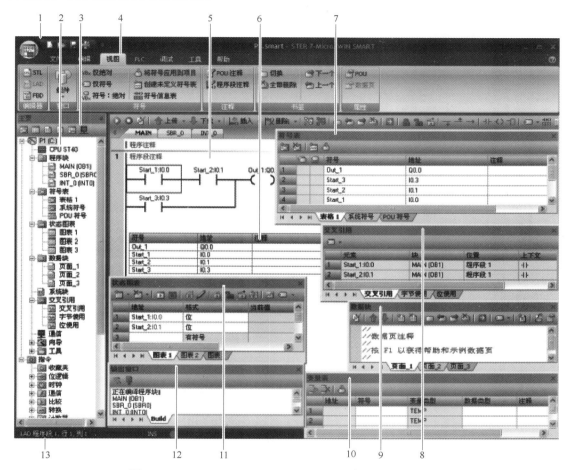

图2-4　STEP7-Micro/WIN SMART编程软件的主界面

（1）快速访问工具栏

快速访问工具栏显示在菜单选项卡正上方。通过快速访问文件按钮，可简单快速地访问"文件"菜单的大部分功能以及最近文档。快速访问工具栏上的其他按钮对应于文件功能"新建""打开""保存"和"打印"。单击"快速访问文件"按钮，弹出如图2-5所示的界面。

（2）项目树

编辑项目时，使用项目树非常必要。项目树可以显示也可以隐藏，如果项目树未显示，要查看项目树，可按以下步骤操作。

单击菜单栏上的"视图"→"组件"→"项目树"，如图2-6所示，即可打开项目树。

展开后的项目树如图2-7所示，项目树中主要有两个项目，一是读者创建的项目（本例为：启停控制），二是指令，这些都是编辑程序最常用的。项目树中有"+"，其含义表明这个选项内包含有内容，可以展开。

在项目树的左上角有一个小钉""，当这个小钉是横放时，项目树会自动隐藏，这样编辑区域会扩大。如果读者希望项目树一直显示，那么只要单击小钉，此时，这个横放的小钉，变成竖放"📌"，项目树就被固定了。以后读者使用西门子其他的软件也会碰到这个小钉，作用完全相同。

图2-5　快速访问文件界面

图2-6　打开项目树

（3）导航栏

导航栏显示在项目树上方，可快速访问项目树上的对象。单击一个导航栏按钮相当于展开项目树并单击同一选择内容。如图2-8所示，如果要打开系统块，单击导航按钮上的"系

图2-7　项目树

图2-8　导航栏使用对比

统块"按钮，与单击"项目树"上的"系统块"选项的效果是相同的。其他的用法类似。

（4）菜单栏

菜单栏包括文件、编辑、PLC、调试、工具、视图和帮助7个菜单项。用户可以定制"工具"菜单，在该菜单中增加自己的工具。

（5）程序编辑器

程序编辑器是编写和编辑程序的区域，打开程序编辑器有2种方法。

① 单击菜单栏中的"文件"→"新建"（或者"打开"或"导入"按钮）打开STEP 7-Micro/WIN SMART项目。

② 在项目树中打开"程序块"文件夹，方法是单击分支展开图标或双击"程序块"文件夹 符号表图标。然后双击主程序（OB1）、子例程或中断例程，以打开所需的POU；也可以选择相应的POU并按〈Enter〉键。编辑器的图形界面如图2-9所示。

图2-9　编辑器界面

程序编辑器窗口包括以下组件，下面分别进行说明。

① 工具栏：常用操作按钮，以及可放置到程序段中的通用程序元素，各个按钮的作用说明见表2-1。

表2-1　编辑器常用按钮的作用

序 号	按 钮 图 形	含　义
1		将CPU工作模式更改为RUN、STOP或者编译程序模式
2		上传和下载传送
3		针对当前所选对象的插入和删除功能
4		调试操作以启动程序监视和暂停程序监视
5		书签和导航功能：放置书签、转到下一书签、转到上一书签、移除所有书签和转到特定程序段、行或线
6		强制功能：强制、取消强制和全部取消强制
7		可拖动到程序段的通用程序元素

序号	按钮图形	含义
8		地址和注释显示功能:显示符号、显示绝对地址、显示符号和绝对地址、切换符号信息表显示、显示POU注释以及显示程序段注释
9		设置POU保护和常规属性

②　POU选择器:能够实现在主程序块、子例程或中断编程之间进行切换。例如只要用鼠标单击POU选择器中"MAIN",那么就切换到主程序块,单击POU选择器中"INT_0",那么就切换到中断程序块。

③　POU注释:显示在POU中第一个程序段上方,提供详细的多行POU注释功能。每条POU注释最多可以有4096个字符。这些字符可以是英语或者汉语,主要对整个POU的功能等进行说明。

④　程序段注释:显示在程序段旁边,为每个程序段提供详细的多行注释附加功能。每条程序段注释最多可有4096个字符。这些字符可以是英语或者汉语等。

⑤　程序段编号:每个程序段的数字标识符。编号会自动进行,取值范围为1~65536。

⑥　装订线:位于程序编辑器窗口左侧的灰色区域,在该区域内单击可选择单个程序段,也可通过单击并拖动来选择多个程序段。STEP 7-Micro/WIN SMART还在此显示各种符号,例如书签和POU密码保护锁。

(6) 符号信息表

要在程序编辑器窗口中查看或隐藏符号信息表,可使用以下方法之一。

①　在"视图"菜单功能区的"符号"区域单击"符号信息表"按钮 符号信息表 。

②　按〈Ctrl+T〉快捷键组合。

③　在"视图"菜单的"符号"区域单击"将符号应用于项目"按钮 将符号应用到项目 。

"应用所有符号"命令使用所有新、旧和修改的符号名更新项目。如果当前未显示"符号信息表",单击此按钮便会显示。

(7) 符号表

符号是可为存储器地址或常量指定的符号名称。符号表是符号和地址对应关系的列表。打开符号表有三种方法,具体如下。

①　在导航栏上,单击"符号表" 按钮。

②　在菜单栏上,单击"视图"→"组件"→"符号表"。

③　在项目树中,打开"符号表"文件夹,选择一个表名称,然后按下〈Enter〉键或者双击表名称。

【例2-1】将一段"启保停"的程序,要求显示其I/O符号和地址,请写出操作过程。

【解】首先,在项目树中展开"符号表",双击"I/O符号"弹出符号表,如图2-10所示,在符号表中,按照如图2-10填写。符号"btmStart"实际就代表地址"I0.0",符号"btnStop"实际就代表地址"I0.1",符号"Motor"实际就代表地址"Q0.0"。

接着,在视图功能区,单击"视图"→"符号"→"符号信息表""将符号应用于项目"按钮 将符号应用到项目 。此时,符号和地址的对应关系显示在梯形图中,如图2-11所示。

如果读者仅显示符号(如btnStart,如图2-12所示),那么只要单击"视图"→"符号"→"仅符号"即可。

如果读者仅显示绝对地址(如I0.0,如图2-13所示),那么只要单击"视图"→"符号"→"仅绝对"即可。

如果读者要显示绝对地址和符号（如图2-11所示），那么只要单击"视图"→"符号"→
"符号：绝对"即可。

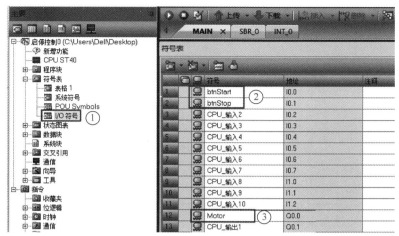

图2-10　I/O符号

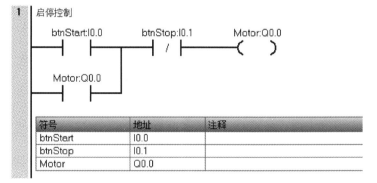

图2-11　信息符号表-显示地址和符号

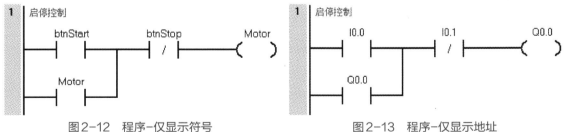

图2-12　程序-仅显示符号　　　　　　图2-13　程序-仅显示地址

（8）交叉引用

使用"交叉引用"窗口查看程序中参数当前的赋值情况。这可防止无意间重复赋值。可通过以下方法之一访问交叉引用表。

① 在项目树中打开"交叉引用"文件夹，然后双击"交叉引用""字节使用"或"位使用"。

② 单击导航栏中的"交叉引用" 图标。

③ 在视图功能区，单击"视图"→"组件"→"交叉引用"，即可打开"交叉引用"。

（9）数据块

数据块包含可向V存储器地址分配数据值的数据页。如果读者使用指令向导等功能，系统会自动使用数据块。可以使用下列方法之一来访问数据块。

① 在导航栏上单击"数据块" 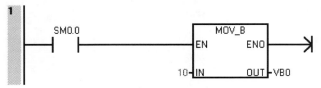按钮。

② 在视图功能区，单击"视图"→"组件"→"数据块"，即可打开数据块。

如图2-14所示，将10赋值给VB0，其作用相当于如图2-15所示的程序。

图2-14 数据块

图2-15 程序

（10）变量表

初学者一般不会用到变量表，以下用一个例子来说明变量表的使用。

【例2-2】用子程序表达算式$Ly=(La-Lb)\times Lx$。

【解】 ① 首先打开变量表，单击菜单栏的"视图"→"组件"→"变量表"，即可打开变量表。

② 在变量表中，输入如图2-16所示的参数。

③ 再在子程序中输入如图2-17所示的程序。

	地址	符号	变量类型	数据类型	注释
2	LW0	La	IN	INT	
3	LW2	Lb	IN	INT	
4	LW4	Lx	IN	INT	
5			IN		
6			IN_OUT		
7	LD6	Ly	OUT	DINT	
8			OUT		
9			TEMP		

图2-16 变量表

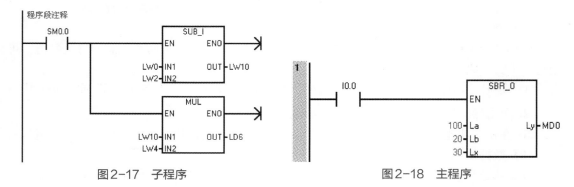

图2-17 子程序   图2-18 主程序

④ 在主程序中调用子程序，并将运算结果存入MD0中，如图2-18所示。

（11）状态图

"状态"这一术语是指显示程序在PLC中执行时的有关PLC数据的当前值和能流状态的信息。可使用状态图表和程序编辑器窗口读取、写入和强制PLC数据值。在控制程序的执行过程中，可用三种不同方式查看PLC数据的动态改变，即状态图表、趋势显示和程序状态。

（12）输出窗口

"输出窗口"列出了最近编译的POU和在编译期间发生的所有错误。如果已打开"程序编辑器"窗口和"输出窗口"，可在"输出窗口"中双击错误信息使程序自动滚动到错误所在的程序段。纠正程序后，重新编译程序以更新"输出窗口"和删除已纠正程序段的错误参考。

如图2-19所示，将地址"I0.0"错误写成"I0.o"，编译后，在输出窗口显示了错误信息以及错误的发生位置。"输出窗口"对于程序调试是比较有用的。

打开"输出窗口"的方法如下。

在视图功能区，单击"视图"→"组件"→"输出窗口"。

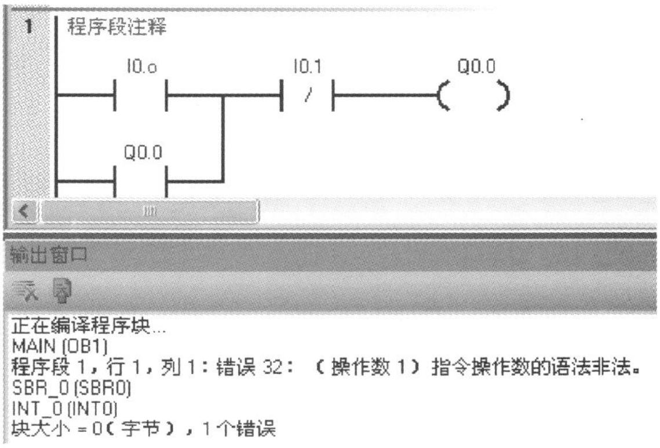

图2-19　输出窗口

（13）状态栏

状态栏位于主窗口底部，状态栏可以提供STEP 7-Micro/WIN SMART中执行的操作的相关信息。在编辑模式下工作时，显示编辑器信息。状态栏根据具体情形显示下列信息：简要状态说明、当前程序段编号、当前编辑器的光标位置、当前编辑模式和插入或覆盖。

2.2.3　创建新工程

新建工程有三种方法，一是单击菜单栏中的"文件"→"新建"，即可新建工程，如

图2-20　新建工程（1）

图 2-20 所示；二是单击工具栏上的 ![icon] 图标即可；三是单击快捷工具栏，再单击"新建"选项，如图 2-21 所示。

图 2-21　新建工程（2）

2.2.4　保存工程

保存工程有三种方法：一是单击菜单栏中的"文件"→"保存"，即可保存工程，如图 2-22 所示；二是单击工具栏中的 ![icon] 图标即可；三是单击快捷工具栏，再单击"保存"选项，如图 2-23 所示。

图 2-22　保存工程（1）

图 2-23　保存工程（2）

2.2.5　打开工程

打开工程的方法比较多，第一种方法是单击菜单栏中的"文件"→"打开"，如图 2-24 所示，找到要打开的文件的位置，选中要打开的文件，单击"打开"按钮即可打开工程，如图 2-25 所示；第二种方法是单击工具栏中的 ![icon] 图标即可打开工程；第三种方法是直接在工程的存放目录下双击该工程，也可以打开此工程；第四种方法是单击快捷工具栏，再单击"打开"选项，如图 2-26 所示；第五种方法是，单击快捷工具栏，再双击"最近文档"中的文档（如本例为：启停控制），如图 2-27 所示。

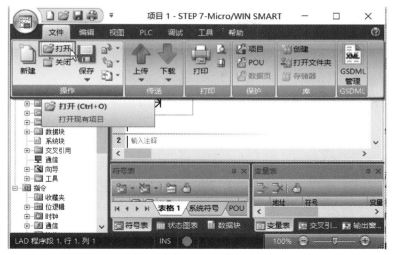

图2-24 打开工程（1）

图2-25 打开工程（2）

图2-26 打开工程（3）

图2-27 打开工程（4）

2.2.6　系统块

对于S7-200 SMART CPU而言，系统块的设置是必不可少的，类似于
S7-300/400的硬件组态，因此，以下将详细介绍系统块。

S7-200 SMART CPU提供了多种参数和选项设置以适应具体应用，这
些参数和选项在"系统块"对话框内设置。系统块必须下载到CPU中才起
作用。有的初学者修改程序后不会忘记重新下载程序，而在软件中更改参数后却忘记了重新
下载，这样系统块则不起作用。

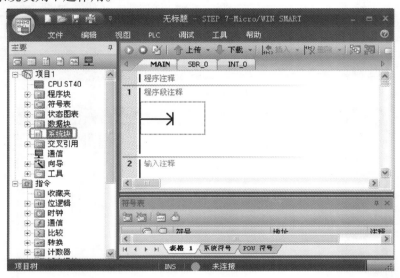

图2-28　打开"系统块"

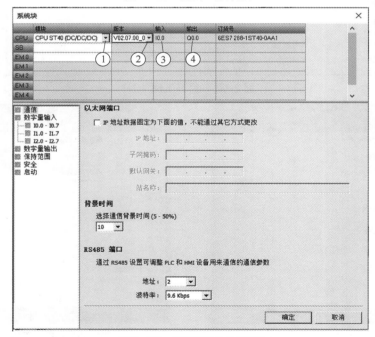

图2-29　"系统块"对话框

（1）打开系统块

打开系统块有三种方法，具体如下。

① 单击菜单栏中的"视图"→"组件"→"系统块"，打开"系统块"。

② 单击快速工具栏中的"系统块"按钮▦，打开"系统块"。

③ 展开项目树，双击"系统块"，如图2-28所示，打开"系统块"，如图2-29所示。

（2）硬件配置

"系统块"对话框的顶部显示已经组态的模块，并允许添加或删除模块。使用下拉列表更改、添加或删除 CPU 型号、信号板和扩展模块。添加模块时，输入列和输出列显示已分配的输入地址和输出地址。

如图2-29所示，顶部的表格中的第一行为要配置的CPU的具体型号，单击"1"处的"倒三角"按钮，可以显示所有CPU的型号，读者选择适合的型号［本例为CPU ST40（DC/DC/DC）］，"2"处为此CPU输入点的起始地址（I0.0），"3"处为此CPU输出点的起始地址（Q0.0），这些地址是软件系统自动生成，不能修改（S7-300/400的地址是可以修改的）。

顶部的表格中的第二行为要配置的扩展板模块，可以是数字量模块、模拟量模块和通信模块。

顶部的表格中的第二行至第六行为要配置的扩展模块，可以是数字量模块、模拟量模块和通信模块。注意扩展模块和扩展板模块不能混淆。

为了使读者更好理解硬件配置和地址的关系，以下用一个例子说明。

【例2-3】 某系统配置了 CPU ST40、SB DT04/2DQ、EM DE08、EM DR08、EM AE04和EM AQ02各一块，如图2-30所示，请指出各模块的起始地址和占用的地址。

【解】 ① CPU ST40的CPU输入点的起始地址是I0.0，占用IB0~IB2三个字节，CPU输出点的起始地址是Q0.0，占用QB0和QB1两个字节。

② SB DT04/2DQ的输入点的起始地址是I7.0，占用I7.0和I7.1两个点，模块输出点的起始地址是Q7.0，占用Q7.0和Q7.1两个点。

③ EM DE08输入点的起始地址是I8.0，占用IB8一个字节。

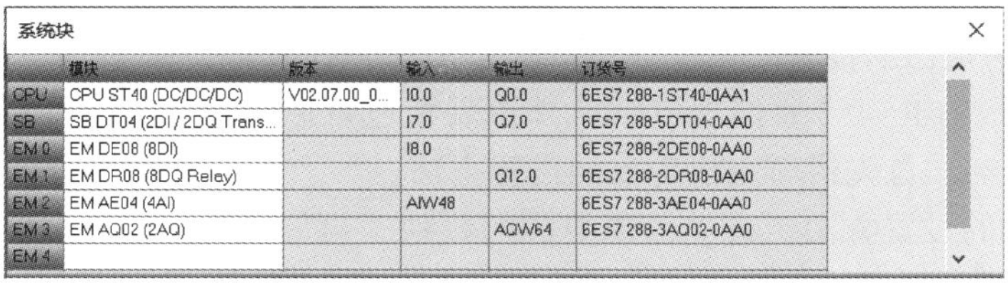

	模块	版本	输入	输出	订货号
CPU	CPU ST40 (DC/DC/DC)	V02.07.00_0...	I0.0	Q0.0	6ES7 288-1ST40-0AA1
SB	SB DT04 (2DI / 2DQ Trans...		I7.0	Q7.0	6ES7 288-5DT04-0AA0
EM 0	EM DE08 (8DI)		I8.0		6ES7 288-2DE08-0AA0
EM 1	EM DR08 (8DQ Relay)			Q12.0	6ES7 288-2DR08-0AA0
EM 2	EM AE04 (4AI)		AIW48		6ES7 288-3AE04-0AA0
EM 3	EM AQ02 (2AQ)			AQW64	6ES7 288-3AQ02-0AA0
EM 4					

图2-30 系统块配置实例

④ EM DR08输出点的起始地址是Q12.0，占用QB12，即一个字节。

⑤ EM AE04为模拟量输入模块，起始地址为AIW48，占用AIW48~AIW52，共四个字节。

⑥ EM AQ02为模拟量输出模块，起始地址为AIQ64，占用AIW64和AIW66，共两个字节。

【关键点】

读者很容易发现，有很多地址是空缺的，如IB3~IB6就空缺不用。CPU输入点使用的字节是IB0~IB2，读者不可以想当然认为SB DT04/2DQ的起始地址从I3.0开始，一定要看系统块上自动生成的起始地址，这点至关重要。

(3) 以太网通信端口的设置

以太网通信端口是S7-200 SMART PLC的特色配置，这个端口既可以用于下载程序，也可以用于与HMI通信，以后也可能设计成与其他PLC进行以太网通信。以太网通信端口的设置如下。

首先，选中CPU模块，勾选"通信"选项，再勾选"IP地址数据固定为下面的值，不能通过其他方式更改"选项，如图2-31所示。如果要下载程序，IP地址就是CPU的IP地址，如果STEP 7-Micro/win SMART和CPU已经建立了通信，那么可以把读者想要设置的IP地址输入IP地址右侧的空白处。子网掩码一般设置为"255.255.255.0"，最后单击"确定"按钮即可。如果是要修改CPU的IP地址，则必须把"系统块"下载到CPU中，运行后才能生效。

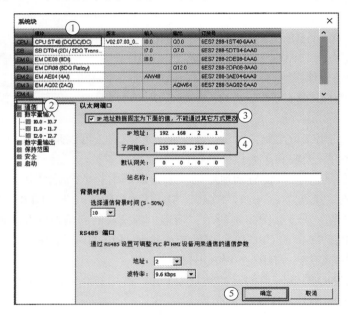

图2-31 通信设置（以太网PN口）

(4) 串行通信端口的设置

CPU模块集成有RS485通信端口，此外扩展板也可以扩展RS485和RS232模块（同一个模块，二者可选），首先讲解集成串口的设置方法。

① 集成串口的设置方法。首先，选中CPU模块，再勾选"通信"选项，再设定CPU的地址，"地址"右侧有个下拉"倒三角"，读者可以选择，想要设定的地址，默认为"2"（本例设为3）。波特率的设置是通过"波特率"右侧的下拉"倒三角"按钮选择的，默认为9.6kbps，这个数值在串行通信中最为常用，如图2-32所示。最后单击"确定"按钮即可。如果是要修改CPU的串口地址，则必须把"系统块"下载到CPU中，运行后才能生效。

② 扩展板串口的设置方法。首先，选中扩展板模块，再选择RS232或者RS485通信模式（本例选择RS232），"地址"右侧有个下拉"倒三角"，读者可以选择，想要设定的地址，默认为"2"（本例设为3）。波特率的设置是通过"波特率"右侧的下拉"倒三角"选择的，默认为9.6kbps，这个数值在串行通信中最为常用，如图2-33所示。最后单击"确定"按钮即可。如果是要修改CPU的串口地址，则必须把"系统块"下载到CPU中，运行后才能生效。

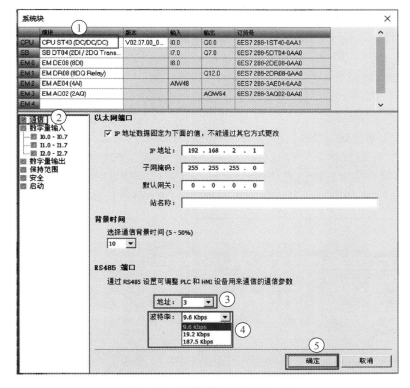

图2-32　通信设置（集成串口）

（5）集成输入的设置

① 修改滤波时间。S7-200 SMART CPU允许为某些或所有数字量输入点选择一个定义时延（可在0.2~12.8ms和0.2~12.8μs之间选择）的输入滤波器。该延迟可以减少如按钮闭合或者分开瞬间的噪声干扰。设置方法是先选中CPU，再勾选"数字量输入"选项，然后修改延时长短，最后单击"确定"按钮，如图2-34所示。

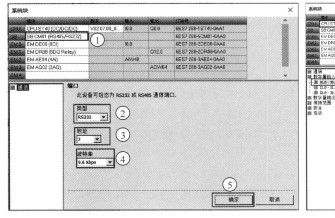

图2-33　通信设置（扩展板串口）

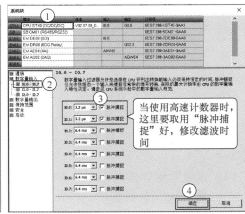

图2-34　设置滤波时间

② 脉冲捕捉位。S7-200 SMART CPU为数字量输入点提供脉冲捕捉功能。通过脉冲捕捉功能可以捕捉高电平脉冲或低电平脉冲。使用了"脉冲捕捉位"可以捕捉比扫描周期还短

的脉冲。设置"脉冲捕捉位"的使用方法如下。

先选中CPU，再勾选"数字量输入"选项，然后勾选对应的输入点（本例为I0.0），最后单击"确定"按钮，如图2-34所示。

（6）集成输出的设置

当CPU处于STOP模式时，可将数字量输出点设置为特定值，或者保持在切换到STOP模式之前存在的输出状态。

① 将输出冻结在最后状态。设置方法：先选中CPU，勾选"数字量输出"选项，再勾选"将输出冻结在最后状态"复选框，最后单击"确定"按钮。就可在CPU进行RUN到STOP转换时将所有数字量输出冻结在其最后的状态，如图2-35所示。例如CPU最后的状态Q0.0是高电平，那么CPU从RUN到STOP转换时，Q0.0仍然是高电平。

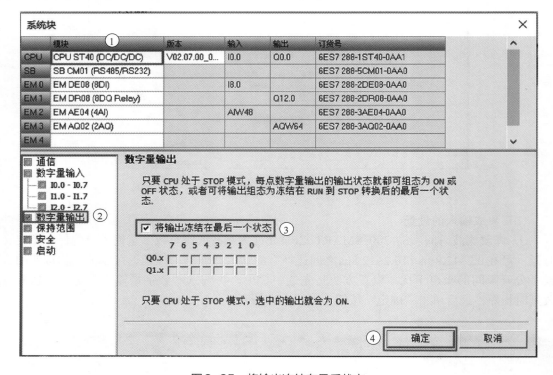

图2-35　将输出冻结在最后状态

② 替换值。设置方法：先选中CPU，勾选"数字量输出"选项，再勾选"要替换的点"复选框（本例的替换值为Q0.0和Q0.1），最后单击"确定"按钮，如图2-36所示，当CPU从RUN到STOP转换时，Q0.0和Q0.1将是高电平，不管Q0.0和Q0.1之前是什么状态。

（7）设置断电数据保持

在"系统块"对话框中，单击"系统块"节点下的"保持范围"，可打开"保持范围"对话框，如图2-37所示。

断电时，CPU将指定的保持性存储器范围保存到永久存储器。

上电时，CPU先将V、M、C和T存储器清零，将所有初始值都从数据块复制到V存储器，然后将保存的保持值从永久存储器复制到RAM。

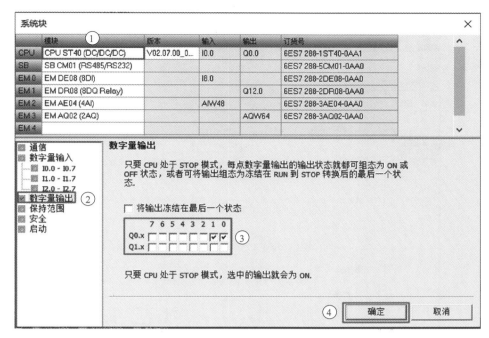

图2-36 替换值

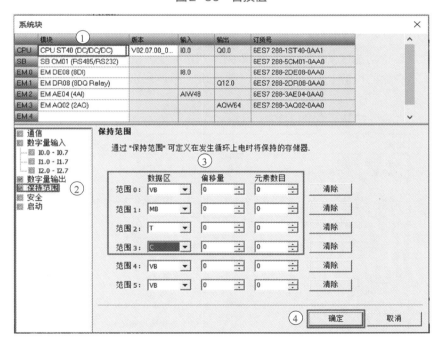

图2-37 设置断电数据保持

（8）安全

通过设置密码可以限制对S7-200 SMART CPU的内容的访问。在"系统块"对话框中，单击"系统块"节点下的"安全"，可打开"安全"选项卡，设置密码保护功能，如图2-38所示。密码的保护等级分为4个等级，除了"完全权限（1级）"外，其他的均需要在"密码"和"验证"文本框中输入起保护作用的密码。

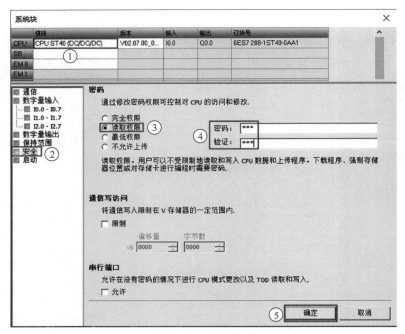

图2-38 设置密码

如果忘记密码,则只有一种选择,即使用"复位为出厂默认存储卡"。具体操作步骤如下。

① 确保PLC处于STOP模式。

② 在PLC菜单功能区的"修改"区域单击"清除"按钮 🔲 。

③ 选择要清除的内容,如:程序块、数据块、系统块或所有块,或选择"复位为出厂默认设置"。

④ 单击"清除"按钮,如图2-39所示。

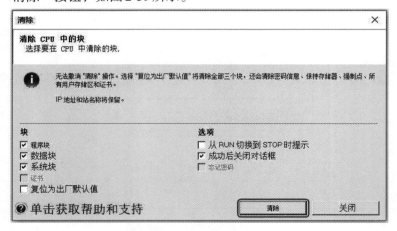

图2-39 清除密码

【关键点】

PLC的软件加密比较容易被破解,不能绝对保证程序的安全,目前网络上有一些破解软件可以轻易破解PLC的用户程序的密码,编者强烈建议读者在保护自身权益的同时,必须尊重他人的知识产权。

（9）启动项的组态

在"系统块"对话框中，单击"系统块"节点下的"启动"，可打开"启动"选项卡，CPU启动的模式有三种，即STOP、RUN和LAST，如图2-40所示，可以根据需要选取。

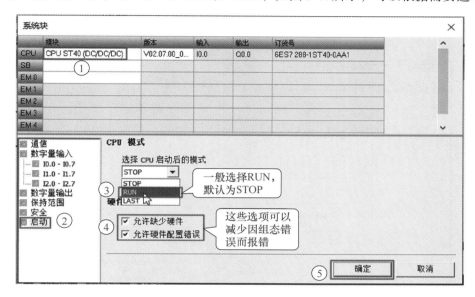

图2-40　CPU的启动模式选择

三种模式的含义如下。

① STOP模式。CPU在上电或重启后始终应该进入STOP模式，这是默认选项。

② RUN模式。CPU在上电或重启后始终应该进入RUN模式。对于多数应用，特别是对CPU独立运行而不连接STEP 7-Micro/WIN SMART的应用，RUN启动模式选项是常用选择。

③ LAST模式。CPU应进入上一次上电或重启前存在的工作模式。

（10）模拟量输入模块的组态

熟悉S7-200的读者都知道，S7-200的模拟量模块的类型和范围的选择都是靠拨码开关来实现的。而S7-200 SMART的模拟量模块的类型和范围是通过硬件组态实现的，以下是硬件组态的说明。

先选中模拟量输入模块，再选中要设置的通道，本例为0通道，如图2-41所示。对于每条模拟量输入通道，都将类型组态为电压或电流。0通道和1通道的类型相同，2通道和3通道类型相同，也就是说同为电流或者电压输入。

范围就是电流或者电压信号的范围，每个通道都可以根据实际情况选择。

（11）模拟量输出模块的组态

先选中模拟量输出模块，再选中要设置的通道，本例为0通道，如图2-42所示。对于每条模拟量输出通道，都将类型组态为电压或电流。也就是说同为电流或者电压输出。

范围就是电流或者电压信号的范围，每个通道都可以根据实际情况选择。

当CPU处于STOP模式时，可将模拟量输出点设置为特定值，或者保持在切换到STOP模式之前存在的输出状态。

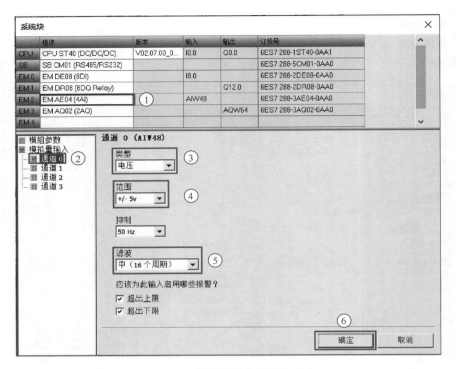

图2-41　模拟量输入模块的组态

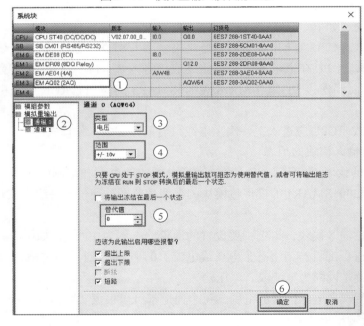

0203-程序
调试

图2-42　模拟量输出模块的组态

2.2.7　程序调试

　　程序调试是工程中的一个重要步骤，因为初步编写完成的程序不一定正确，有时虽然逻辑正确，但需要修改参数，因此程序调试十分重要。STEP7-Micro/WIN SMART提供了丰富的程序调试工具供用户使用，下面分别进行介绍。

（1）状态图表

使用状态图表可以监控数据，各种参数（如CPU的I/O开关状态、模拟量的当前数值等）都在状态图表中显示。此外，配合"强制"功能还能将相关数据写入CPU，改变参数的状态，如可以改变I/O开关状态。

打开状态图表有两种简单的方法：一种方法是先选中要调试的"项目"（本例项目名称为"调试用"），再双击"图表1"，如图2-43所示，弹出状态图表，此时的状态图表是空的，并无变量，需要将要监控的变量手动输入，如图2-44所示；另一种方法是单击菜单栏中的"调试"→"状态图表"，如图2-45所示，即可打开状态图表。

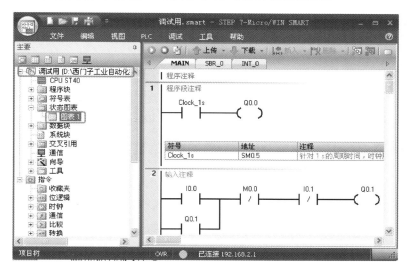

图2-43 打开状态图表-方法1

图2-44 状态图表

图2-45 打开状态图表-方法2

（2）强制

S7-200 SMART PLC提供了强制功能，以方便调试工作，在现场不具备某些外部条件的情况下模拟工艺状态。用户可以对数字量（DI/DO）和模拟量（AI/AO）进行强制。强制时，运行状态指示灯变成黄色，取消强制后指示灯变成绿色。

在没有实际的I/O连线时，可以利用强制功能调试程序。先打开"状态图表"窗口并使其处于监控状态，在"新值"数值框中写入要强制的数据（本例输入I0.0的新值为"2#1"），然后单击工具栏中的"强制"按钮

图2-46 使用强制功能

![img],此时，被强制的变量数值上有一个![img]标志，如图2-46所示。

单击工具栏中的"取消全部强制"按钮![img]，可以取消全部的强制。

（3）写入数据

S7-200 SMART PLC提供了数据写入功能，以方便调试工作。例如，在"状态图表"窗口中输入M0.0的新值"1"，如图2-47所示，单击工具栏上的"写入"按钮![img]，或者单击菜单栏中的"调试"→"写入"命令即可更新数据。

	地址 ▲	格式	当前值	新值
1	I0.0	位	2#0	
2	M0.0	位	2#1	2#1
3	Q0.0	位	2#0	
4	Q0.1	位	2#0	
5		有符号		

图2-47　写入数据

【关键点】

利用"写入"功能可以同时输入几个数据。"写入"的作用类似于"强制"的作用。但两者是有区别的：强制功能的优先级别要高于"写入"，"写入"的数据可能改变参数状态，但当与逻辑运算的结果抵触时，写入的数值也可能不起作用。例如Q0.0的逻辑运算结果是"0"，可以用强制使其数值为"1"，但"写入"就不可能达到此目的。

此外，"强制"可以改变输入寄存器的数值，例如I0.0，但"写入"就没有这个功能了。

（4）趋势视图

前面提到的状态图表可以监控数据，趋势视图同样可以监控数据，只不过使用状态图表监控数据时的结果是以表格的形式表示的，而使用趋势视图时则以曲线的形式表达。利用后者能够更加直观地观察数字量信号变化的逻辑时序或者模拟量的变化趋势。

单击调试工具栏上的"切换图表和趋势视图"按钮![img]，可以在状态图表和趋势视图形式之间切换，趋势视图如图2-48所示。

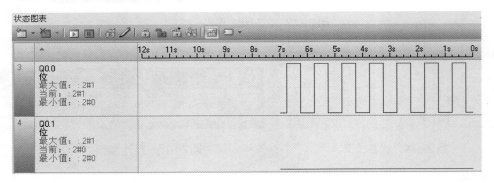

图2-48　趋势视图

趋势视图对变量的反应速度取决于STEP7-Micro/WIN SMART与CPU通信的速度以及图中的时间基准。在趋势视图中单击，可以选择图形更新的速率。当停止监控时，可以冻结图形以便仔细分析。

2.2.8　交叉引用

交叉引用表能显示程序中元件使用的详细信息。交叉引用表对查找程序中数据地址十分有用。在项目树的"项目"视图下双击"交叉引用"图标，可弹出如图2-49所示的界面。

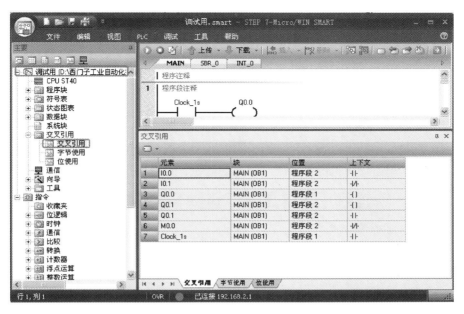

图2-49 交叉引用表

当双击交叉引用表中某个元素时，界面立即切换到程序编辑器中显示交叉引用对应元件的程序段。例如，双击"交叉引用表"中第一行的"I0.0"，界面切换到程序编辑器中，而且光标（方框）停留在"I0.0"上，如图2-50所示。

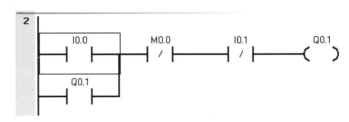

图2-50 交叉引用表对应的程序

2.2.9 工具

STEP7-Micro/WIN SMART中有高速计数器向导、运动向导、PID向导、PWM向导、文本显示、运动面板和PID控制面板等工具。这些工具很实用，能使比较复杂的编程变得简单，例如，使用"高速计数器向导"，就能将较复杂的高速计数器指令通过向导指引生成子程序。如图2-51所示。

图2-51 工具

2.2.10 帮助菜单

STEP7-Micro/WIN SMART软件虽然界面友好，易于使用，但在使用过程中遇到问题也是难免的。STEP7-Micro/WIN SMART软件提供了详尽的帮助。菜单栏中的"帮助"→"帮助信息"命令，可以打开如图2-52所示的"帮助"对话框。其中有三个选项卡，分别是"目录""索引"和"搜索"。"目录"选项卡中显示的是STEP7-Micro/WIN SMART软件的帮助主题，单击帮助主题可以查看详细内容。而在"索引"选项卡中，可以根据关键字查询帮助主题。此外，单击计算机键盘上的〈F1〉功能键，也可以打开在线帮助。

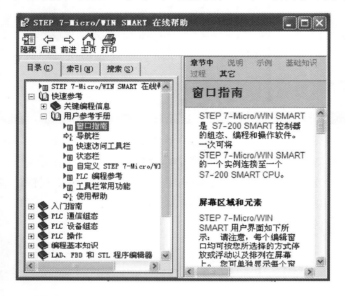

0204-软件中使用快捷键

图2-52　使用STEP7-Micro/WIN SMART的帮助

2.2.11 使用快捷键

在程序的输入和编辑过程中，使用快捷键能极大地提高项目编辑效率，使用快捷键是良好的工程习惯。常用的快捷键与功能的对照见表2-2。

表2-2　常用的快捷键与功能的对照

序号	功能	快捷键	序号	功能	快捷键
1	插入触点 ⊣⊢	F4	6	下载程序 ⬇下载	Ctrl+D
2	插入线圈 ⊣○⊢	F6	7	插入程序段 插入	F3
3	插入空框	F9	8	删除程序段 删除	Shift+F3
4	绝对和符号寻址切换	Ctrl+Y	9	插入向下垂直线 ⬇	Ctrl+向下键
5	上传程序 ⬆上传	Ctrl+U	10	插入向上垂直线 ⬆	Ctrl+向上键

序号	功能	快捷键	序号	功能	快捷键
11	插入水平线线 →	Ctrl+向右键	14	垂直向上移动一个屏幕	PgUp
12	将光标移至同行的第一列	Home	15	垂直向下移动一个屏幕	PgDn
13	将光标移至同行的最后一列	End	16	将光标移至第一个程序段的第一个单元格	Ctrl+ Home

以下用一个简单的例子介绍快捷键的使用。

在STEP7-Micro/WIN SMART的主程序中，选中"程序段1"，依次按快捷键"F4"和"F6"，则依次插入常开触点和线圈，如图2-53所示。

图2-53　用快捷键输入程序

2.3　用STEP7-Micro/WIN SMART软件建立一个完整的项目

下面以图2-54所示的启/停控制梯形图为例，完整地介绍一个程序从输入到下载、运行和监控的全过程。

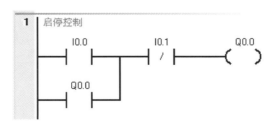

图2-54　启/停控制梯形图

0205-用STEP7-Micro/WIN SMART软件建立一个完整的项目

（1）启动STEP7-Micro/WIN SMART软件

启动STEP7-Micro/WIN SMART软件，弹出如图2-55所示的界面。

（2）硬件配置

展开指令树中的"项目1"节点，选中并双击"CPU ST40"（也可能是其他型号的CPU），这时弹出"系统块"界面，单击"倒三角"按钮，在下拉列表框中选定"CPU ST40（DC/DC/DC）"（这是本例的机型），然后单击"确认"按钮，如图2-56所示。

图2-55　STEP7-Micro/WIN SMART软件初始界面

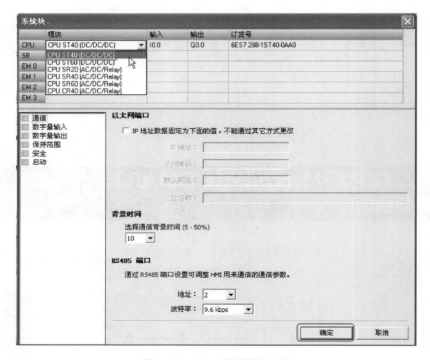

图2-56　PLC类型选择界面

（3）输入程序

展开指令树中的"指令"节点，依次双击常开触点按钮"—| |—"（或者拖入程序编辑窗口）、常闭触点按钮"—|/|—"、输出线圈按钮"（ ）"，换行后再双击常开触点按钮"—| |—"，出现程序输入界面，如图2-57所示。接着单击红色的问号，输入寄存器及其地址（本例为I0.0、Q0.0等），输入完毕后如图2-58所示。

【关键点】

有的初学者在输入时会犯这样的错误，将"Q0.0"错误地输入成"QO.O"，此时"QO.O"下面将有红色的波浪线提示错误。

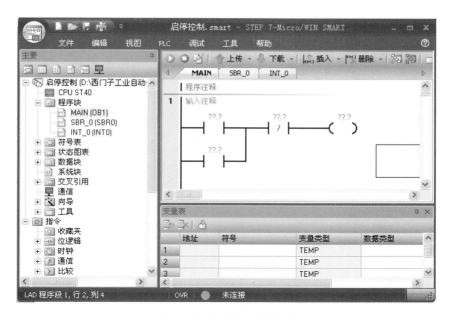

图2-57　程序输入界面（1）

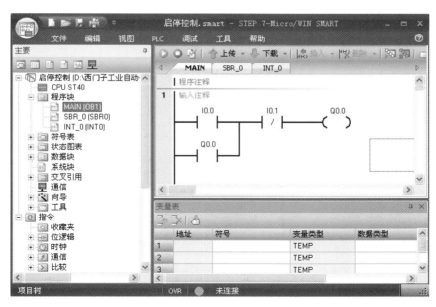

图2-58　程序输入界面（2）

（4）编译程序

单击标准工具栏的"编译"按钮 ▣ 进行编译，若程序有错误，则输出窗口会显示错误信息。

编译后如果有错误，可在下方的输出窗口查看错误，双击该错误即跳转到程序中该错误的所在处，根据系统手册中的指令要求进行修改，如图2-59所示。

（5）联机通信

选中项目树中的项目（本例为"启停控制"）下的"通信"，如图2-60所示，并双击该项

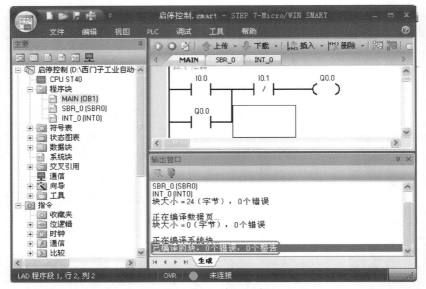

图2-59　编译程序

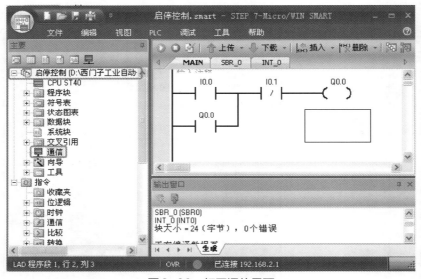

图2-60　打开通信界面

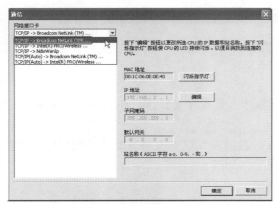

图2-61　通信界面（1）

目，弹出"通信"对话框。单击"倒三角"按钮，选择个人计算机的网卡，这个网卡与计算机的硬件有关［本例的网卡为"Broadcom Netlink（TM）"］，如图2-61所示。再用鼠标双击"更新可访问的设备"选项，如图2-62所示，弹出如图2-63所示的界面，表明PLC的地址是"192.168.2.1"。这个IP地址很重要，是设置个人计算机时，必须要参考的。

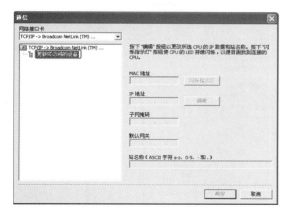

图2-62　通信界面（2）　　　　　　　　图2-63　通信界面（3）

【关键点】

不设置个人计算机，也可以搜索到"可访问的设备"，即PLC，但如果个人计算机的IP地址设置不正确，就不能下载程序。

（6）设置计算机IP地址

目前向S7-200 SMART下载程序，只能使用PLC集成的PN口，因此首先要对计算机的IP地址进行设置，这是建立计算机与PLC通信首先要完成的步骤，具体如下。

首先打开个人计算机的"控制面板"→"网络和共享中心"（本例的操作系统为Windows 7 64位，其他操作系统的步骤可能有所差别），单击"更改适配器设置"按钮，如图2-64所示。在弹出的界面中，选中"本地连接"，单击鼠标右键，弹出快捷菜单，单击"属性"选项，如图2-65所示，弹出如图2-66所示的界面，选中"Internet 协议版本 4（TCP/ IPv4）"选项，单击"属性"按钮，弹出图2-67所示的界面，选择"使用下面的IP地址"选项，按照图2-67所示设置IP地址和子网掩码，单击"确定"按钮即可。

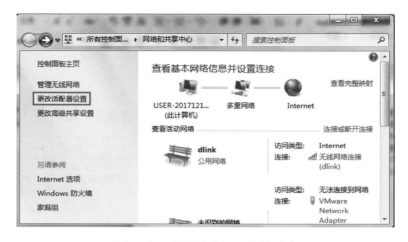

图2-64　设置计算机IP地址（1）

图2-65 设置计算机IP地址 (2)

图2-66 设置计算机IP地址 (3)

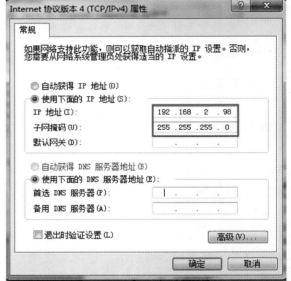

图2-67 设置计算机IP地址 (4)

【关键点】

以上的操作中，不能选择"自动获得IP地址"选项。但如读者不知道一台PLC的IP地址时，可以选择"自动获得IP地址"选项，先搜到PLC的IP地址，然后再进行以上操作。

此外，要注意的是S7-200 SMART出厂时的IP地址是"192.168.2.1"，因此在没有修改的情况下下载程序，必须要将计算机的IP地址设置成与PLC在同一个网段。简单地说，就是计算的IP地址的最末一个数字要与PLC的IP地址的末尾数字不同，而其他的数字要相同，这是非常关键的，读者务必要牢记。

(7) 下载程序

单击工具栏中的下载按钮 下载 ，弹出"下载"对话框，如图2-68所示，将"选项"

栏中的"程序块""数据块"和"系统块"3个选项全部勾选,若PLC此时处于"运行"模式,需将PLC设置成"停止"模式,如图2-69所示,然后单击"是"按钮,则程序自动下载到PLC中。下载成功后,输出窗口中有"下载已成功完成1"字样的提示,如图2-70所示,最后单击"关闭"按钮。

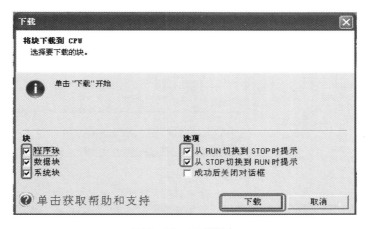

图2-68 下载程序

图2-69 停止运行

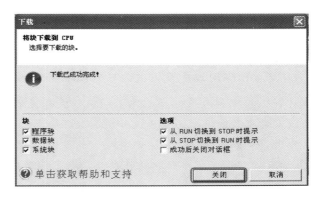

图2-70 下载成功完成界面

(8) 运行和停止运行模式

要运行下载到PLC中的程序,只要单击工具栏中"运行"按钮即可,同理要停止运行程序,只要单击工具栏中"停止"按钮即可。

(9) 程序状态监控

在调试程序时,"程序状态监控"功能非常有用,当开启此功能时,闭合的触点中有蓝色的矩形,而断开的触点中没有蓝色的矩形,如图2-71所示。要开启"程序状态监控"功能,只需要单击菜单栏上的"调试"→"程序状态"按钮 程序状态 即可。监控程序之前,程序应处于"运行"状态。

【关键点】
程序不能下载有以下几种情况。

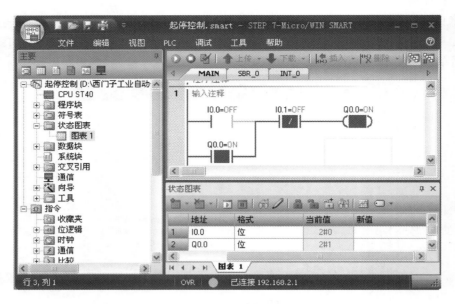

图2-71　程序状态监控

1）双击"更新可访问的设备"选项时，仍然找不到可访问的设备（即PLC）。

读者可按以下几种方法进行检修。

① 读者要检查网线是否将PLC与个人计算机连接完好，如果网络连接中显示 ，或者个人计算机的右下角显示 ，则表明网线没有将个人计算机与PLC连接上，解决方案是更换网线或者重新拔出和插上网线，检查PLC是否正常供电，直到以上2个图标上的红色叉号消失为止。

② 如果读者安装了盗版的操作系统，也可能造成找不到可访问的设备，对于初学者，遇到这种情况特别不容易发现，因此安装正版操作系统是必要的。

③ "通信"设置中，要选择个人计算机中安装的网卡的具体型号，不能选择其他的选项。

④ 更新计算机的网卡的驱动程序。

⑤ 调换计算机的另一个USB接口（利用串口下载时）。

2）找到可访问的设备（即PLC），但不能下载程序。最可能的原因是，个人计算机的IP地址和PLC的IP地址不在一个网段中。

程序不能下载，解决过程中的几种误解。

① 将反连接网线换成正连接网线。尽管西门子公司建议PLC的以太网通信使用正线连接，但在S7-200 SMART的程序下载中，这个做法没有实际意义，因为S7-200 SMART的PN口有自动交叉线功能，网线的正连接和反连接都可以下载程序。

② 双击"更新可访问的设备"选项时，仍然找不到可访问的设备。这是因为个人计算机的网络设置不正确。其实，个人计算机的网络设置只会影响到程序的下载，并不影响STEP7-Micro/WIN SMART访问PLC。

2.4 仿真软件的使用

2.4.1 仿真软件简介

仿真软件可以在计算机或者编程设备（如Power PG）中模拟PLC运行和测试程序，就像运行在真实的硬件上一样。西门子公司为S7-300/400系列PLC设计了仿真软件PLC SIM，但遗憾的是没有为S7-200 SMART PLC设计仿真软件。下面将介绍应用较广泛的仿真软件S7-200 SIM 2.0，这个软件是为S7-200系列PLC开发的，部分S7-200 SMART程序也可以用S7-200 SIM 2.0进行仿真。

0206-仿真软件S7-200 SIM 2.0的使用

2.4.2 仿真软件S7-200 SIM 2.0的使用

S7-200 SIM 2.0仿真软件的界面友好，使用非常简单，下面以图2-72所示的程序的仿真为例介绍S7-200 SIM 2.0的使用。

① 在STEP7-Micro/WIN SMART软件中编译如图2-72所示的程序，再选择菜单栏中的"文件"→"导出"命令，并将导出的文件保存，文件的扩展名为默认的".awl"（文件的全名保存为123.awl）。

② 打开S7-200 SIM 2.0软件，选择菜单栏中的"配置"→"CPU型号"命令，弹出"CPU Type"（CPU型号）对话框，选定所需的CPU，如图2-73所示，再单击"Accept"（确定）按钮即可。

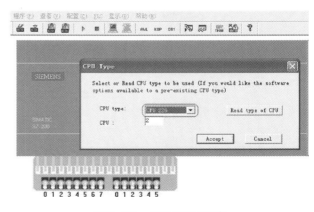

图2-72 示例程序

图2-73 CPU型号设定

③ 装载程序。单击菜单栏中的"程序"→"装载程序"命令，弹出"装载程序"对话框，设置如图2-74所示，再单击"确定"按钮，弹出"打开"对话框，如图2-75所示，选中要装载的程序"123.awl"，最后单击"打开"按钮即可。此时，程序已经装载完成。

④ 开始仿真。单击工具栏上的"运行"按钮 ▶，运行指示灯亮，如图2-76所示，单击按钮"I0.0"，按钮向上合上，PLC的输入点"I0.0"有输入，输入指示灯亮，同时输出点

"Q0.0"输出，输出指示灯亮。

与PLC相比，仿真软件有省钱、方便等优势，但仿真软件毕竟不是真正的PLC，它只具备PLC的部分功能，不能实现完全仿真。

图2-74　装载程序

图2-75　打开文件

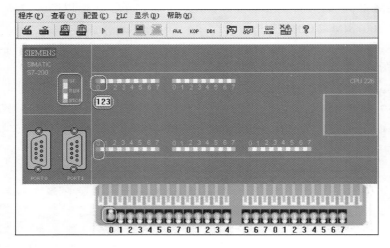

图2-76　进行仿真

第3章

西门子S7-200 SMART PLC的编程语言

本章主要介绍S7-200 SMART PLC的编程基础知识、各种指令等；本章内容较多，但非常重要。学习完本章内容就能具备编写简单程序的能力。

3.1 S7-200 SMART PLC的编程基础知识

3.1.1 数据的存储类型

(1) 数制

① 二进制。二进制数的1位（bit）只能取0和1两个不同的值，可以用来表示开关量的两种不同的状态，例如触点的断开和接通、线圈的通电和断电以及灯的亮和灭等。在梯形图中，如果该位是1可以表示常开触点的闭合和线圈的得电，反之，该位是0则表示常开触点的断开和线圈的断电。二进制用前缀2#加二进制数据表示，例如2#1001 1101 1001 1101就是16位二进制常数。十进制的运算规则是逢10进1，二进制的运算规则是逢2进1。

② 十六进制。十六进制的十六个数字是0~9和A~F（对应于十进制中的10~15），每个十六进制数字可用4位二进制表示，例如16#A用二进制表示为2#1010。前缀B#16#、W#16#和DW#16#分别表示十六进制的字节、字和双字。十六进制的运算规则是逢16进1。学会二进制和十六进制之间的转化对于学习西门子PLC来说是十分重要的。

③ BCD码。BCD码用4位二进制数（或者1位十六进制数）表示一位十进制数，例如一位十进制数9的BCD码是1001。4位二进制有16种组合，但BCD码只用到前十种，而后六种（1010~1111）没有在BCD码中使用。十进制的数字转换成BCD码是很容易的，例如十进制数366转换成十六进制BCD码则是W#16#0366。

> **【关键点】**
> 十进制数366转换成十六进制数是W#16#16E，这是要特别注意的。

BCD码的最高4位二进制数用来表示符号，16位BCD码字的范围是–999~+999。32位BCD码双字的范围是–9999999~+9999999。不同数制的数的表示方法见表3-1。

表3-1　不同数制的数的表示方法

十进制	十六进制	二进制	BCD码	十进制	十六进制	二进制	BCD码
0	0	0000	00000000	8	8	1000	00001000
1	1	0001	00000001	9	9	1001	00001001
2	2	0010	00000010	10	A	1010	00010000
3	3	0011	00000011	11	B	1011	00010001
4	4	0100	00000100	12	C	1100	00010010
5	5	0101	00000101	13	D	1101	00010011
6	6	0110	00000110	14	E	1110	00010100
7	7	0111	00000111	15	F	1111	00010101

(2) 数据的长度和类型

S7-200 SMART PLC将信息存于不同的存储器单元，每个单元都有唯一的地址。该地址可以明确指出要存取的存储器位置。这就允许用户程序直接存取这个信息。表3-2列出了不同长度的数据所能表示的十进制数值范围。

表3-2　不同长度的数据表示的十进制数值范围

数据类型	数据长度	取值范围
字节（Byte）	8位（1字节）	0~255
字（Word）	16位（2字节）	0~65 535
位（Bit）	1位	0、1
整数（Int）	16位（2字节）	0~65 535（无符号），–32 768~32 767（有符号）
双精度整数（DInt）	32位（4字节）	0~4 294 967 295（无符号） –2 147 483 648~2 147 483 647（有符号）
双字（DWord）	32位（4字节）	0~4 294 967 295
实数（Real）	32位（4字节）	1.175 495E-38~3.402 823E+38（正数） –1.175 495E-38~–3.402 823E+38（负数）
字符串（String）	8位（1字节）	

【关键点】

西门子PLC的数据类型的关键字不区分大小写，例如Real和REAL都是合法的，表示实数（浮点数）数据类型。

(3) 常数

在S7-200 SMART PLC的许多指令中都用到常数，常数有多种表示方法，如二进制、十进制和十六进制等。在表示二进制和十六进制时，要在数据前分别加前缀"2#"或"16#"，格式如下。

二进制常数：2#1100，十六进制常数：16#234B1。其他的数据表示方法举例如下。

ASCII码："HELLOW"，实数：–3.141 592 6，十进制数：234。

几种错误表示方法：八进制的"33"表示成"8#33"，十进制的"33"表示成"10#33"，"2"用二进制表示成"2#2"，读者要避免这些错误。"8#33"和"10#33"在S7-1200/1500中合法。

若要存取存储区的某一位，则必须指定地址，包括存储器标识符、字节地址和位号。图3-1是一个位寻址的例子。其中，存储器区、字节地址（I代表输入，2代表字节2）和位地址之间用点号"."隔开。

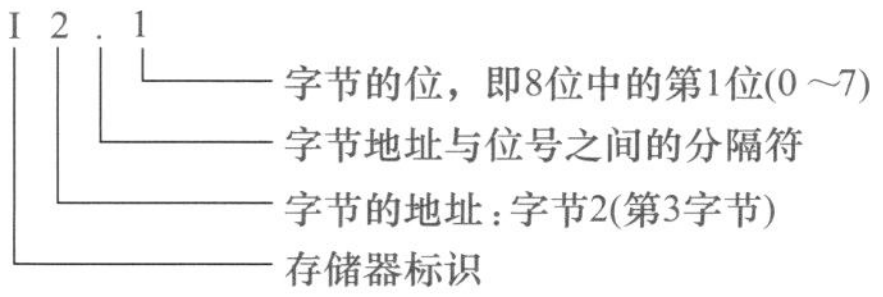

- 字节的位，即8位中的第1位（0～7）
- 字节地址与位号之间的分隔符
- 字节的地址：字节2(第3字节)
- 存储器标识

图3-1　位寻址

【例3-1】如图3-2所示，如果MD0=16#1F，那么，MB0、MB1、MB2和MB3的数值是多少？M0.0和M3.0是多少？

【解】因为一个双字包含4个字节，一个字节包含2个16进制位，所以MD0=16#1F=16#0000001F，根据图3-2可知，MB0=0，MB1=0，MB2=0，MB3=16#1F。由于MB0=0，所以M0.0=0，由于MB3=16#1F=2#00011111，所以M3.0=1。这点不同于三菱PLC，读者应注意区分。

MB0	7　MB0　0

MW0	15　MB0　8	7　MB1　0

MD0	31　MB0　24	23　MB1　16	15　MB2　8	7　MB3　0

最高有效字节　　　　　　　　　　　　　　　　　　　最低有效字节

图3-2　字节、字和双字的起始地址

【例3-2】如图3-3所示的梯形图，请查看有无错误？

【解】这个程序从逻辑上看没有问题，但这个程序在实际运行时是有问题的。程序段1是启停控制，当V0.0常开触点闭合后开始采集数据，而且A/D转换的结果存放在VW0中，VW0包含2个字节VB0和VB1，而VB0包含8个位即V0.0~V0.7。只要采集的数据经过A/D转换，使V0.0位为0，则整个数据采集过程自动停止。初学者很容易犯类似的错误。读者可将V0.0改为V2.0，只要避开VW0中包含的16个位（V0.0~V0.7和V1.0~V1.7）即可。

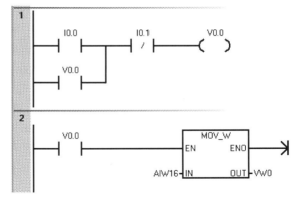

图3-3　例3-2梯形图

数值和数据类型是十分重要的，但往往被很多初学者忽视，如果没有掌握数值和数据类型，学习后续章节时，出错将是不可避免的。

3.1.2　元件的功能与地址分配

（1）输入过程映像寄存器I

输入过程映像寄存器与输入端相连，它是专门用来接收PLC外部开关信号的元件。在每次扫描周期的开始，CPU对物理输入点进行采样，并将采样值写入输入过程映像寄存器中。CPU可以按位、字节、字或双字来存取输入过程映像寄存器中的数据，输入过程映像寄存器等效电路如图3-4所示的左侧。

位格式：I［字节地址］.［位地址］，如I0.0。

字节、字或双字格式：I［长度］［起始字节地址］，如IB0、IW0和ID0。

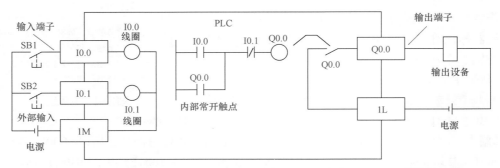

图3-4 输入过程映像寄存器I0.0、I0.1和输出过程映像寄存器Q0.0的等效电路

(2) 输出过程映像寄存器Q

输出过程映像寄存器用来将PLC内部信号输出传送给外部负载(用户输出设备)。输出过程映像寄存器线圈由PLC内部程序的指令驱动,其线圈状态传送给输出单元,再由输出单元对应的硬触点来驱动外部负载,输出过程映像寄存器等效电路如图3-4所示的右侧。在每次扫描周期的结尾,CPU将输出过程映像寄存器中的数值复制到物理输出点上。可以按位、字节、字或双字来存取输出过程映像寄存器的数据。

位格式:Q [字节地址].[位地址],如Q1.1。

字节、字或双字格式:Q [长度][起始字节地址],如QB0、QW2和QD0。

输入和输出寄存器等效电路如图3-4所示。当输入端的SB1按钮闭合(输入端硬件线路组成回路)→经过PLC内部电路的转化,I0.0线圈得电→梯形图中的线圈I0.0常开触点闭合→梯形图的Q0.0得电自锁→经过PLC内部电路的转化,使得真实回路中的常开触点Q0.0闭合→从而使得外部设备线圈得电(输出端硬件线路组成回路)。当输入端的SB2按钮闭合(输入端硬件线路组成回路)→经过PLC内部电路的转化,I0.1线圈得电→梯形图中的线圈I0.1常闭触点断开→梯形图的Q0.0断电→经过PLC内部电路的转化,使得真实回路中的常开触点Q0.0断开→从而使得外部设备线圈断电,能够理解这一过程很重要。

图3-4中,如果按钮SB2接线断开,则压下SB2按钮,不能实现停机,就可能产生安全事故。因此在实际工程中,停止按钮SB2一般是常闭触点,改进如图3-5所示。由于停止按钮SB2接常闭触点,所以当SB2接线断开后,I0.1线圈断电,梯形图中的I0.1常开触点断开,Q0.0线圈断电,外部输出设备不可能启动,因此不会产生安全事故。

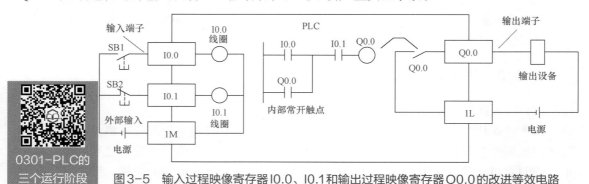

图3-5 输入过程映像寄存器I0.0、I0.1和输出过程映像寄存器Q0.0的改进等效电路

(3) 变量存储器V

可以用V存储器存储程序执行过程中控制逻辑操作的中间结果,也可以用它来保存与工

序或任务相关的其他数据,变量存储器不能直接驱动外部负载。它可以按位、字节、字或双字来存取V存储区中的数据。

位格式：V［字节地址］.［位地址］,如V10.2。

字节、字或双字格式：V［长度］［起始字节地址］,如VB100、VW100和VD100。

（4）位存储器M

位存储器是PLC中常用的一种存储器,一般的位存储器与继电器控制系统中的中间继电器相似。位存储器不能直接驱动外部负载,负载只能由输出过程映像寄存器的外部触点驱动。位存储器的常开与常闭触点在PLC内部编程时可无限次使用。可以用位存储区作为控制继电器来存储中间操作状态和控制信息,并且可以按位、字节、字或双字来存取位存储区。

位格式：M［字节地址］.［位地址］,如M2.7。

字节、字或双字格式：M［长度］［起始字节地址］,如MB10、MW10和MD10。

注意：有的用户习惯使用M区作为中间地址,但S7-200 SMART PLC中M区地址空间很小,只有32个字节,往往不够用。这时可使用V区储存空间,S7-200 SMART PLC中提供了大量的V区存储空间,即用户数据空间。V存储区相对很大,其用法与M区相似,可以按位、字节、字或双字来存取V区数据,例如V10.1、VB20、VW100和VD200等。

【例3-3】图3-6所示的梯形图中,Q0.0控制一盏灯,请分析当系统上电后接通I0.0和系统断电后又上电时灯的明暗情况。

【解】当系统上电后接通I0.0,Q0.0线圈带电并自锁,灯亮；系统断电后又上电,Q0.0线圈处于断电状态,灯不亮。

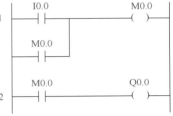

图3-6　例3-3梯形图

（5）特殊存储器SM

SM位为CPU与用户程序之间传递信息提供了一种手段。可以用这些位选择和控制S7-200 SMART PLC的一些特殊功能。例如,首次扫描标志位（SM0.1）、按照固定频率开关的标志位或者显示数学运算或操作指令状态的标志位。可以按位、字节、字或双字来存取SM位。

位格式：SM［字节地址］.［位地址］,如SM0.1。

字节、字或者双字格式：SM［长度］［起始字节地址］,如SMB86、SMW22和SMD42。

SMB0~SMB29、SMB480~MB515、SMB1000~SMB1699以及SMB1800~SMB1999是只读特殊存储器。SMB30~SMB194以及SMB566~SMB749是读/写特殊存储器。

S7-200 SMART PLC的部分只读特殊存储器说明如下。

SMB0：系统状态位。

SMB1：指令执行状态位。

SMB2：自由端口接收字符。

SMB3：自由端口奇偶校验错误。

SMB4：中断队列溢出、运行时程序错误、中断已启用、自由端口发送器空闲和强制值。

SMB5：I/O 错误状态位。

SMB6~SMB7：CPU ID、错误状态和数字量I/O点。

SMB8~SMB21：I/O模块ID和错误。

SMW22~SMW26：扫描时间。

SMB28~SMB29：信号板ID和错误。

S7-200 SMART PLC的部分读写特殊存储器说明如下。

SMB30（端口0）和SMB130（端口1）：集成RS485端口（端口0）和CM01信号板（SB）RS232/RS485端口（端口1）的端口组态。

SMB34~SMB35：定时中断的时间间隔。

SMB36~SMB45（HSC0）、SMB46~SMB55（HSC1）、SMB56~SMB65（HSC2）、SMB136~SMB145（HSC3）：高速计数器组态和操作。

SMB66~SMB85：PWM0和PWM1高速输出。

SMB86~SMB94和SMB186-SMB194：接收消息控制。

SMW98：I/O扩展总线通信错误。

SMW100~SMW110：系统报警。

SMB136~SMB145：HSC3高速计数器。

SMB186~SMB194：接收消息控制（请参见 SMB86-SMB94）。

SMB566~SMB575：PWM2 高速输出。

SMB600~SMB649：轴0开环运动控制。

SMB650~SMB699：轴1开环运动控制。

SMB700~SMB749：轴2开环运动控制。

全部掌握是比较困难的，具体使用特殊寄存器请参考系统手册，系统状态位是常用的特殊寄存器，见表3-3。SM0.0、SM0.1和SM0.5的时序图如图3-7所示。

表3-3　特殊存储器字节SMB0（SM0.0~SM0.7）

SM位	符号名	描　　　述
SM0.0	Always_On	该位始终为1
SM0.1	First_Scan_On	该位在首次扫描时为1,用途之一是调用初始化子程序
SM0.2	Retentive_Lost	在以下操作后,该位会接通一个扫描周期: 重置为出厂通信命令 重置为出厂存储卡评估 评估程序传送卡(在此评估过程中,会从程序传送卡中加载新系统块) NAND 闪存上保留的记录出现问题 该位可用作错误存储器位或用作调用特殊启动顺序的机制
SM0.3	RUN_Power_Up	从上电或暖启动条件进入RUN模式时,该位接通一个扫描周期。该位可用于在开始操作之前给机器提供预热时间。
SM0.4	Clock_60s	该位提供时钟脉冲,该脉冲的周期时间为1分钟,OFF(断开)30s,ON(接通)30s。该位可简单轻松地实现延时或1分钟时钟脉冲
SM0.5	Clock_1s	该位提供时钟脉冲,该脉冲的周期时间为1s,OFF(断开)0.5s,然后 ON(接通)0.5s。该位可简单轻松地实现延时或1s时钟脉冲
SM0.6	Clock_Scan	该位是扫描周期时钟,接通一个扫描周期,然后断开一个扫描周期,在后续扫描中交替接通和断开。该位可用作扫描计数器输入
SM0.7	RTC_Lost	如果实时时钟设备的时间被重置或在上电时丢失(导致系统时间丢失),则该位将接通一个扫描周期。该位可用作错误存储器位或用来调用特殊启动顺序

【例3-4】图3-8所示的梯形图中，Q0.0控制一盏灯，请分析当系统上电后灯的明暗情况。

【解】因为SM0.5是周期为1s的脉冲信号，所以灯亮0.5s，然后暗0.5s，以1s为周期闪烁。SM0.5常用于报警灯的闪烁。

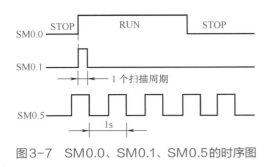

图3-7　SM0.0、SM0.1、SM0.5的时序图　　　　　　　图3-8　例3-4的梯形图

（6）局部存储器L

S7-200 SMART PLC有64B的局部存储器，其中60B可以用做临时存储器或者给子程序传递参数。如果用梯形图或功能块图编程，STEP7-Micro/WIN SMART保留这些局部存储器的最后4B。局部存储器和变量存储器V很相似，但有一个区别：变量存储器是全局有效的，而局部存储器只在局部有效。全局是指同一个存储器可以被任何程序存取（包括主程序、子程序和中断服务程序），局部是指存储器区和特定的程序相关联。S7-200 SMART PLC给主程序分配64B的局部存储器，给每一级子程序嵌套分配64B的局部存储器，同样给中断服务程序分配64B的局部存储器。

子程序不能访问分配给主程序、中断服务程序或者其他子程序的局部存储器。同样，中断服务程序也不能访问分配给主程序或子程序的局部存储器。S7-200 SMART PLC根据需要来分配局部存储器。也就是说，当主程序执行时，分配给子程序或中断服务程序的局部存储器是不存在的。当发生中断或者调用一个子程序时，需要分配局部存储器。新的局部存储器地址可能会覆盖另一个子程序或中断服务程序的局部存储器地址。

在分配局部存储器时，PLC不进行初始化，初值可能是任意的。当在子程序调用中传递参数时，在被调用子程序的局部存储器中，由CPU替换其被传递的参数的值。局部存储器在参数传递过程中不传递值，在分配时不被初始化，可能包含任意数值。L可以作为地址指针。

位格式：L［字节地址］.［位地址］，如L0.0。

字节、字或双字格式：L［长度］［起始字节地址］，如LB33。下面的程序中，LD10作为地址指针。

```
    LD      SM0.0
    MOVD    &VB0,   LD10          //将V区的起始地址装载到指针中
```

（7）模拟量输入映像寄存器AI

S7-200 SMART PLC能将模拟量值（如温度或电压）转换成1个字长（16位）的数字量。可以用区域标识符（AI）、数据长度（W）及字节的起始地址来存取这些值。因为模拟输入量为1个字长，并且从偶数位字节（如0、2、4）开始，所以必须用偶数字节地址（如AIW16、AIW18、AIW20）来存取这些值，如AIW1是错误的数据。模拟量输入值为只读数据。

格式：AIW［起始字节地址］，如AIW16。以下为模拟量输入的程序。

```
    LD      SM0.0
    MOVW    AIW16,  MW10          //将模拟量输入量转换为数字量后存入MW10中
```

（8）模拟量输出映像寄存器AQ

S7-200 SMART PLC能把1个字长的数字值按比例转换为电流或电压。可以用区域标识符（AQ）、数据长度（W）及字节的起始地址来改变这些值。因为模拟量为1个字长，且从

偶数字节（如0、2、4）开始，所以必须用偶数字节地址（如AQW10、AQW12、AQW14）来改变这些值。模拟量输出值时只写数据。

格式：AQW［起始字节地址］，如AQW20。以下为模拟量输出的程序。

```
LD      SM0.0
MOVW    1234，AQW20      //将数字量1234转换成模拟量（如电压）从通道0输出
```

（9）定时器T

在S7-200 SMART PLC中，定时器可用于时间累计，其分辨率（时基增量）分为1ms、10ms和100ms三种。定时器有以下两个变量。

- 当前值：16位有符号整数，存储定时器所累计的时间。
- 定时器位：按照当前值和预置值的比较结果置位或者复位（预置值是定时器指令的一部分）。

可以用定时器地址来存取这两种形式的定时器数据。究竟使用哪种形式取决于所使用的指令：如果使用位操作指令，则是存取定时器位；如果使用字操作指令，则是存取定时器当前值。存取格式为：T［定时器号］，如T37。

S7-200 SMART PLC系列中定时器可分为接通延时定时器、有记忆的接通延时定时器和断开延时定时器三种。它们是通过对一定周期的时钟脉冲进行累计而实现定时功能的，时钟脉冲的周期（分辨率）有1ms、10ms和100ms三种，当计数达到设定值时触点动作。

（10）计数器存储区C

在S7-200 SMART PLC中，计数器可以用于累计其输入端脉冲电平由低到高的次数。CPU提供了三种类型的计数器，一种只能增加计数；一种只能减少计数；另外一种既可以增加计数，又可以减少计数。计数器有以下两种形式。

- 当前值：16位有符号整数，存储累计值。
- 计数器位：按照当前值和预置值的比较结果置位或者复位（预置值是计数器指令的一部分）。

可以用计数器地址来存取这两种形式的计数器数据。究竟使用哪种形式取决于所使用的指令：如果使用位操作指令，则是存取计数器位；如果使用字操作指令，则是存取计数器当前值。存取格式为：C［计数器号］，如C24。

（11）高速计数器HC

高速计数器用于对高速事件计数，它独立于CPU的扫描周期。高速计数器有一个32位的有符号整数计数值（或当前值）。若要存取高速计数器中的值，则应给出高速计数器的地址，即存储器类型（HC）加上计数器号（如HC0）。高速计数器的当前值是只读数据，仅可以作为双字（32位）来寻址。

格式：HC［高速计数器号］，如HC1。

（12）累加器AC

累加器是可以像存储器一样使用的读写设备。例如，可以用它来向子程序传递参数，也可以从子程序返回参数，以及用来存储计算的中间结果。S7-200 SMART PLC提供4个32位累加器（AC0、AC1、AC2和AC3），并且可以按字节、字或双字的形式来存取累加器中的数值。

被访问的数据长度取决于存取累加器时所使用的指令。当以字节或者字的形式存取累加器时，使用的是数值的低8位或低16位。当以双字的形式存取累加器时，使用全部32位。

格式：AC［累加器号］，如AC0。以下为将常数18移入AC0中的程序。

    LD   SM0.0

    MOVB 18，AC0   //将常数18移入AC0

（13）顺控继电器存储S

顺控继电器位（S）与SCR关联，用于组织机器操作或者进入等效程序段的步骤。SCR提供控制程序的逻辑分段。可以按位、字节、字或双字来存取S位。

位：S［字节地址］.［位地址］，如S3.1。

字节、字或者双字：S［长度］［起始字节地址］。

3.1.3　STEP7中的编程语言

STEP7中有梯形图、语句表和功能块图三种基本编程语言，可以相互转换。此外，还有其他的编程语言，以下简要介绍。

（1）顺序功能图（SFC）

STEP7 中为S7-Graph，不是STEP7的标准配置，需要安装软件包。SFC是针对顺序控制系统进行编程的图形编程语言，特别适合编写顺序控制程序。

（2）梯形图（LAD）

直观易懂，适合于数字量逻辑控制。梯形图适合于熟悉继电器电路的人员使用，其应用最为广泛。

（3）功能块图（FBD）

"LOGO！"系列微型PLC 使用功能块图编程。功能块图适合于熟悉数字电路的人员使用。

（4）语句表（STL）

功能比梯形图或功能块图强大。语句表可供擅长用汇编语言编程的用户使用，其特点是输入快，可以在每条语句后面加上注释。语句表使用在减少，有的PLC已不再支持语句表。

（5）S7-SCL编程语言（ST）

STEP7的S7-SCL（结构化控制语言）符合EN61131-3标准。SCL适合于复杂的公式计算、复杂的计算任务和最优化算法，或管理大量的数据等。S7-SCL编程语言适合于熟悉高级编程语言（例如PASCAL或C语言）的人员使用。S7-200 SMART PLC不支持此功能。

在STEP7 编程软件中，如果程序块没有错误，并且被正确地划分为程序段，则可在梯形图、功能块图和语句表之间转换。

3.2　位逻辑指令

基本逻辑指令是指构成基本逻辑运算功能指令的集合，包括基本位操作、置位/复位、边沿触发、逻辑栈、定时、计数和比较等逻辑指令。S7-200 SMART PLC系列PLC共有20多条逻辑指令，现按用途分类如下。

3.2.1　基本位操作指令

（1）装载及线圈输出指令

LD（Load）：常开触点逻辑运算开始。

LDN（Load Not）：常闭触点逻辑运算开始。

=（Out）：线圈输出。

图3-9所示梯形图及语句表表示上述三条指令的用法。

装载及线圈输出指令使用说明有以下几方面。

① LD（Load）：装载指令，对应梯形图从左侧母线开始，连接常开触点。

② LDN（Load Not）：装载指令，对应梯形图从左侧母线开始，连接常闭触点。

③ =（Out）：线圈输出指令，可用于输出过程映像寄存器、辅助继电器和定时器及计数器等，一般不用于输入过程映像寄存器。

④ LD、LDN的操作数：I、Q、M、SM、T、C和S。=的操作数：Q、M、SM、T、C和S。

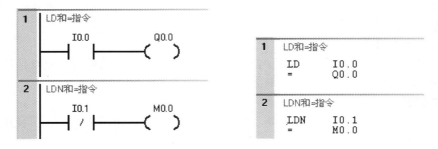

图3-9　LD、LDN、= 指令应用举例

图3-9中梯形图的含义解释为：当程序段1中的常开触点I0.0接通，则线圈Q0.0得电，当程序段2中的常闭触点I0.1接通，则线圈M0.0得电。此梯形图的含义与之前的电气控制中的电气图类似。

（2）与和与非指令

图3-10所示梯形图及指令表表示的是多地停止，I0.1和I0.2是串联关系，即与运算。

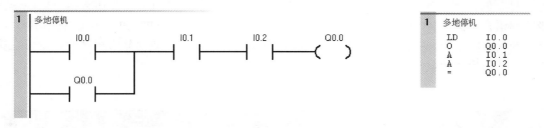

图3-10　A指令应用举例

A（And）：与指令，即常开触点串联。

AN（And Not）：与非指令，即常闭触点串联。

触点串联指令使用说明有以下几方面。

① A、AN：与操作指令，是单个触点串联指令，可连续使用。

② A、AN的操作数：I、Q、M、SM、T、C和S。

图3-10中梯形图的含义解释为：当程序段1中的常开触点I0.1和I0.2同时接通，则线圈Q0.0才可能得电，常开触点I0.1和I0.2都不接通，或者只有一个接通，线圈Q0.0不得电，常开触点I0.1、I0.2是串联（与）关系，多地停机是其典型的应用。

（3）或和或非指令

O（Or）：或指令，即常开触点并联。

ON（Or Not）：或非指令，即常闭触点并联。

图3-11所示梯形图及指令表表示多地启动，I0.0、I0.1和Q0.0是并联关系，即或运算。

① O、ON：或操作指令，是单个触点并联指令，可连续使用。

② O、ON的操作数：I、Q、M、SM、T、C和S。

图3-11中梯形图的含义解释为：当程序段1中的常开触点I0.0、I0.1和Q0.0，有一个或者多个接通，则线圈Q0.0得电，常开触点I0.0、I0.1和Q0.0是并联（或）关系，多地启动是其典型的应用。

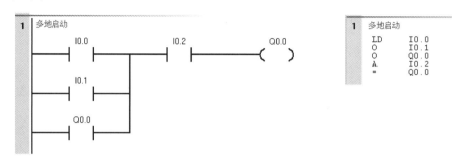

图3-11　O指令应用举例

3.2.2　置位/复位指令

普通线圈获得能量流时，线圈通电（存储器位置1），能量流不能到达时，线圈断电（存储器位置0）。置位/复位指令将线圈设计成置位线圈和复位线圈两大部分。置位线圈受到脉冲前沿触发时，线圈通电锁存（存储器位置1），复位线圈受到脉冲前沿触发时，线圈断电锁存（存储器位置0），下次置位、复位操作信号到来前，线圈状态保持不变（自锁）。置位/复位指令格式见表3-4。

表3-4　置位/复位指令格式

LAD	STL	功　能
S-BIT ——（ S ） N	S　　S-BIT,N	从起始位（S-BIT）开始的N个元件置1并保持
S-BIT ——（ R ） N	R　　S-BIT,N	从起始位（S-BIT）开始的N个元件清0并保持

R、S指令的使用如图3-12所示，当PLC上电时，Q0.0和Q0.1都通电，当I0.1接通时，Q0.0和Q0.1都断电。

【关键点】

置位、复位线圈之间间隔的程序段个数可以任意设置，置位、复位线圈通常成对使用，也可单独使用。

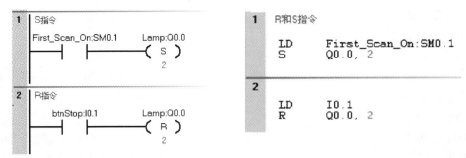

图3-12　R、S指令的使用

3.2.3　置位优先和复位优先双稳态触发器指令（SR/RS）

RS/SR触发器具有置位与复位的双重功能。

RS触发器是复位优先双稳态指令，当置位（S）和复位（R1）同时为真时，输出为假。当置位（S）和复位（R1）同时为假时，保持以前的状态。当置位（S）为真和复位（R1）为假时，置位。当置位（S）为假和复位（R1）为真时，复位。

SR触发器是置位优先双稳态指令，当置位（S1）和复位（R）同时为真时，输出为真。当（S1）和复位（R）同时为假时，保持以前的状态。当置位（S1）为真和复位（R）为假时，置位。当置位（S1）为假和复位（R）为真时，复位。

RS和SR触发指令应用如图3-13所示。

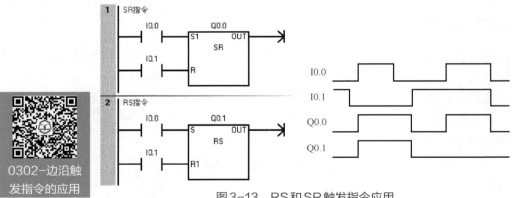

0302-边沿触发指令的应用

图3-13　RS和SR触发指令应用

3.2.4　边沿触发指令

边沿触发是指用边沿触发信号产生一个机器周期的扫描脉冲，通常用做脉冲整形。边沿触发指令分为上升沿（正跳变触发）和下降沿（负跳变触发）两大类。正跳变触发指输入脉冲的上升沿使触点闭合（ON）一个扫描周期。负跳变触发指输入脉冲的下降沿使触点闭合（ON）一个扫描周期。边沿触发指令格式见表3-5。

表3-5　边沿触发指令格式

LAD	STL	功　能
—| P |—	EU	正跳变，无操作元件
—| N |—	ED	负跳变，无操作元件

【例3-5】 如图3-14所示的程序，若I0.0上电一段时间后再断开，请画出I0.0、Q0.0、Q0.1和Q0.2的时序图。

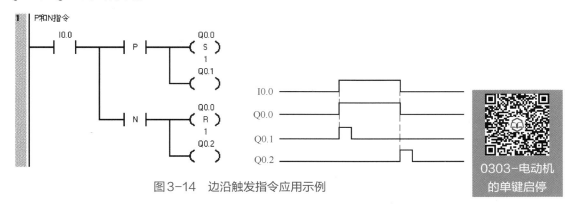

图3-14　边沿触发指令应用示例

【解】 如图3-14所示，I0.0接通时，I0.0触点（EU）产生一个扫描周期的时钟脉冲，驱动输出线圈Q0.1通电一个扫描周期，Q0.0通电，使输出线圈Q0.0置位并保持。

I0.0断开时，I0.0触点（ED）产生一个扫描周期的时钟脉冲，驱动输出线圈Q0.2通电一个扫描周期，使输出线圈Q0.0复位并保持。

【例3-6】 设计程序，实现用一个按钮控制一盏灯的亮和灭，即压下奇数次按钮灯亮，压下偶数次按钮灯灭（有的资料称为乒乓控制）。

【解】 当I0.0第一次合上时，V0.0接通一个扫描周期，使得Q0.0线圈得电一个扫描周期，当下一次扫描周期到达，Q0.0常开触点闭合自锁，灯亮。

当I0.0第二次合上时，V0.0接通一个扫描周期，使得Q0.0线圈闭合一个扫描周期，切断Q0.0的常开触点和V0.0的常开触点，使得灯灭。梯形图如图3-15所示。

此外，还有两种编程方法，如图3-16和图3-17所示。

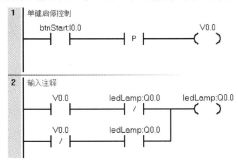

图3-15　例3-6梯形图（1）

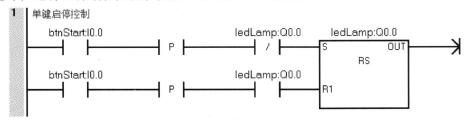

图3-16　例3-6梯形图（2）

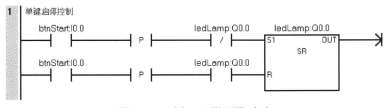

图3-17　例3-6梯形图（3）

3.2.5 取反指令（NOT）

取反指令（NOT）取反能流输入的状态。

NOT触点能改变能流输入的状态。能流到达NOT触点时将停止。没有能流到达NOT触点时，该触点会提供能流。

【例3-7】 某设备上有"就地/远程"转换开关，当其设为"就地"挡时，就地灯亮，设为"远程"挡时，远程灯亮，请设计梯形图。

【解】 梯形图如图3-18所示。

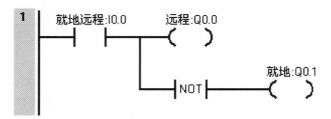

图3-18　例3-7梯形图

3.3　定时器与计数器指令

3.3.1　定时器指令

S7-200 SMART PLC的定时器为增量型定时器，用于实现时间控制，它可以按照工作方式和时间基准分类。

3.3.1.1　工作方式

按照工作方式，定时器可分为通电延时型（TON）、有记忆的通电延时型或保持型（TONR）、断电延时型（TOF）三种类型。

3.3.1.2　时间基准

按照时间基准（简称时基），定时器可分为1ms、10ms和100ms 三种类型，时间基准不同，定时精度、定时范围和定时器的刷新方式也不同。

定时器的工作原理是定时器的使能端输入有效后，当前值寄存器对PLC内部的时基脉冲增1计数，最小计时单位为时基脉冲的宽度。故时间基准代表着定时器的定时精度（分辨率）。

定时器的使能端输入有效后，当前值寄存器对时基脉冲递增计数，当计数值大于或等于定时器的预置值后，状态位置1。从定时器输入有效到状态位置1经过的时间称为定时时间。定时时间等于时基乘以预置值，时基越大，定时时间越长，但精度越差。

1ms定时器每隔1ms刷新一次，与扫描周期和程序处理无关。因而当扫描周期较长时，定时器在一个周期内可能被多次刷新，其当前值在一个扫描周期内不一定保持一致。

10ms定时器在每个扫描周期开始时自动刷新。由于每个扫描周期只刷新一次，故在每次程序处理期间，其当前值为常数。

100ms定时器在定时器指令执行时被刷新，下一条执行的指令即可使用刷新后的结果，使用方便可靠。但应当注意，如果定时器的指令不是每个周期都执行（条件跳转时），定时器就不能及时刷新，可能会导致出错。

CPU SX 的 256 个定时器分属 TON/TOF 和 TONR 工作方式，以及三种时基标准（TON 和 TOF 共享同一组定时器，不能重复使用）。其详细分类方法见表3-6。

表3-6　定时器工作方式及类型

工作方式	时间基准/ms	最大定时时间/s	定时器型号
TONR	1	32.767	T0,T64
	10	327.67	T1~T4,T65~T68
	100	3276.7	T5~T31,T69~T95
TON/TOF	1	32.767	T32,T96
	10	327.67	T33~T36,T97~T100
	100	3276.7	T37~T63,T101~T255

3.3.1.3　工作原理分析

下面分别叙述 TON、TONR 和 TOF 三种类型定时器的使用方法。这三类定时器均有使能输入端 IN 和预置值输入端 PT。PT 预置值的数据类型为 INT，最大预置值是 32767。

（1）通电延时型定时器（TON）

使能端（IN）输入有效时，定时器开始计时，当前值从 0 开始递增，大于或等于预置值（PT）时，定时器输出状态位置 1。使能端输入无效（断开）时，定时器复位（当前值清 0，输出状态位置 0）。通电延时型定时器指令和参数见表3-7。

表3-7　通电延时型定时器指令和参数

LAD	参数	数据类型	说明	存储区
Txxx -IN　TON PT-PT　??? ms	T xxx	WORD	表示要启动的定时器号	T32、T96、T33~T36、T97~T100、T37~T63、T101~T255
	PT	INT	定时器时间值	I、Q、M、D、L、T、S、SM、AI、T、C、AC、常数、*VD、*LD、*AC
	IN	BOOL	使能	I、Q、M、SM、T、C、V、S、L

【例3-8】 已知梯形图和 I0.1 时序图如图 3-19 所示，请画出 Q0.0 的时序图。

【解】 当接通 I0.1，延时 3s 后，Q0.0 得电，如图 3-19 所示。

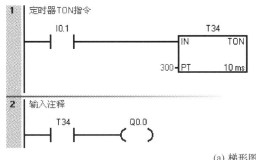

(a) 梯形图

图3-19

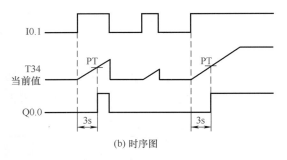

0304-定时器
及其应用——
气炮

图3-19　通电延时型定时器应用示例

【例3-9】设计一段程序，实现一盏灯亮3s，灭3s，不断循环，且能实现启停控制。

【解】　当按下SB1按钮，灯HL1亮，T37延时3s后，灯HL1灭，T38延时3s后，切断T37，灯HL1亮，如此循环。原理图如图3-20所示，梯形图如图3-21所示。

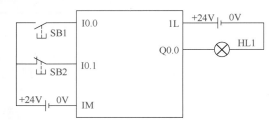

图3-20　例3-9原理图

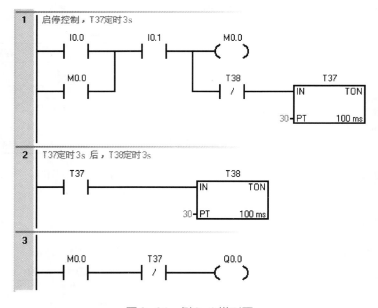

图3-21　例3-9梯形图

（2）有记忆的通电延时型定时器（TONR）

使能端输入有效时，定时器开始计时，当前值递增，当前值大于或等于预置值时，输出状态位置1。使能端输入无效时，当前值保持（记忆），使能端再次接通有效时，在原记忆值的基础上递增计时。有记忆通电延时型定时器采用线圈的复位指令进行复位操作，当复位线圈有效时，定时器当前值清0，输出状态位置0。有记忆的通电延时型定时器指令和参数见表3-8。

表3-8　有记忆的通电延时型定时器指令和参数

LAD	参数	数据类型	说明	存储区
Txxx IN　TONR PT-PT　???ms	T xxx	WORD	表示要启动的定时器号	T0、T64、T1~T4、T65~T68、T5~T31、T69~T95
	PT	INT	定时器时间值	I、Q、M、D、L、T、S、SM、AI、T、C、AC、常数、*VD、*LD、*AC
	IN	BOOL	使能	I、Q、M、SM、T、C、V、S、L

【例3-10】已知梯形图以及I0.0和I0.1的时序如图3-22所示，画出Q0.0的时序图。

【解】当接通I0.0，延时3s后，Q0.0得电；I0.0断电后，Q0.0仍然保持得电，当I0.1接通时，定时器复位，Q0.0断电，如图3-22所示。

【关键点】

有记忆的通电延时型定时器的线圈带电后，必须复位才能断电。达到预设时间后，TON和TONR定时器继续定时，直到达到最大值32767时才停止定时。

(a) 梯形图　　　　　　　　　　　(b) 时序图

图3-22　有记忆的通电型延时定时器应用示例

(3) 断电延时型定时器（TOF）

使能端输入有效时，定时器输出状态位立即置1，当前值清0。使能端断开时，开始计时，当前值从0递增，当前值达到预置值时，定时器状态位复位置0，并停止计时，当前值保持。断电延时型定时器指令和参数见表3-9。

表3-9　断电延时型定时器指令和参数

LAD	参数	数据类型	说明	存储区
Txxx IN　TON PT-PT　???ms	T xxx	WORD	表示要启动的定时器号	T32、T96、T33~T36、T97~T100、T37~T63、T101~T255
	PT	INT	定时器时间值	I、Q、M、D、L、T、S、SM、AI、T、C、AC、常数、*VD、*LD、*AC
	IN	BOOL	使能	I、Q、M、SM、T、C、V、S、L

【例3-11】已知梯形图以及I0.0的时序如图3-23所示，画出Q0.0的时序图。

【解】当接通I0.0，Q0.0得电；I0.0断电5s后，Q0.0也失电，如图3-23所示。

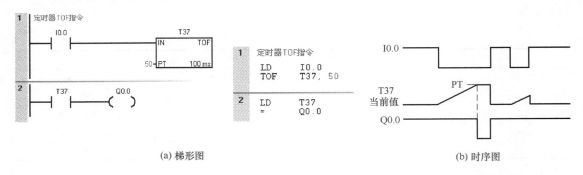

(a) 梯形图　　　　　　　　　　　　　　　　(b) 时序图

图3-23　断电延时型定时器应用示例

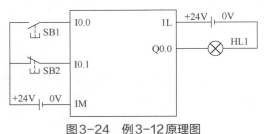

图3-24　例3-12原理图

【例3-12】某车库中有一盏灯，当人离开车库后，按下停止按钮，5s后灯熄灭，编写程序。

【解】当按下SB1按钮，灯HL1亮；按下SB2按钮5s后，灯HL1灭。原理图如图3-24所示，梯形图如图3-25所示。

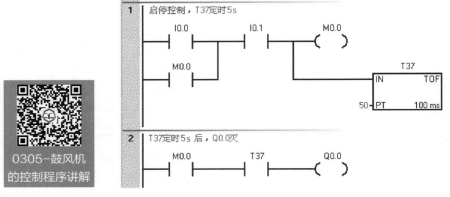

0305-鼓风机的控制程序讲解

图3-25　例3-12梯形图

【例3-13】鼓风机系统一般用引风机和鼓风机两级构成。当按下启动按钮之后，引风机先工作，工作5s后，鼓风机工作。按下停止按钮之后，鼓风机先停止工作，5s之后，引风机才停止工作。编写梯形图程序。

【解】鼓风机控制系统按照图3-26接线，梯形图如图3-27所示。

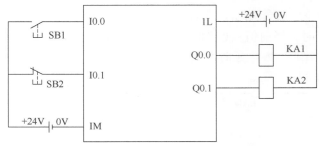

图3-26　例3-13原理图

【例3-14】常见的小区门禁，用来阻止陌生车辆直接出入。现编写门禁系统控制程序。小区保安可以手动控制门开，到达门开限位开关时停止，20s后自动关闭，在关闭过程中如果检测到有人通过（用一个按钮模拟），则停止5s，然后继续关闭，到达门关限位时停止。

【解】 ① PLC的I/O分配。PLC的I/O分配见表3-10。

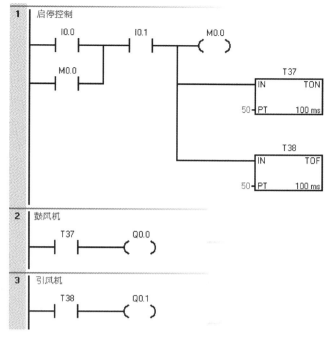

图3-27 例3-13梯形图

表3-10 PLC的I/O分配表

输入			输出		
名　　称	符　　号	输入点	名　　称	符　　号	输出点
开始按钮	SB1	I0.0	开门	KA1	Q0.0
停止按钮	SB2	I0.1	关门	KA2	Q0.1
行人通过	SB3	I0.2			
开门限位开关	SQ1	I0.3			
关门限位开关	SQ2	I0.4			

② 系统的原理图。系统的原理图如图3-28所示。

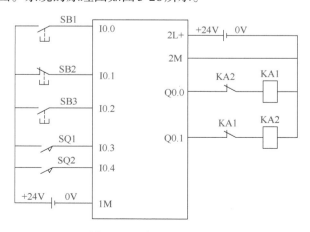

图3-28 例3-14原理图

③ 编写程序。设计梯形图，如图3-29所示。

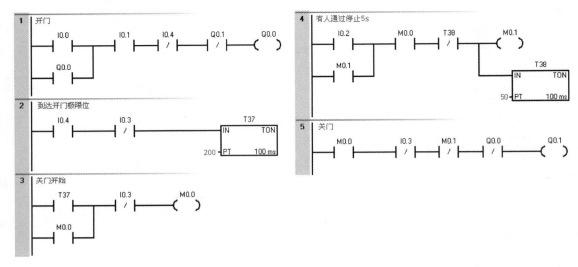

图3-29 例3-14梯形图

3.3.2 计数器指令

计数器利用输入脉冲上升沿累计脉冲个数，S7-200 SMART PLC有加计数（CTU）、加/减计数（CTUD）和减计数（CTD）共三类计数指令。有的资料上将"加计数器"称为"递加计数器"。计数器的使用方法和结构与定时器基本相同，主要由预置值寄存器、当前值寄存器和状态位等组成。

在梯形图指令符号中，CU表示增1计数脉冲输入端，CD表示减1计数脉冲输入端，R表示复位脉冲输入端，LD表示减计数器复位脉冲输入端，PV表示预置值输入端，数据类型为INT，预置值最大为32767。计数器的范围为C0~C255。

下面分别叙述CTU、CTUD和CTD 三种类型计数器的使用方法。

（1）加计数器（CTU）

当CU端的输入上升沿脉冲时，计数器的当前值增1，当前值保存在Cxxx（如C0）中。当前值大于或等于预置值（PV）时，计数器状态位置1。复位输入（R）有效时，计数器状态位复位，当前计数器值清0。当计数值达到最大（32767）时，计数器停止计数。加计数器指令和参数见表3-11。

表3-11 加计数器指令和参数

LAD	参数	数据类型	说明	存储区
Cxxx —CU CTU —R PV—PV	C xxx	常数	要启动的计数器号	C0~C255
	CU	BOOL	加计数输入	I、Q、M、SM、T、C、V、S、L
	R	BOOL	复位	
	PV	INT	预置值	V、I、Q、M、SM、L、AI、AC、T、C、常数、 *VD、*AC、*LD、S

【例3-15】已知梯形图如图3-30所示，I0.0和I0.1的时序如图3-31所示，请画出Q0.0

的时序图。

【解】 CTU为加计数器，当I0.0闭合2次时，常开触点C0闭合，Q0.0输出为高电平"1"。当I0.1闭合时，计数器C0复位，Q0.0输出为低电平"0"。

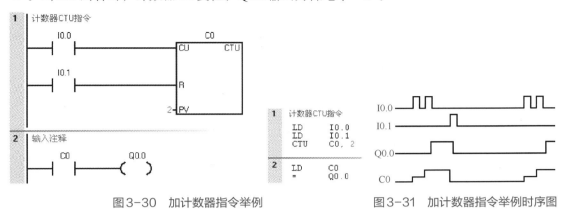

图3-30 加计数器指令举例   图3-31 加计数器指令举例时序图

【例3-16】 设计用一个按钮控制一盏灯的亮和灭，即压下奇数次按钮时，灯亮；压下偶数次按钮时，灯灭。

【解】 当I0.0第一次合上时，V0.0接通一个扫描周期，使得Q0.0线圈得电一个扫描周期，当下一次扫描周期到达，Q0.0常开触点闭合自锁，灯亮。

当I0.0第二次合上时，V0.0接通一个扫描周期，C0计数为2，Q0.0线圈断电，使得灯灭，同时计数器复位。梯形图如图3-32所示。

【例3-17】 编写一段程序，实现延时6h后，点亮一盏灯，要求设计启停控制。

【解】 S7-200 SMART PLC的定时器的最大定时时间是3276.7s，还不到1h，因此要延时6h需要特殊处理，具体方法是用一个定时器T37定时30min，每次定时30min，计数器计数增加1，直到计数12次，定时时间就是6h。梯形图如图3-33所示。本例的停止按钮接线

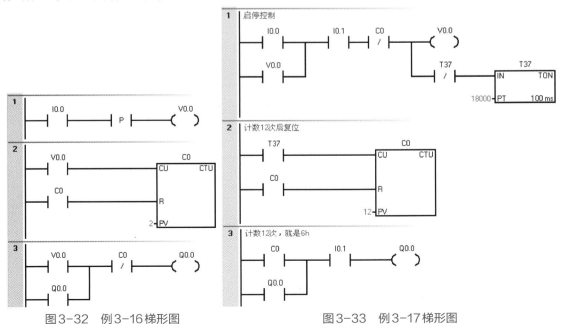

图3-32 例3-16梯形图   图3-33 例3-17梯形图

时，应接常闭触点，这是一般规范。在后续章节，将不再重复说明。

（2）加/减计数器（CTUD）

加/减计数器有两个脉冲输入端，其中，CU用于加计数，CD用于递减计数，执行加/减计数指令时，CU/CD端的计数脉冲上升沿进行增1/减1计数。当前值大于或等于计数器的预置值时，计数器状态位置位。复位输入（R）有效时，计数器状态位复位，当前值清0。有的资料称"加/减计数器"为"增/减计数器"。加/减计数器指令和参数见表3-12。

表3-12 加/减计数器指令和参数

LAD	参数	数据类型	说明	存储区
Cxxx CU CTUD CD R PV-PV	C xxx	常数	要启动的计数器号	C0~C255
	CU	BOOL	加计数输入	I、Q、M、SM、T、C、V、S、L
	CD	BOOL	减计数输入	
	R	BOOL	复位	
	PV	INT	预置值	V、I、Q、M、SM、LW、AI、AC、T、C、常数、 *VD、*AC、*LD、S

【例3-18】 已知梯形图以及I0.0、I0.1和I0.2的时序如图3-34所示，请画出Q0.0的时序图。

【解】 利用加/减计数器输入端的通断情况分析Q0.0的状态。当I0.0接通4次时（4个上升沿），C48的常开触点闭合，Q0.0上电；当I0.0接通5次时，C48的计数为5；接着当I0.1接通2次，此时C48的计数为3，C48的常开触点断开，Q0.0断电；接着当I0.0接通2次，此时C48的计数为5，C48的计数大于或等于4时，C48的常开触点闭合，Q0.0上电；当I0.2接通时计数器复位，C48的计数等于0，C48的常开触点断开，Q0.0断电。Q0.0的时序图如图3-34所示。

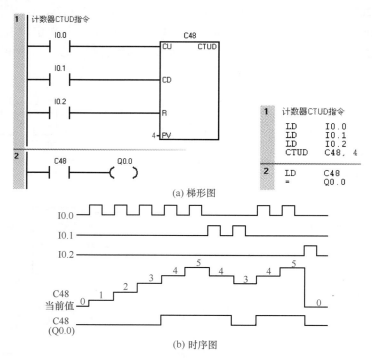

图3-34 加/减计数器应用举例

【例3-19】对某一端子上输入的信号进行计数，当计数达到某个变量存储器的设定值10时，PLC控制灯泡发光，同时对该端子的信号进行减计数，当计数值小于另外一个变量存储器的设定值5时，PLC控制灯泡熄灭，同时计数值清零。请编写以上程序。

【解】 梯形图如图3-35所示。

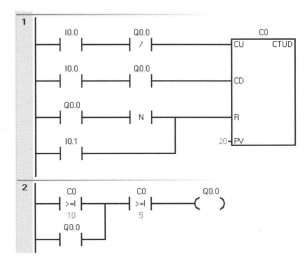

图3-35 例3-19梯形图

(3) 减计数器（CTD）

复位输入（LD）有效时，计数器把预置值（PV）装入当前值寄存器，计数器状态位复位。在CD端的每个输入脉冲上升沿，减计数器的当前值从预置值开始递减计数，当前值等于0时，计数器状态位置位，并停止计数。有的资料称"减计数器"为"递减计数器"。减计数器指令和参数见表3-13。

表3-13 减计数器指令和参数

LAD	参数	数据类型	说明	存储区
Cxxx CD CTD LD PV-PV	C xxx	常数	要启动的计数器号	C0~C255
	CD	BOOL	减计数输入	I、Q、M、SM、T、C、V、S、L
	LD	BOOL	预置值(PV)载入当前值	
	PV	INT	预置值	V、I、Q、M、SM、L、AI、AC、T、C、常数、*VD、*AC、*LD、S

【例3-20】已知梯形图以及I0.0和I0.1的时序如图3-36所示，画出Q0.0的时序图。

【解】 利用减计数器输入端的通断情况，分析Q0.0的状态。当I0.1接通时，计数器状态位复位，预置值3被装入当前值寄存器；当I0.0接通3次时，当前值等于0，Q0.0上电；当前值等于0时，尽管I0.1接通，当前值仍然等于0。当I0.0接通期间，I0.1接通，当前值不变。Q0.0的时序图如图3-36（b）所示。

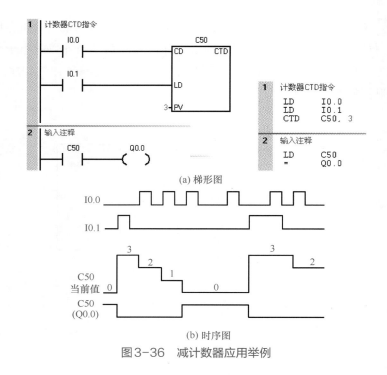

(a) 梯形图

(b) 时序图

图3-36　减计数器应用举例

3.3.3　基本指令的应用实例

在编写PLC程序时，基本逻辑指令是最为常用的，下面用几个例子说明用基本指令编写程序的方法。

（1）电动机的控制

电动机的控制在梯形图的编写中极为常见，多为一个程序中的一个片段出现，以下列举几个常见的例子。

【例3-21】设计电动机点动控制的梯形图和原理图。

【解】　①　方法1

比较常用的原理图和梯形图如图3-37和图3-38所示。但如果程序用到置位指令（S Q0.0），则这种解法不适用。

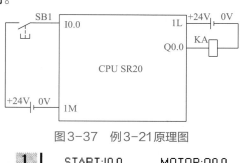

图3-37　例3-21原理图

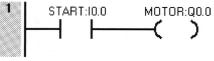

图3-38　例3-21梯形图（1）

② 方法2，如图3-39。

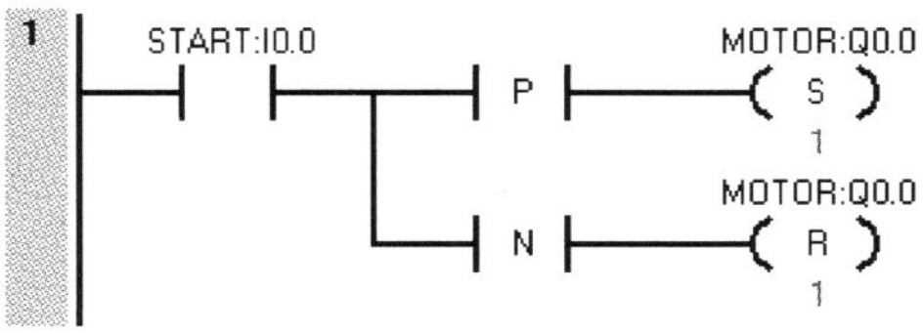

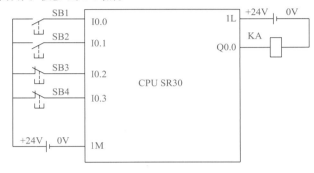

图3-39　例3-21梯形图（2）

【例3-22】设计两地控制电动机启停的梯形图和原理图。

【解】　① 方法1

比较常用的原理图和梯形图如图3-40和图3-41所示。这种解法是正确，但不是最优方案，因为这种解法占用了较多的I/O点。

图3-40　例3-22原理图（1）

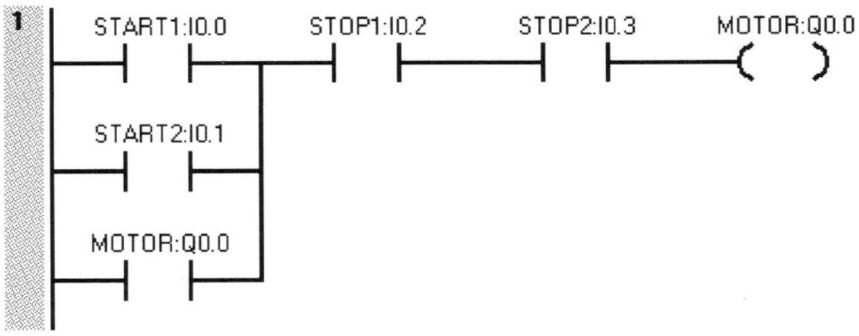

图3-41　例3-22梯形图（1）

② 方法2，如图3-42。

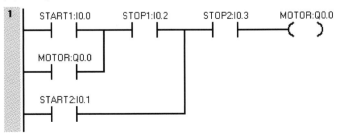

图3-42　例3-22梯形图（2）

③ 方法3。优化后的方案的原理图如图3-43所示，梯形图如图3-44所示。可见节省了2个输入点，但功能完全相同。

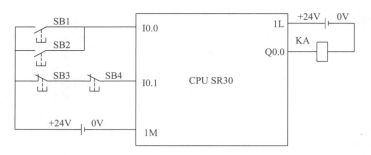

图3-43 例3-22原理图（2）

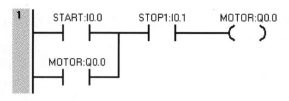

图3-44 例3-22梯形图（3）

【例3-23】编写电动机启动优先的控制程序。

【解】I0.0是启动按钮接常开触点，I0.1是停止按钮接常闭触点。启动优先于停止的程序如图3-45所示。优化后的程序如图3-46所示。

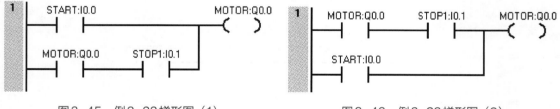

图3-45 例3-23梯形图（1）　　　　图3-46 例3-23梯形图（2）

【例3-24】编写程序，实现电动机启/停控制和点动控制，要求设计梯形图和原理图。

【解】输入点：启动—I0.0，点动—I0.1，停止—I0.2，手自转换—I0.3。

　　　输出点：正转—Q0.0。

原理图如图3-47所示，梯形图如图3-48所示，这种编程方法在工程实践中非常常用。

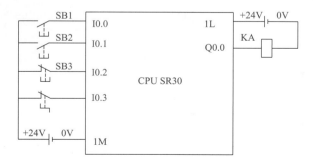

图3-47 例3-24原理图

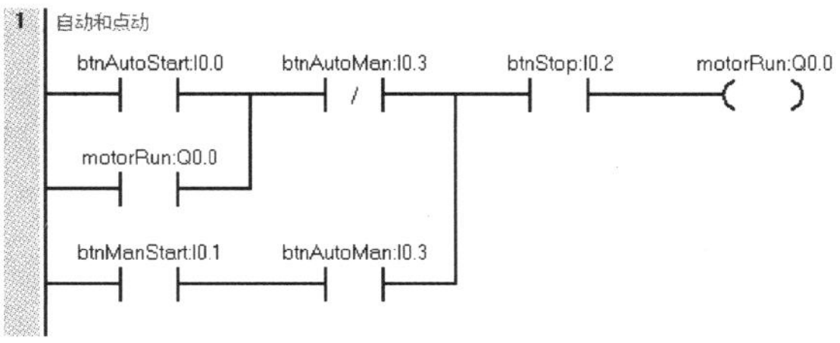

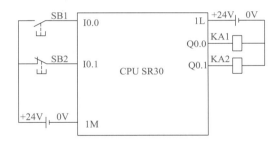

图3-48 例3-24梯形图（1）

以上程序还可以用如图3-49所示的梯形图程序替代。

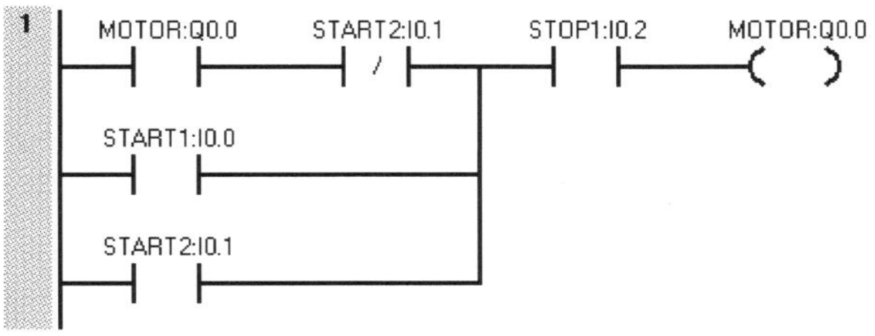

图3-49 例3-24梯形图（2）

【例3-25】 设计一段梯形图程序，启动时可自锁和立即停止，在停机时，要报警1s。

【解】 原理图如图3-50所示，梯形图如图3-51所示。

图3-50 例3-25原理图

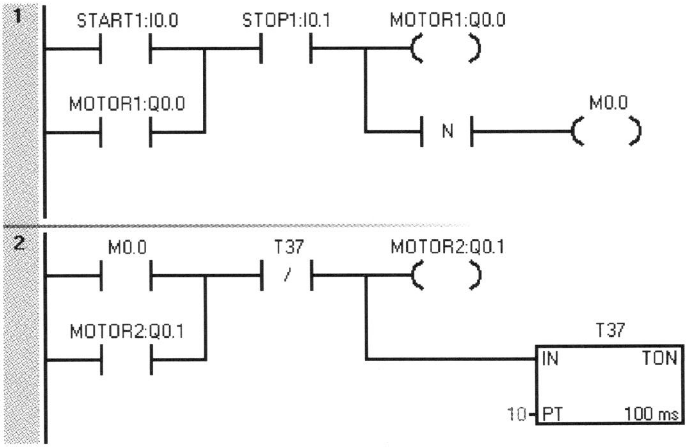

图3-51 例3-25梯形图

【例3-26】 设计电动机的"正转—停—反转"的梯形图，其中I0.0是正转按钮，I0.1

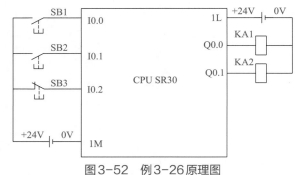

是反转按钮，I0.2是停止按钮，Q0.0是正转输出，Q0.1是反转输出。

【解】 先设计PLC的原理图，如图3-52所示。

借鉴继电器接触器系统中的设计方法，不难设计"正转—停—反转"梯形图，如图3-53所示。常开触点Q0.0和常开触点Q0.1启自保（自锁）作用，而常闭触点Q0.0和常闭触点Q0.1起互锁作用。

图3-52　例3-26原理图

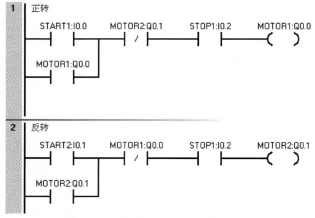

图3-53　"正转—停—反转"梯形图

【例3-27】编写三相异步电动机Y-△（星形-三角形）启动控制程序。

【解】 首先按下电源开关（I0.0），接通总电源（Q0.0），同时使电动机绕组实现Y形联结（Q0.1），延时8s后，电动机绕组改为△形联结（Q0.2）。按下停止按钮（I0.1），电动机停转。Y-△减压启动原理如图3-54所示，梯形图如图3-55所示。

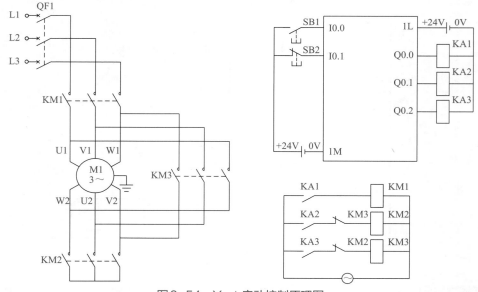

图3-54　Y-△启动控制原理图

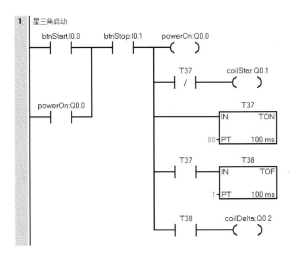

图3-55 Y-△启动控制梯形图

（2）定时器和计数器应用

【例3-28】编写一段程序，实现分脉冲功能。

【解】 梯形图如图3-56所示。

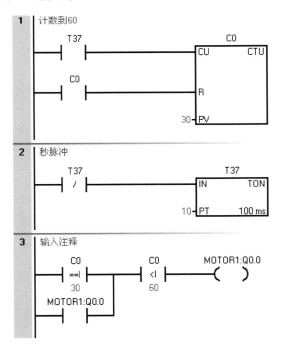

图3-56 例3-28梯形图

（3）取代特殊功能的小程序

【例3-29】CPU上电运行后，对M0.0置位，并一直保持为1，设计此梯形图。

【解】 在S7-200 SMART PLC中，此程序的功能可取代特殊寄存器SM0.0，设计梯形图如图3-57和图3-58所示。

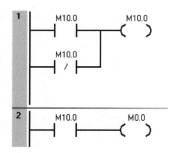

图3-57 例3-29梯形图（1）

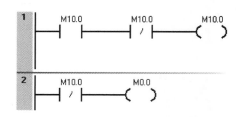

图3-58 例3-29梯形图（2）

【例3-30】 CPU上电运行后，对MB0-MB3清零复位，设计此梯形图。

【解】 在S7-200 SMART PLC中，此程序的功能可取代特殊寄存器SM0.1，设计梯形图如图3-59所示。

0306-综合应用之三级皮带的控制

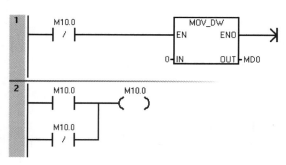

图3-59 例3-30梯形图

（4）综合应用

【例3-31】 现有一套三级输送机，用于实现货料的传输，每一级输送机由一台交流电动机进行控制，电机为M1、M2和M3，分别由接触器KM1、KM2、KM3、KM4、KM5和KM6控制电机的正反转运行。

系统的结构示意图如图3-60所示。

1）控制任务描述

① 当装置上电时，系统进行复位，所有电机停止运行。

② 当手/自动转换开关SA1打到左边时，系统进入自动状态。按下系统启动按钮SB1时，电机M3首先正转启动，运转10s以后，电机M2正转启动，当电机M2运转10s以后，电机M1正转启动，此时系统完成启动过程，进入正常运转状态。

图3-60 系统的结构示意图

③ 当按下系统停止按钮SB2时，电机M1首先停止，当电机M1停止10s以后，电机M2停止，当M2停止10s以后，电机M3停止。系统在启动过程中按下停止按钮SB2，电机按启动的顺序反向停止运行。

④ 当系统按下急停按钮SB9时三台电机要求停止工作，直到急停按钮取消时，系统恢复到当前状态。

⑤ 当手/自动转换开关SA1打到右边时系统进入手动状态，系统只能由手动开关控制电机的运行。通过手动开关（SB3~SB8），操作者能控制三台电机的正反转运行，实现货物的手动运行。

2）编写程序

根据系统的功能要求，编写控制程序。

【解】 电气原理图如图3-61所示，梯形图如图3-62所示。

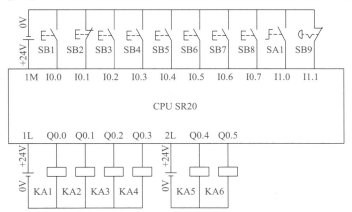
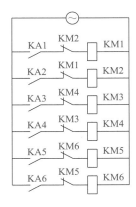

图3-61 例3-31原理图

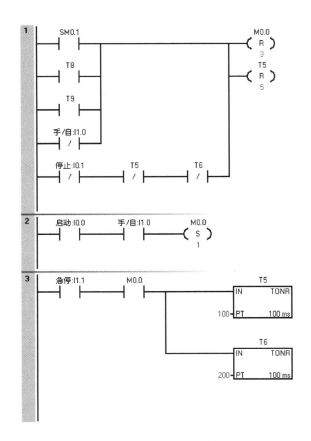

图3-62

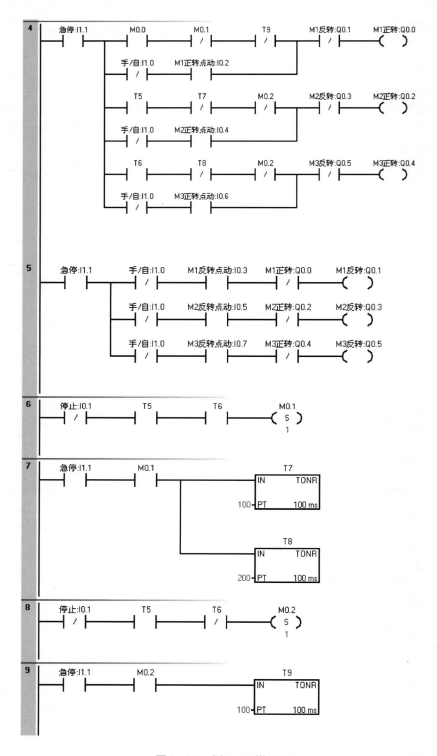

图 3-62 例 3-31 梯形图

为了满足用户的一些特殊要求，20世纪80年代开始，众多PLC制造商就在小型机上加入了功能指令（或称应用指令）。这些功能指令的出现，大大拓宽了PLC的应用范围。S7-200 SMART PLC的功能指令很丰富，主要包括算术运算、数据处理、逻辑运算、高速处理、PID、中断、实时时钟和通信指令。PLC在处理模拟量时，一般要进行数据处理。

3.4.1 比较指令

STEP7提供了丰富的比较指令，可以满足用户的多种需要。STEP7中的比较指令可以对下列数据类型的数值进行比较。

① 两个字节的比较（每个字节为8位）。

② 两个字符串的比较（每个字符串为8位）。

③ 两个整数的比较（每个整数为16位）。

④ 两个双精度整数的比较（每个双精度整数为32位）。

⑤ 两个实数的比较（每个实数为32位）。

【关键点】
一个整数和一个双精度整数是不能直接进行比较的，因为它们之间的数据类型不同。一般先将整数转换成双精度整数，再对两个双精度整数进行比较。

比较指令有等于（EQ）、不等于（NQ）、大于（GT）、小于（LQ）、大于或等于（GE）和小于或等于（LE）。比较指令对输入IN1和IN2进行比较。

比较指令是将两个操作数按指定的条件作比较，比较条件满足时，触点闭合，否则断开。比较指令为上、下限控制等提供了极大的方便。在梯形图中，比较指令可以装入，也可以串、并联。

（1）等于比较指令

等于比较指令有等于字节比较指令、等于整数比较指令、等于双精度整数比较指令、等于符号比较指令和等于实数比较指令五种。等于整数比较指令和参数见表3-14。

表3-14　等于整数比较指令和参数

LAD	参数	数据类型	说明	存储区
IN1 ─┤ ==I ├─ IN2	IN1	INT	比较的第一个数值	I、Q、M、S、SM、T、C、V、L、AI、AC、常数、*VD、*LD、*AC
	IN2	INT	比较的第二个数值	

用一个例子来说明等于整数比较指令，梯形图和指令表如图3-63所示。当I0.0闭合时，激活比较指令，MW0中的整数和MW2中的整数比较，若两者相等，则Q0.0输出为"1"，若两者不相等，则Q0.0输出为"0"。在I0.0不闭合时，Q0.0的输出为"0"。IN1和IN2可以为常数。

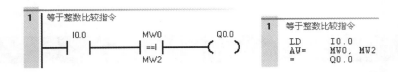

图3-63 等于整数比较指令举例

图3-63中，若无常开触点I0.0，则每次扫描时都要进行整数比较运算。

等于双精度整数比较指令和等于实数比较指令的使用方法与等于整数比较指令类似，只不过IN1和IN2的参数类型分别为双精度整数和实数。

(2) 不等于比较指令

不等于比较指令有不等于字节比较指令、不等于整数比较指令、不等于双精度整数比较指令、不等于符号比较指令和不等于实数比较指令五种。不等于整数比较指令和参数见表3-15。

表3-15 不等于整数比较指令和参数

LAD	参数	数据类型	说明	存储区
IN1 ┤<>├ IN2	IN1	INT	比较的第一个数值	I、Q、M、S、SM、T、C、V、L、AI、AC、常数、*VD、*LD、*AC
	IN2	INT	比较的第二个数值	

用一个例子来说明不等于整数比较指令，梯形图和指令表如图3-64所示。当I0.0闭合时，激活比较指令，MW0中的整数和MW2中的整数比较，若两者不相等，则Q0.0输出为"1"，若两者相等，则Q0.0输出为"0"。在I0.0不闭合时，Q0.0的输出为"0"。IN1和IN2可以为常数。

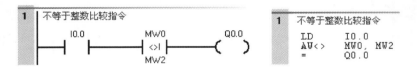

图3-64 不等于整数比较指令举例

不等于双精度整数比较指令和不等于实数比较指令的使用方法与不等于整数比较指令类似，只不过IN1和IN2的参数类型分别为双精度整数和实数。使用比较指令的前提是数据类型必须相同。

(3) 小于比较指令

小于比较指令有小于字节比较指令、小于整数比较指令、小于双精度整数比较指令和小于实数比较指令四种。小于双精度整数比较指令和参数见表3-16。

表3-16 小于双精度整数比较指令和参数

LAD	参数	数据类型	说明	存储区
IN1 ┤<D├ IN2	IN1	DINT	比较的第一个数值	I、Q、M、S、SM、V、L、HC、AC、常数、*VD、*LD、*AC
	IN2	DINT	比较的第二个数值	

用一个例子来说明小于双精度整数比较指令，梯形图和指令表如图3-65所示。当I0.0闭合时，激活小于双精度整数比较指令，MD0中的双精度整数和MD4中的双精度整数比较，

若前者小于后者，则Q0.0输出为"1"，否则，则Q0.0输出为"0"。在I0.0不闭合时，Q0.0的输出为"0"。IN1和IN2可以为常数。

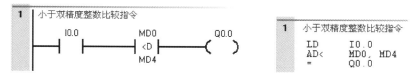

图3-65　小于双精度整数比较指令举例

小于整数比较指令和小于实数比较指令的使用方法与小于双精度整数比较指令类似，只不过IN1和IN2的参数类型分别为整数和实数。使用比较指令的前提是数据类型必须相同。

（4）大于或等于比较指令

大于或等于比较指令有大于或等于字节比较指令、大于或等于整数比较指令、大于或等于双精度整数比较指令和大于或等于实数比较指令四种。大于或等于实数比较指令和参数见表3-17。

表3-17　大于或等于实数比较指令和参数

LAD	参数	数据类型	说明	存储区
IN1 —|>=R|— IN2	IN1	REAL	比较的第一个数值	I、Q、M、S、SM、V、L、AC、 常数、*VD、*LD、*AC
	IN2	REAL	比较的第二个数值	

用一个例子来说明大于或等于实数比较指令，梯形图和指令表如图3-66所示。当I0.0闭合时，激活比较指令，MD0中的实数和MD4中的实数比较，若前者大于或者等于后者，则Q0.0输出为"1"，否则，Q0.0输出为"0"。在I0.0不闭合时，Q0.0的输出为"0"。IN1和IN2可以为常数。

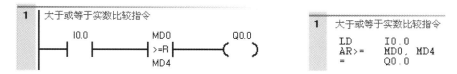

图3-66　大于或等于实数比较指令举例

大于或等于整数比较指令和大于或等于双精度整数比较指令的使用方法与大于或等于实数比较指令类似，只不过IN1和IN2的参数类型分别为整数和双精度整数。使用比较指令的前提是数据类型必须相同。

小于或等于比较指令和小于比较指令类似，大于比较指令和大于或等于比较指令类似，在此不再赘述。

3.4.2　数据处理指令

数据处理指令包括数据移动指令、交换/填充存储器指令及移位指令等。数据移动指令非常有用，特别在数据初始化、数据运算和通信时经常用到。

（1）数据移动指令（MOV）

数据移动指令也称传送指令。数据移动指令有字节、字、双字和实数的单个数据移动指令，还有以字节、字、双字为单位的数据块移动指令，用以实现各存储器单元之间的数据移动和复制。

单个数据移动指令一次完成一个字节、字或双字的传送。以下仅以移动字节指令为例说明移动指令的使用方法，移动字节指令格式见表3-18。

表3-18　移动字节指令格式

LAD	参数	数据类型	说明	存储区
MOV_B EN　ENO IN　OUT	EN	BOOL	允许输入	V、I、Q、M、S、SM、L
	ENO	BOOL	允许输出	
	OUT	BYTE	目的地地址	V、I、Q、M、S、SM、L、AC、*VD、*LD、*AC、
	IN	BYTE	源数据	常数（OUT中无常数）

当使能端输入EN有效时，将输入端IN中的字节移动至OUT指定的存储器单元输出。输出端ENO的状态和使能端EN的状态相同。

【例3-32】 VB0中的数据为20，程序如图3-67所示，试分析运行结果。

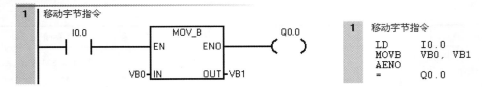

图3-67　移动字节指令应用举例

【解】 当I0.0闭合时，执行移动字节指令，VB0和VB1中的数据都为20，同时Q0.0输出高电平；当I0.0闭合后断开，VB0和VB1中的数据都仍为20，但Q0.0输出低电平。

移动字、双字和实数指令的使用方法与移动字节指令类似，在此不再说明。

【关键点】
读者若将输出VB1改成VW1，则程序出错。因为移动字节的操作数不能为字。

（2）成块移动指令（BLKMOV）

成块移动指令即一次完成N个数据的成块移动，成块移动指令是一个效率很高的指令，应用很方便，有时使用一条成块移动指令可以取代多条移动指令，其指令格式见表3-19。

表3-19　成块移动指令格式

LAD	参数	数据类型	说明	存储区
BLKMOV_B EN　ENO IN　OUT N	EN	BOOL	允许输入	V、I、Q、M、S、SM、L
	ENO	BOOL	允许输出	
	N	BYTE	要移动的字节数	V、I、Q、M、S、SM、L、AC、常数、*VD、*AC、*LD
	OUT	BYTE	目的地首地址	V、I、Q、M、S、SM、L、AC、*VD、*LD、*AC、常数
	IN	BYTE	源数据首地址	（OUT中无常数）

【例3-33】 编写一段程序，将VB0开始的4个字节的内容移动至VB10开始的4个字节存储单元中，VB0~VB3的数据分别为5、6、7、8。

【解】 程序运行结果如图3-68所示。

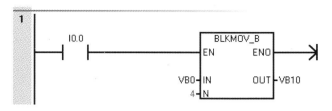

图3-68 成块移动字节程序示例

数组1的数据：5　　　　6　　　　7　　　　8
数据地址：　　VB0　　　VB1　　　VB2　　　VB3
数组2的数据：5　　　　6　　　　7　　　　8
数据地址：　　VB10　　VB11　　VB12　　VB3

成块移动指令还有成块移动字和成块移动双字，其使用方法和成块移动字节类似，只不过其数据类型不同而已。

（3）字节交换指令（SWAP）

字节交换指令用来实现字中高、低字节内容的交换。当使能端（EN）输入有效时，将输入字IN中的高、低字节内容交换，结果仍放回字IN中。其指令格式见表3-20。

表3-20　字节交换指令格式

LAD	参数	数据类型	说明	存储区
SWAP — EN　ENO — — IN	EN	BOOL	允许输入	V、I、Q、M、S、SM、L
	ENO	BOOL	允许输出	
	IN	WORD	源数据	V、I、Q、M、S、SM、T、C、L、AC、*VD、*AC、*LD

【例3-34】 如图3-69所示的程序，若QB0=FF，QB1=0，在接通I0.0的前后，PLC的输出端的指示灯有何变化？

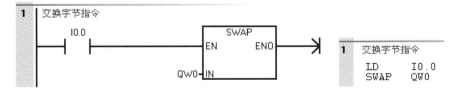

图3-69　交换字节指令程序示例

【解】执行程序后，QB1=FF，QB0=0，因此运行程序前PLC的输出端的Q0.0~Q0.7指示灯亮，执行程序后Q0.0~Q0.7指示灯灭，而Q1.0~Q1.7指示灯亮。

（4）填充存储器指令（FILL）

填充存储器指令用来实现存储器区域内容的填充。当使能端输入有效时，将输入字IN填充至从OUT指定单元开始的N个字存储单元。

填充存储器指令可归类为表格处理指令，用于数据表的初始化，特别适合于连续字节的清零，填充存储器指令格式见表3-21。

表3-21 填充存储器指令格式

LAD	参数	数据类型	说明	存储区
	EN	BOOL	允许输入	V、I、Q、M、S、SM、L
	ENO	BOOL	允许输出	
	IN	INT	要填充的数	V、I、Q、M、S、SM、L、T、C、AI、AC、常数、*VD、*LD、*AC
	OUT	INT	目的数据首地址	V、I、Q、M、S、SM、L、T、C、AQ、*VD、*LD、*AC
	N	BYTE	填充的个数	V、I、Q、M、S、SM、L、AC、常数、*VD、*LD、*AC

【例3-35】编写一段程序，将从VW0开始的10个字存储单元清零。

【解】 程序如图3-70所示。FILL是表指令，使用比较方便，特别是在程序的初始化时，常使用FILL指令，将要用到的数据存储区清零。在编写通信程序时，通常在程序的初始化时，将数据发送缓冲区和数据接收缓冲区的数据清零，就要用到FILL指令。此外，表指令中还有FIFO、LIFO等指令，请读者参考相关手册。

0307-MOVE
指令编写星三角
启动控制程序

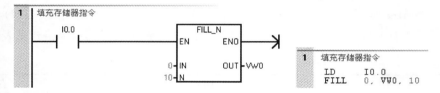

图3-70 填充存储器指令程序示例

当然也可以使用BLKMOV指令完成以上功能。

【例3-36】如图3-71所示为电动机Y-△启动的电气原理图，要求编写控制程序。

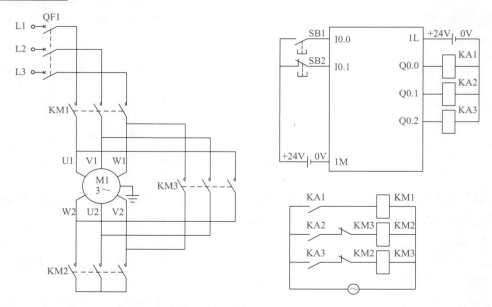

图3-71 例3-36原理图

【解】 前10s，Q0.0和Q0.1线圈得电，星形启动，从第10~11s只有Q0.0得电，从11s开始，Q0.0和Q0.2线圈得电，电动机为三角形运行。梯形图如图3-72所示。这种解决方案，逻辑是正确的，但浪费了5个宝贵的输出点（Q0.3~Q0.7），因此这种解决方案不实用。经过优化后，梯形图如图3-73所示。

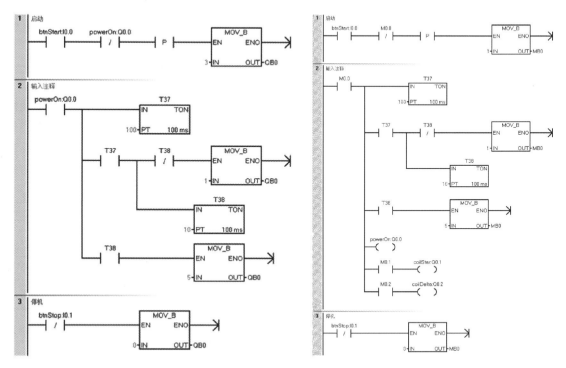

图3-72 电动机Y-△启动梯形图（1）　　　　图3-73 电动机Y-△启动梯形图（2）

3.4.3 移位与循环指令

STEP7-Micro/WIN SMART提供的移位指令能将存储器的内容逐位向左或者向右移动。移动的位数由N决定。向左移N位相当于累加器的内容乘以2^N，向右移相当于累加器的内容除以2^N。移位指令在逻辑控制中使用也很方便。移位与循环指令见表3-22。

表3-22 移位与循环指令汇总

名称	语句表	梯形图	描述
字节左移	SLB	SHL_B	字节逐位左移,空出的位添0
字左移	SLW	SHL_W	字逐位左移,空出的位添0
双字左移	SLD	SHL_DW	双字逐位左移,空出的位添0
字节右移	SRB	SHR_B	字节逐位右移,空出的位添0
字右移	SRW	SHR_W	字逐位右移,空出的位添0
双字右移	SRD	SHR_DW	双字逐位右移,空出的位添0
字节循环左移	RLB	ROL_B	字节循环左移

名称	语句表	梯形图	描述
字循环左移	RLW	ROL_W	字循环左移
双字循环左移	RLD	ROL_DW	双字循环左移
字节循环右移	RRB	ROR_B	字节循环右移
字循环右移	RRW	ROR_W	字循环右移
双字循环右移	RRD	ROR_DW	双字循环右移
移位寄存器	SHRB	SHRB	将DATA数值移入移位寄存器

(1) 字左移（SHL_W）

当字左移指令（SHL_W）的EN位为高电平"1"时，执行移位指令，将IN端指定的内容左移N端指定的位数，然后写入OUT端指定的目的地址中。如果移位数目（N）大于或等于16，则数值最多被移位16次。最后一次移出的位保存在SM1.1中。字左移指令（SHL_W）和参数见表3-23。

表3-23　字左移指令（SHL_W）和参数

LAD	参数	数据类型	说明	存储区
SHL_W（EN ENO IN OUT N）	EN	BOOL	允许输入	I、Q、M、D、L
	ENO	BOOL	允许输出	
	N	BYTE	移动的位数	V、I、Q、M、S、SM、L、AC、常数、*VD、*LD、*AC
	IN	WORD	移位对象	V、I、Q、M、S、SM、L、T、C、AC、*VD、*LD、*AC、AI和常数（OUT无）
	OUT	WORD	移动操作结果	

【例3-37】　梯形图和指令表如图3-74所示。假设IN中的字MW0为2#1001 1101 1111 1011，当I0.0闭合时，OUT端的MW0中的数是多少？

【解】　当I0.0闭合时，激活左移指令，IN中的字存储在MW0中的数为2#1001 1101 1111 1011，向左移4位后，OUT端的MW0中的数是2#1101 1111 1011 0000，字左移指令示意图如图3-75所示。

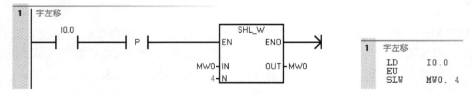

图3-74　字左移指令应用的梯形图和指令表

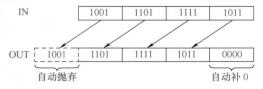

图3-75　字左移指令示意图

【关键点】

图3-74中的梯形图有一个上升沿，这样I0.0每闭合一次，左移4位，若没有上升沿，那么闭合一次，则可能左移很多次。这点读者要特别注意。

（2）字右移（SHR_W）

当字右移指令（SHR_W）的EN位为高电平"1"时，将执行移位指令，将IN端指定的内容右移N端指定的位数，然后写入OUT端指定的目的地址中。如果移位数目（N）大于或等于16，则数值最多被移位16次。最后一次移出的位保存在SM1.1中。字右移指令（SHR_W）和参数见表3-24。

表3-24　字右移指令（SHR_W）和参数

LAD	参数	数据类型	说明	存储区
SHR_W EN ENO IN OUT N	EN	BOOL	允许输入	I、Q、M、S、L、V
	ENO	BOOL	允许输出	
	N	BYTE	移动的位数	V、I、Q、M、S、SM、L、AC、常数、*VD、*LD、*AC
	IN	WORD	移位对象	V、I、Q、M、S、SM、L、T、C、AC、*VD、*LD、*AC、AI
	OUT	WORD	移动操作结果	和常数（OUT无）

【例3-38】 梯形图和指令表如图3-76所示。假设IN中的字MW0为2#1001 1101 1111 1011，当I0.0闭合时，OUT端的MW0中的数是多少？

【解】 当I0.0闭合时，激活右移指令，IN中的字存储在MW0中，假设这个数为2#1001 1101 1111 1011，向右移4位后，OUT端的MW0中的数是2#0000 1001 1101 1111，字右移指令示意图如图3-77所示。

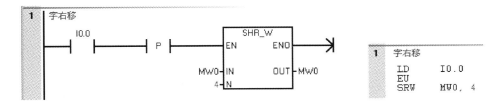

图3-76　字右移指令应用的梯形图和指令表

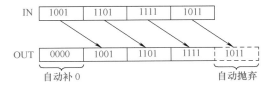

图3-77　字右移指令示意图

字节的左移位、字节的右移位、双字的左移位、双字的右移位和字的移位指令类似，在此不再赘述。

（3）双字循环左移（ROL_DW）

当双字循环左移（ROL_DW）的EN位为高电平"1"时，将执行双字循环左移指令，将IN端指令的内容循环左移N端指定的位数，然后写入OUT端指令的目的地址中。如果移位数目（N）大于或等于32，执行旋转之前在移动位数（N）上执行模数32操作。从而使位数在0~31之间，例如当N=34时，通过模运算，实际移位为2。双字循环左移指令（ROL_DW）和参数见表3-25。

表3-25 双字循环左移（ROL_DW）指令和参数

LAD	参数	数据类型	说明	存储区
ROL_DW EN ENO IN OUT N	EN	BOOL	允许输入	I、Q、M、S、L、V
	ENO	BOOL	允许输出	
	N	BYTE	移动的位数	V、I、Q、M、S、SM、L、AC、常数、*VD、*LD、*AC
	IN	DWORD	移位对象	V、I、Q、M、S、SM、L、AC、*VD、
	OUT	DWORD	移动操作结果	*LD、*AC、HC和常数（OUT无）

【例3-39】梯形图和指令表如图3-78所示。假设，IN中的字MD0为2#1001 1101 1111 1011 1001 1101 1111 1011，当I0.0闭合时，OUT端的MD0中的数是多少？

【解】当I0.0闭合时，激活双字循环左移指令，IN中的双字存储在MD0中，除最高4位外，其余各位向左移4位后，双字的最高4位，循环到双字的最低4位，结果是OUT端的MD0中的数是2#1101 1111 1011 1001 1101 1111 1011 1001，其示意图如图3-79所示。

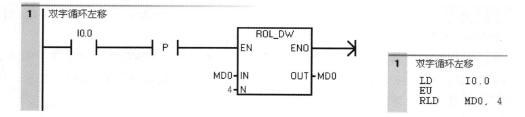

图3-78 双字循环左移指令应用梯形图和指令表

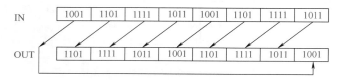

图3-79 双字循环左移指令示意图

（4）双字循环右移（ROR_DW）

当双字循环右移（ROR_DW）的EN位为高电平"1"时，将执行双字循环右移指令，将IN端指令的内容向右循环移动N端指定的位数，然后写入OUT端指令的目的地址中。如果移位数目（N）大于或等于32，执行旋转之前在移动位数（N）上执行模数32操作。从而使位数在0~31之间，例如当N=34时，通过模运算，实际移位为2。双字循环右移（ROR_DW）和参数见表3-26。

表3-26 双字循环右移（ROR_DW）指令和参数

LAD	参数	数据类型	说明	存储区
ROR_DW EN ENO IN OUT N	EN	BOOL	允许输入	I、Q、M、S、L、V
	ENO	BOOL	允许输出	
	N	BYTE	移动的位数	V、I、Q、M、S、SM、L、AC、 常数、*VD、*LD、*AC
	IN	DWORD	移位对象	V、I、Q、M、S、SM、L、AC、*VD、*LD、*AC、HC
	OUT	DWORD	移动操作结果	和常数（OUT无）

【例3-40】梯形图和指令表如图3-80所示。假设IN中的字MD0为2#1001 1101 1111 1011 1001 1101 1111 1011，当I0.0闭合时，OUT端的MD0中的数是多少？

【解】当I0.0闭合时，激活双字循环右移指令，IN中的双字存储在MD0中，这个数为2#1001 1101 1111 1011 1001 1101 1111 1011，除最低4位外，其余各位向右移4位后，双字的最低4位，循环到双字的最高4位，结果是OUT端的MD0中的数是2#1011 1001 1101 1111 1011 1001 1101 1111，其示意图如图3-81所示。

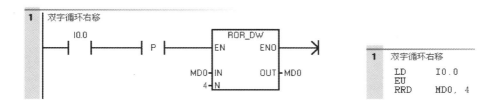

图3-80　双字循环右移指令应用的梯形图和指令表

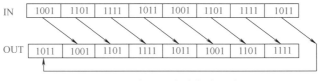

图3-81　双字循环右移指令示意图

字节的左循环、字节的右循环、字的左循环、字的右循环和双字的循环指令类似，在此不再赘述。

3.4.4　算术运算指令

（1）整数算术运算指令

S7-200 SMART PLC的整数算术运算分为加法运算、减法运算、乘法运算和除法运算，其中每种运算方式又有整数型和双精度整数型两种。

① 加整数（ADD_I）。当允许输入端EN为高电平时，输入端IN1和IN2中的整数相加，结果送入OUT中。IN1和IN2中的数可以是常数。加整数的表达式是：IN1＋IN2＝OUT。加整数（ADD_I）指令和参数见表3-27。

表3-27　加整数（ADD_I）指令和参数

LAD	参数	数据类型	说明	存储区
ADD_I ─EN　ENO─ ─IN1 ─IN2　OUT─	EN	BOOL	允许输入	V、I、Q、M、S、SM、L
	ENO	BOOL	允许输出	
	IN1	INT	相加的第1个值	V、I、Q、M、S、SM、T、C、AC、L、AI、常数、*VD、
	IN2	INT	相加的第2个值	*LD、*AC
	OUT	INT	和	V、I、Q、M、S、SM、T、C、AC、L、*VD、*LD、*AC

【例3-41】梯形图和指令表如图3-82所示。MW0中的整数为11，MW2中的整数为21，则当I0.0闭合时，整数相加，结果MW4中的数是多少？

【解】　当I0.0闭合时，激活加整数指令，IN1中的整数存储在MW0中，这个数为11，

IN2中的整数存储在MW2中，这个数为21，整数相加的结果存储在OUT端的MW4中的数是32。由于没有超出计算范围，所以Q0.0输出为"1"。假设IN1中的整数为9999，IN2中的整数为30000，则超过整数相加的范围。由于超出计算范围，所以Q0.0输出为"0"。

【关键点】

整数相加未超出范围时，当I0.0闭合时，Q0.0输出为高电平，否则Q0.0输出为低电平。

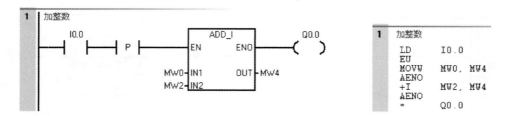

图3-82　加整数（ADD_I）指令应用的梯形图和指令表

加双精度整数（ADD_DI）指令与加整数（ADD_I）类似，只不过其数据类型为双精度整数，在此不再赘述。

② 减双精度整数（SUB_DI）。当允许输入端EN为高电平时，输入端IN1和IN2中的双精度整数相减，结果送入OUT中。IN1和IN2中的数可以是常数。减双精度整数的表达式是：IN1−IN2=OUT。

减双精度整数（SUB_DI）指令和参数见表3-28。

表3-28　减双精度整数（SUB_DI）指令和参数

LAD	参数	数据类型	说明	存储区
SUB_DI EN　ENO IN1 IN2　OUT	EN	BOOL	允许输入	V、I、Q、M、S、SM、L
	ENO	BOOL	允许输出	
	IN1	DINT	被减数	V、I、Q、M、SM、S、L、AC、HC、
	IN2	DINT	减数	常数、*VD、*LD、*AC
	OUT	DINT	差	V、I、Q、M、SM、S、L、AC、*VD、*LD、*AC

【例3-42】梯形图和指令表如图3-83所示，IN1中的双精度整数存储在MD0中，数值为22，IN2中的双精度整数存储在MD4中，数值为11，当I0.0闭合时，双精度整数相减的结果存储在OUT端的MD4中，其结果是多少？

【解】当I0.0闭合时，激活减双精度整数指令，IN1中的双精度整数存储在MD0中，假设这个数为22，IN2中的双精度整数存储在MD4中，假设这个数为11，双精度整数相减的结果存储在OUT端的MD4中的数是11。由于没有超出计算范围，所以Q0.0输出为"1"。

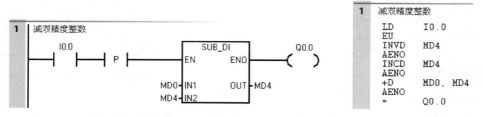

图3-83　减双精度整数（SUB_DI）指令应用的梯形图和指令表

减整数（SUB_I）指令与减双精度整数（SUB_DI）类似，只不过其数据类型为整数，在此不再赘述。

③ 乘整数（MUL_I）。当允许输入端EN为高电平时，输入端IN1和IN2中的整数相乘，结果送入OUT中。IN1和IN2中的数可以是常数。乘整数的表达式是：IN1×IN2＝OUT。乘整数（MUL_I）指令和参数见表3-29。

表3-29　乘整数（MUL_I）指令和参数

LAD	参数	数据类型	说明	存储区
MUL_I EN　ENO IN1 IN2　OUT	EN	BOOL	允许输入	V、I、Q、M、S、SM、L
	ENO	BOOL	允许输出	
	IN1	INT	相乘的第1个值	V、I、Q、M、S、SM、T、C、L、AC、AI、常数、*VD、*LD、*AC
	IN2	INT	相乘的第2个值	
	OUT	INT	相乘的结果（积）	V、I、Q、M、S、SM、L、T、C、AC、*VD、*LD、*AC

【例3-43】梯形图和指令表如图3-84所示。IN1中的整数存储在MW0中，数值为11，IN2中的整数存储在MW2中，数值为11，当I0.0闭合时，整数相乘的结果存储在OUT端的MW4中，其结果是多少？

【解】　当I0.0闭合时，激活乘整数指令，OUT=IN1×IN2，整数相乘的结果存储在OUT端的MW4中，结果是121。由于没有超出计算范围，所以Q0.0输出为"1"。

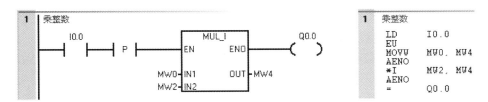

图3-84　乘整数（MUL_I）指令应用的梯形图和指令表

两个整数相乘得双精度整数的乘积指令（MUL），其两个乘数都是整数，乘积为双精度整数，注意MUL和MUL_I的区别。

双精度乘整数（MUL_DI）指令与乘整数（MUL_I）类似，只不过双精度乘整数数据类型为双精度整数，在此不再赘述。

④ 除双精度整数（DIV_DI）。当允许输入端EN为高电平时，输入端IN1中的除双精度整数以IN2中的双精度整数，结果为双精度整数，送入OUT中，不保留余数。IN1和IN2中的数可以是常数。除双精度整数（DIV_DI）指令和参数见表3-30。

表3-30　除双精度整数（DIV_DI）指令和参数

LAD	参数	数据类型	说明	存储区
DIV_DI EN　ENO IN1 IN2　OUT	EN	BOOL	允许输入	V、I、Q、M、S、SM、L
	ENO	BOOL	允许输出	
	IN1	DINT	被除数	V、I、Q、M、SM、S、L、HC、AC、常数、*VD、*LD、*AC
	IN2	DINT	除数	
	OUT	DINT	除法的双精度整数结果（商）	V、I、Q、M、S、SM、L、AC、*VD、*LD、*AC

【例3-44】梯形图和指令表如图3-85所示。IN1中的双精度整数存储在MD0中，数值

为11，IN2中的双精度整数存储在MD4中，数值为2，当I0.0闭合时，双精度整数相除的结果存储在OUT端的MD8中，其结果是多少？

【解】当I0.0闭合时，激活除双精度整数指令，IN1中的双精度整数存储在MD0中，数值为11，IN2中的双精度整数存储在MD4中，数值为2，双精度整数相除的结果存储在OUT端的MD8中的数是5，不产生余数。由于没有超出计算范围，所以Q0.0输出为"1"。

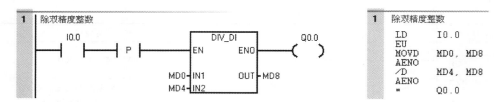

图3-85 除双精度整数（DIV_DI）指令应用的梯形图和指令表

【关键点】
除双精度整数法不产生余数。

整数除（DIV_I）指令与除双精度整数（DIV_DI）类似，只不过其数据类型为整数，在此不再赘述。整数相除得商和余数指令（DIV），其除数和被除数都是整数，输出OUT为双精度整数，其中高位是一个16位余数，其低位是一个16位商，注意DIV和DIV_I的区别。

【例3-45】算术运算程序示例如图3-86所示，其中开始时AC1中内容为4000，AC0中内容为6000，VD100中内容为200，VW200中内容为41，执行运算后，AC0、VD100和VD202中的数值是多少？

【解】程序运行结果图如图3-87所示，累加器AC0和AC1中可以装入字节、字、双字和实数等数据类型的数据，可见其使用比较灵活。DIV指令的除数和被除数都是整数，而结果为双精度整数，对于本例被除数为4000，除数为41，双精度整数结果存储在VD202中，其中余数23存储在高位VW202中，商97存储在低位VW204中。

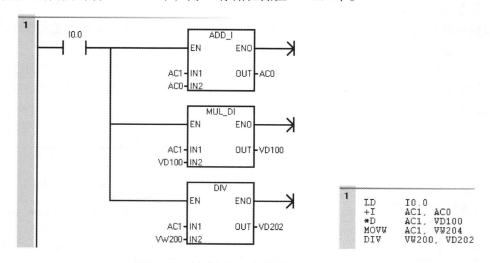

图3-86 算术运算程序的梯形图和指令表

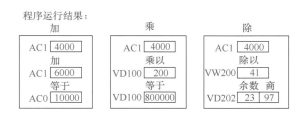

程序运行结果:

图3-87 程序运行结果

⑤ 递增/递减运算指令。递增/递减运算指令，在输入端（IN）上加1或减1，并将结果置入OUT。递增/递减指令的操作数类型为字节、字和双字。递增字的指令格式见表3-31。

表3-31 递增字运算指令格式

LAD	参数	数据类型	说明	存储区
INC_W EN ENO IN OUT	EN	BOOL	允许输入	V、I、Q、M、S、SM、L
	ENO	BOOL	允许输出	
	IN1	INT	将要递增1的数	V、I、Q、M、S、SM、AC、AI、L、T、C、常数、*VD、*LD、*AC
	OUT	INT	递增1后的结果	V、I、Q、M、S、SM、L、AC、T、C、*VD、*LD、*AC

a. 递增字节/递减字节运算（INC_B/DEC_B）。使能端输入有效时，将一个字节的无符号数IN增1/减1，并将结果送至OUT指定的存储器单元输出。

b. 双字递增/双字递减运算（INC_DW/DEC_DW）。使能端输入有效时，将双字长的符号数IN增1/减1，并将结果送至OUT指定的存储器单元输出。

【例3-46】递增/递减运算程序如图3-88所示。初始时AC0中的内容为125，VD100中的内容为128000，试分析运算结果。

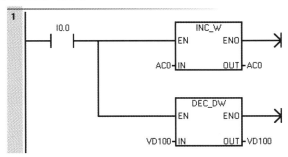

程序运行结果:

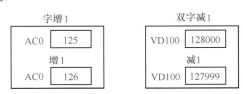

图3-88 程序和运行结果

【例3-47】有一个电炉，加热功率有1000W、2000W和3000W三个挡位，电炉有1000W和2000W两种电加热丝。要求用一个按钮选择三个加热挡，当按一次按钮时，1000W电阻丝加热，即第一挡；当按两次按钮时，2000W电阻丝加热，即第二挡；当按三次按钮时，1000W和2000W电阻丝同时加热，即第三挡；当按四次按钮时停止加热，编写程序。

【解】梯形图如图3-89所示。

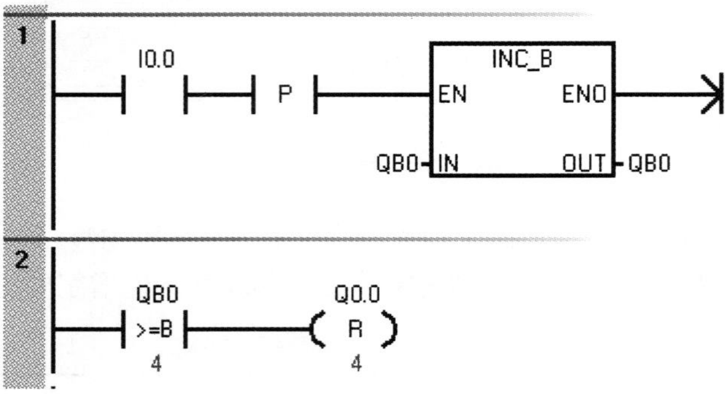

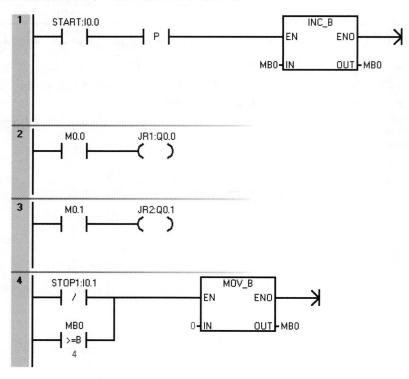

图3-89　例3-47梯形图（1）

这种解决方案，逻辑是正确的，但浪费了6个宝贵的输出点（Q0.2~Q0.7），因此这种解决方案不实用。经过优化后，梯形图如图3-90所示。

图3-90　例3-47梯形图（2）

（2）浮点数运算函数指令

浮点数函数有浮点算术运算函数、三角函数、对数函数、幂运算函数和PID等。浮点算术函数又分为加法运算、减法运算、乘法运算和除法运算函数。浮点数运算函数见表3-32。

加实数（ADD_R）。当允许输入端EN为高电平时，输入端IN1和IN2中的实数相加，结果送入OUT中。IN1和IN2中的数可以是常数。加实数的表达式是：IN1＋IN2＝OUT。加实数（ADD_R）指令和参数见表3-33。

表3-32 浮点数运算函数

STL	LAD	描述
+R	ADD_R	将两个32位实数相加,并产生一个32位实数结果(OUT)
−R	SUB_R	将两个32位实数相减,并产生一个32位实数结果(OUT)
*R	MUL_R	将两个32位实数相乘,并产生一个32位实数结果(OUT)
/R	DIV_R	将两个32位实数相除,并产生一个32位实数商
SQRT	SQRT	求浮点数的平方根
EXP	EXP	求浮点数的自然指数
LN	LN	求浮点数的自然对数
SIN	SIN	求浮点数的正弦函数
COS	COS	求浮点数的余弦函数
TAN	TAN	求浮点数的正切函数
PID	PID	PID运算

表3-33 加实数（ADD_R）指令和参数

LAD	参数	数据类型	说明	存储区
	EN	BOOL	允许输入	V、I、Q、M、S、SM、L
	ENO	BOOL	允许输出	
ADD_R EN ENO IN1 IN2 OUT	IN1	REAL	相加的第1个值	V、I、Q、M、S、SM、L、AC、常数、*VD、*LD、*AC
	IN2	REAL	相加的第2个值	
	OUT	REAL	相加的结果(和)	V、I、Q、M、S、SM、L、AC、*VD、*LD、*AC

用一个例子来说明加实数（ADD_R）指令，梯形图和指令表如图3-91所示。当I0.0闭合时，激活加实数指令，IN1中的实数存储在MD0中，假设这个数为10.1，IN2中的实数存储在MD4中，假设这个数为21.1，实数相加的结果存储在OUT端的MD8中的数是31.2。

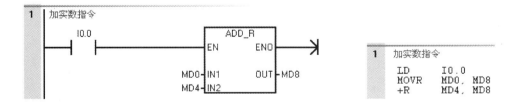

图3-91 加实数（ADD_R）指令应用的梯形图和指令表

减实数（SUB_R）、乘实数（MUL_R）和除实数（DIV_R）指令的使用方法与前面的指令用法类似，在此不再赘述。

MUL_DI/DIV_DI和MUL_R/DIV_R的输入都是32位，输出的结果也是32位，但前者的输入和输出是双精度整数，属于双精度整数运算，而后者输入和输出的是实数，属于浮点运算，简单地说，后者的输入和输入数据中有小数点，而前者没有，后者的运算速度要慢得多。

值得注意的是，乘/除运算对特殊标志位SM1.0（零标志位）、SM1.1（溢出标志位）、SM1.2（负数标志位）、SM1.3（被0除标志位）会产生影响。若SM1.1在乘法运算中被置1，表明结果溢出，则其他标志位状态均置0，无输出。若SM1.3在除法运算中被置1，说明除数为0，则其他标志位状态保持不变，原操作数也不变。

> **【关键点】**
> 浮点数的算术指令的输入端可以是常数，必须是带有小数点的常数，如5.0，不能为5，否则会出错。

(3) 转换指令

转换指令是将一种数据格式转换成另外一种格式进行存储。例如，要让一个整型数据和双整型数据进行算术运算，一般要将整型数据转换成双整型数据。STEP7-Micro/Win的转换指令见表3-34。

表3-34 转换指令

STL	LAD	说明
BTI	B_I	将字节数值(IN)转换成整数值，并将结果置入OUT指定的变量中
ITB	I_B	将整数(IN)转换成字节值，并将结果置入OUT指定的变量中
ITD	I_DI	将整数值(IN)转换成双精度整数值，并将结果置入OUT指定的变量中
ITS	I_S	将整数字IN转换为长度为8个字符的ASCII字符串
DTI	DI_I	双精度整数值(IN)转换成整数值，并将结果置入OUT指定的变量中
DTR	DI_R	将32位带符号整数IN转换成32位实数，并将结果置入OUT指定的变量中
DTS	DI_S	将双精度整数IN转换为长度为12个字符的ASCII字符串
BTI	BCD_I	将二进制编码的十进制值IN转换成整数值，并将结果置入OUT指定的变量中
ITB	I_BCD	将输入整数值IN转换成二进制编码的十进制数，并将结果置入OUT指定的变量中
RND	ROUND	将实值(IN)转换成双精度整数值，并将结果置入OUT指定的变量中
TRUNC	TRUNC	将32位实数(IN)转换成32位双精度整数，并将结果的整数部分置入OUT指定的变量中
RTS	R_S	将实数值IN转换为ASCII字符串
ITA	ITA	将整数字(IN)转换成ASCII字符数组
DTA	DTA	将双字(IN)转换成ASCII字符数组
RTA	RTA	将实数值(IN)转换成ASCII字符
ATH	ATH	指令将从IN开始的ASCII字符号码(LEN)转换成从OUT开始的十六进制数字
HTA	HTA	将从IN开始的ASCII字符号码(LEN)转换成从OUT开始的十六进制数字
STI	S_I	将字符串数值IN转换为存储在OUT中的整数值，从偏移量INDX位置开始
STD	S_DI	将字符串值IN转换为存储在OUT中的双精度整数值，从偏移量INDX位置开始
STR	S_R	将字符串值IN转换为存储在OUT中的实数值，从偏移量INDX位置开始
DECO	DECO	设置输出字(OUT)中与用输入字节(IN)最低"半字节"(4位)表示的位数相对应的位
ENCO	ENCO	将输入字(IN)最低位的位数写入输出字节(OUT)的最低"半字节"(4个位)中
SEG	SEG	生成照明七段显示段的位格式

① 整数转换成双精度整数（ITD）。整数转换成双精度整数指令是将IN端指定的内容以整数的格式读入，然后将其转换为双精度整数码格式输出到OUT端。整数转换成BCD指令和参数见表3-35。

表3-35　整数转换成双精度整数指令和参数

LAD	参数	数据类型	说　明	存　储　区
I_DI EN　ENO IN　OUT	EN	BOOL	使能（允许输入）	V、I、Q、M、S、SM、L
	ENO	BOOL	允许输出	
	IN	INT	输入的整数	V、I、Q、M、S、SM、L、T、C、AI、AC、常数、 *VD、*LD、*AC
	OUT	DINT	整数转化成的BCD数	V、I、Q、M、S、SM、L、AC、*VD、*LD、*AC

【例3-48】梯形图和指令表如图3-92所示。IN中的整数存储在MW0中（用16进制表示为16#0016），当I0.0闭合时，转换完成后OUT端的MD2中的双精度整数是多少？

【解】　当I0.0闭合时，激活整数转换成双精度整数指令，IN中的整数存储在MW0中（用十六进制表示为16#0016），转换完成后OUT端的MD2中的双精度整数是16#0000 0016。但要注意，MW2=16#0000，而MW4=16#0016。

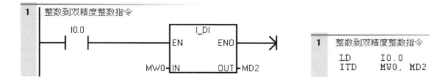

图3-92　整数转换成双精度整数指令应用的梯形图和指令表

② 双精度整数转换成实数（DTR）。双精度整数转换成实数指令是将IN端指定的内容以双精度整数的格式读入，然后将其转换为实数码格式输出到OUT端。实数格式在后续算术计算中是很常用的，如3.14就是实数形式。双精度整数转换成实数指令和参数见表3-36。

表3-36　双精度整数转换成实数指令和参数

LAD	参数	数据类型	说　明	存储区
DI_R EN　ENO IN　OUT	EN	BOOL	使能（允许输入）	V、I、Q、M、S、SM、L
	ENO	BOOL	允许输出	
	IN	DINT	输入的双精度整数	V、I、Q、M、S、SM、L、HC、AC、 常数、*VD、*AC、*LD
	OUT	REAL	双精度整数转化成的实数	V、I、Q、M、S、SM、L、AC、*VD、*LD、*AC

【例3-49】梯形图和指令表如图3-93所示。IN中的双精度整数存储在MD0中，（用十进制表示为16），转换完成后OUT端的MD4中的实数是多少？

【解】　当I0.0闭合时，激活双精度整数转换成实数指令，IN中的双精度整数存储在MD0中（用十进制表示为16），转换完成后OUT端的MD4中的实数是16.0。一个实数要用4个字节存储。

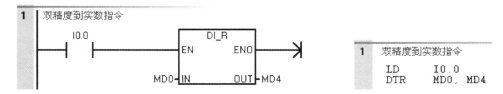

图3-93　双精度整数转换成实数指令应用的梯形图和指令表

DI_I是双精度整数转换成整数的指令，并将结果存入OUT指定的变量中。若双精度整数太大，则会溢出。

DI_R是双精度整数转换成实数的指令，并将结果存入OUT指定的变量中。

③ BCD 码转换为整数（BCD_I）。BCD_I指令是将二进制编码的十进制WORD数据类型值从"IN"地址输入，转换为整数WORD数据类型值，并将结果载入分配给"OUT"的地址处。IN的有效范围为0~9999的BCD码。BCD 码转换为整数指令和参数见表3-37。

表3-37　BCD码转换为整数指令和参数

LAD	参　数	数据类型	说　明	存　储　区
BCD_I EN　ENO IN　OUT	EN	BOOL	允许输入	V、I、Q、M、S、SM、L
	ENO	BOOL	允许输出	
	IN	WORD	输入的BCD码	V、I、Q、M、S、SM、L、AC、常数、*VD、*LD、*AC
	OUT	WORD	输出结果为整数	V、I、Q、M、S、SM、L、AC、*VD、*LD、*AC

④ 取整指令（ROUND）。ROUND指令是将实数进行四舍五入取整后转换成双精度整数的格式。实数四舍五入为双精度整数指令和参数见表3-38。

表3-38　实数四舍五入为双精度整数指令和参数

LAD	参数	数据类型	说明	存储区
ROUND EN　ENO IN　OUT	EN	BOOL	允许输入	V、I、Q、M、S、SM、L
	ENO	BOOL	允许输出	
	IN	REAL	实数（浮点型）	V、I、Q、M、S、SM、L、AC、常数、*VD、*LD、*AC
	OUT	DINT	四舍五入后为双精度整数	V、I、Q、M、S、SM、L、AC、*VD、*LD、*AC

【例3-50】 梯形图和指令表如图3-94所示。IN中的实数存储在MD0中，假设这个实数为3.14，进行四舍五入运算后OUT端的MD4中的双精度整数是多少？假设这个实数为3.88，进行四舍五入运算后OUT端的MD4中的双精度整数是多少？

【解】 当I0.0闭合时，激活实数四舍五入指令，IN中的实数存储在MD0中，假设这个实数为3.14，进行四舍五入运算后OUT端的MD4中的双精度整数是3，假设这个实数为3.88，进行四舍五入运算后OUT端的MD4中的双精度整数是4。

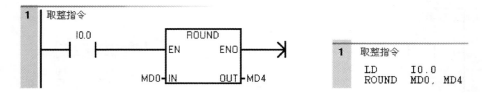

图3-94　取整指令应用的梯形图和指令表

ROUND是取整（四舍五入）指令，而TRUNC是截取指令，将输入的32位实数转换成整数，只有整数部分保留，舍去小数部分，结果为双精度整数，并将结果存入OUT指定的变量中。例如输入是32.2，执行ROUND或者TRUNC指令，结果转换成32。而输入是32.5，执行TRUNC指令，结果转换成32；执行ROUND指令，结果转换成33。请注意区分。

【例3-51】将英寸转换成厘米，已知单位为英寸的长度保存在VW0中，数据类型为整数，英寸和厘米的转换单位为2.54，保存在VD12中，数据类型为实数，要将最终单位厘米的结果保存在VD20中，且结果为整数。编写程序实现这一功能。

【解】 要将单位为英寸的长度转化成单位为厘米的长度，必须要用到实数乘法，因此乘数必须为实数，而已知的英寸长度是整数，所以先要将整数转换成双精度整数，再将双精度整数转换成实数，最后将乘积取整就得到结果。梯形图和指令表如图3-95所示。

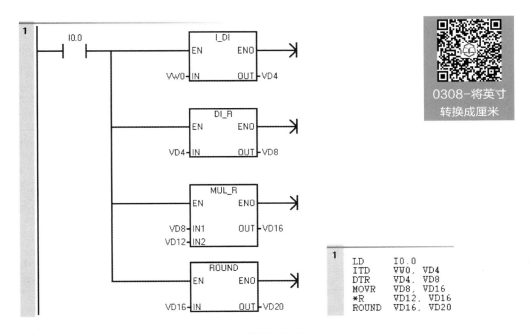

图3-95　例3-51梯形图和指令表

（4）数学功能指令

数学功能指令包含正弦（SIN）、余弦（COS）、正切（TAN）、自然对数（LN）、自然指数（EXP）和平方根（SQRT）等。这些指令的使用比较简单，仅以正弦（SIN）和自然对数（LN）为例说明数学功能指令的使用，见表3-39。

表3-39　求正弦值（SIN）指令和参数

LAD	参数	数据类型	说明	存储区
SIN EN ENO IN OUT	EN	BOOL	允许输入	V、I、Q、M、S、SM、L
	ENO	BOOL	允许输出	
	IN	REAL	输入值	V、I、Q、M、SM、S、L、AC、常数、*VD、*LD、*AC
	OUT	REAL	输出值（正弦值）	V、I、Q、M、SM、S、L、AC、*VD、*LD、*AC

用一个例子来说明求正弦值（SIN）指令，梯形图和指令表如图3-96所示。当I0.0闭合时，激活求正弦值指令，IN中的实数存储在VD0中，假设这个数为0.5，实数求正弦的结果存储在OUT端的VD8中的数是0.479。

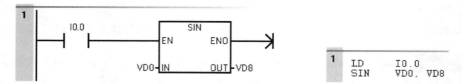

图3-96　正弦运算指令应用的梯形图和指令表

【关键点】
三角函数的输入值是弧度，而不是角度。

求余弦（COS）和求正切（TAN）的使用方法与前面的指令用法类似，在此不再赘述。

（5）编码和解码指令

编码指令（ENCO）将输入字IN的最低有效位的位号写入输出字节OUT的最低有效"半字节"（4位）中。解码指令（DECO）根据输入字的输出字IN的低4位所表示的位号，置输出字OUT的相应位为1。也有人称解码指令为译码指令。编码和解码的格式见表3-40。

表3-40　编码和解码指令格式

LAD	参数	数据类型	说明	存储区
ENCO（EN ENO IN OUT）	EN	BOOL	允许输入	V、I、Q、M、S、SM、L
	ENO	BOOL	允许输出	
	IN	WORD	输入值	V、I、Q、M、SM、L、S、AQ、T、C、AC、*VD、*AC、*LD
	OUT	BYTE	输出值	V、I、Q、M、SM、S、L、AC、常数、*VD、*LD、*AC
DECO（EN ENO IN OUT）	EN	BOOL	允许输入	V、I、Q、M、S、SM、L
	ENO	BOOL	允许输出	
	IN	BYTE	输入值	V、I、Q、M、SM、S、L、AC、常数、*VD、*LD、*AC
	OUT	WORD	输出值	V、I、Q、M、S、L、AQ、T、C、AC、*VD、*AC、*LD

用一个例子说明以上指令的应用，如图3-97所示是编码和解码指令程序示例。

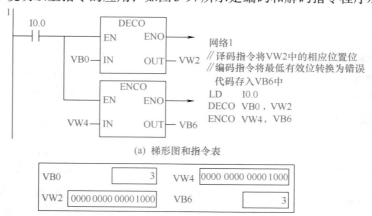

(a) 梯形图和指令表

(b) 运行结果

图3-97　编码和解码指令程序示例

（6）时钟指令

① 读取实时时钟指令。读取实时时钟指令（TODR）从硬件时钟中读当前时间和日期，并把它装载到一个8字节、起始地址为T的时间缓冲区中。必须按照BCD码的格式编码所有的日期和时间值（例如：用16#97表示1997年）。梯形图如图3-98所示。如果PLC系统的时间是2009年4月8日8时6分5秒，星期六，则运行的结果如图3-99所示。年份存入VB0存储单元，月份存入VB1单元，日存入VB2单元，小时存入VB3单元，分钟存入VB4单元，秒钟存入VB5单元，VB6单元为0，星期存入VB7单元，可见共占用8个存储单元。读取实时时钟（TODR）指令和参数见表3-41。

表3-41　读取实时时钟（TODR）指令和参数

LAD	参数	数据类型	说明	存储区
READ_RTC EN　ENO T	EN	BOOL	允许输入	V、I、Q、M、S、SM、L
	ENO	BOOL	允许输出	
	T	BYTE	存储日期的起始地址	V、I、Q、M、SM、S、L、*VD、*AC、*LD

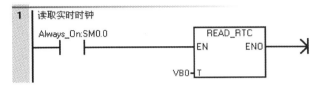

图3-98　读取实时时钟指令应用的梯形图　　图3-99　读取实时时钟指令的结果（BCD码）

【关键点】

读取实时时钟（TODR）指令读取出来的日期是用BCD码表示的，这点要特别注意。

② 设置实时时钟指令。设置实时时钟（TODW）指令将当前时间和日期写入用T指定的在8个字节的时间缓冲区开始的硬件时钟。设置实时时钟的参数见表3-42。

表3-42　设置实时时钟（TODW）指令和参数

LAD	参数	数据类型	说明	存储区
SET_RTC EN　ENO T	EN	BOOL	允许输入	V、I、Q、M、S、SM、L
	ENO	BOOL	允许输出	
	T	BYTE	存储日期的起始地址	V、I、Q、M、SM、S、L、*VD、*AC、*LD

用一个例子说明设置实时时钟指令，假设要把2012年9月18日8时6分28秒设置成PLC的当前时间，先要做这样的设置：VB0=16#12，VB1=16#09，VB2=16#18，VB3=16#18，VB4=16#08，VB5=16#06，VB6=16#00，VB7=16#28，然后运行如图3-100所示的程序。

还有一个简单的方法设置时钟，不需要编写程序。只要进行简单设置即可，设置方法如下。

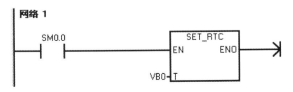

图3-100　设置实时时钟指令的梯形图

单击菜单栏中的"PLC"→"设置时钟",如图3-101所示,弹出"时钟操作"界面,如图3-102所示,单击"读取PC"按钮,读取计算机的当前时间。

如图3-103所示,单击"设置"按钮可以将当前计算机的时间设置到PLC中,当然读者也可以设置其他时间。

图3-101　打开"时钟操作"界面

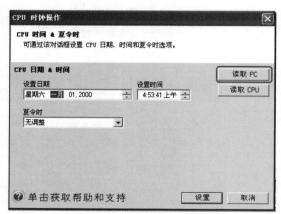

图3-102　时钟操作界面

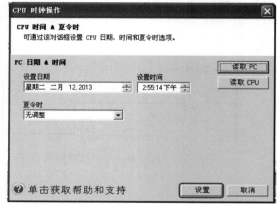

图3-103　设置实时时钟

【例3-52】记录一台设备损坏时的时间,请用PLC实现此功能。

【解】　梯形图如图3-104所示。

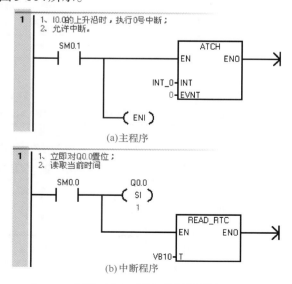

图3-104　例3-52梯形图

【例3-53】某实验室的一个房间，要求每天16：30~18：00开启一个加热器，用PLC实现此功能。

【解】　先用PLC读取实时时间，因为读取的时间是BCD码格式，所以之后要将BCD码转化成整数，如果实时时间在16：30~18：00，那么则开启加热器，梯形图如图3-105所示。

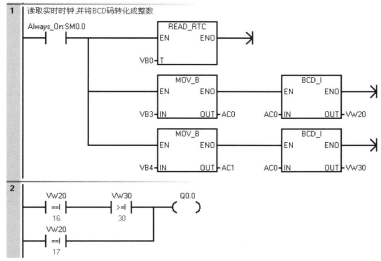

图3-105　例3-53梯形图

3.4.5　功能指令的应用

功能指令主要用于数字运算及处理场合，完成运算、数据的生成、存储以及某些规律的实现任务。功能指令除了能处理以上特殊功能外，也可用于逻辑控制程序中，这为逻辑控制类编程提供了新思路。

【例3-54】十字路口的交通灯控制，当合上启动按钮时，东西方向绿灯亮4s，闪烁2s后灭；黄灯亮2s后灭；红灯亮8s后灭；绿灯亮4s，如此循环。而对应东西方向绿灯、红灯、黄灯亮时，南北方向红灯亮8s后灭；接着绿灯亮4s，闪烁2s后灭；黄灯亮2s后灭；红灯又亮，如此循环。设计原理图，并编写PLC控制程序。

【解】首先根据题意画出东西和南北方向三种颜色灯亮灭的时序图，再进行I/O分配。

输入：启动—I0.0；停止—I0.1。

输出（南北方向）：红灯—Q0.3，黄灯—Q0.4，绿灯—Q0.5。

输出（东西方向）：红灯—Q0.0，黄灯—Q0.1，绿灯—Q0.2。

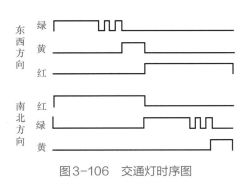

图3-106　交通灯时序图

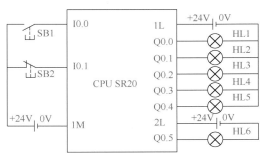

图3-107　例3-54原理图

东西和南北方向各有三盏，从时序图容易看出，共有6个连续的时间段，因此要用到6个定时器，这是解题的关键，用这6个定时器控制两个方向6盏灯的亮或灭，不难设计出梯形图。交通灯时序图和原理图分别如图3-106和图3-107所示。

梯形图程序如图3-108所示。

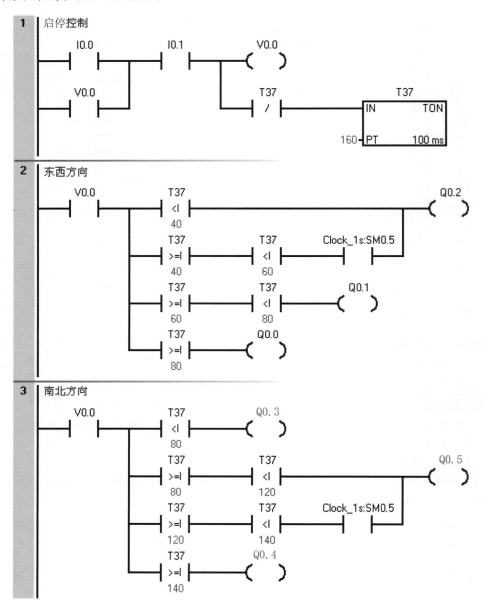

图3-108　交通灯梯形图

【例3-55】抢答器外形如图3-109所示，根据控制要求编写梯形图程序，其控制要求如下。

① 主持人按下"开始抢答"按钮后开始抢答，倒计时数码管倒计时15s，超过时间抢答按钮按下无效。

② 某一抢答按钮抢按下后，蜂鸣器随按钮动作发出"滴"的声音，相应抢答位指示灯亮，倒计时显示器切换显示抢答位，其余按钮无效。

③ 一轮抢答完毕，主持人按"抢答复位"按钮后，倒计时显示器复位（熄灭），各抢答按钮有效，可以再次抢答。

④ 在主持人按"开始抢答"按钮前抢答属于"违规"抢答，相应抢答位的指示灯闪烁，闪烁周期1s，倒计时显示器显示违规抢答位，其余按钮无效。主持人按下"抢答复位"清除当前状态后可以开始新一轮抢答。

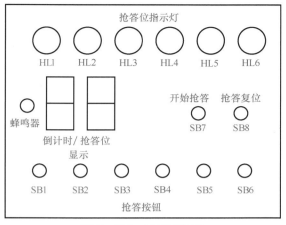

图3-109 抢答器外形

【解】 电气原理图如图3-110所示，因为本项目数码管模块自带译码器，所以四个输出点即可显示一个十进制位，如数码管不带译码器，则需要八个输出点显示一个十进制位。

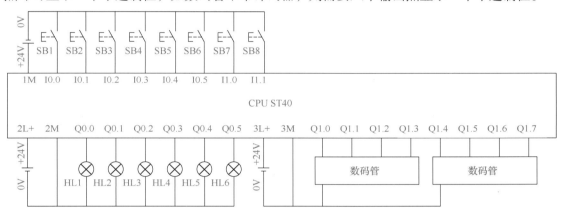

图3-110 例3-55原理图

梯形图如图3-111所示。

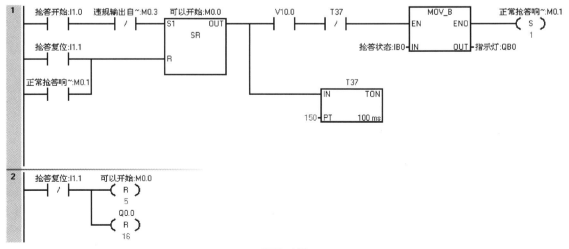

图3-111

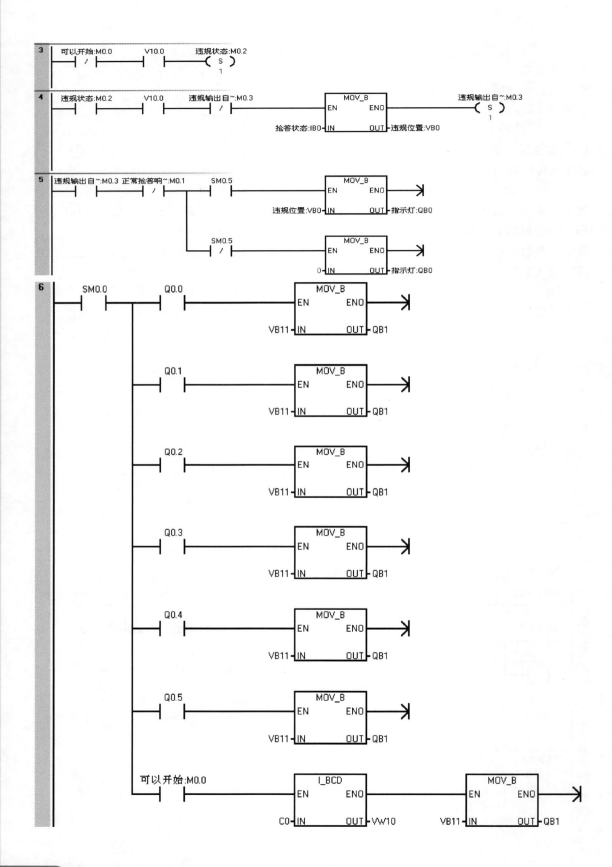

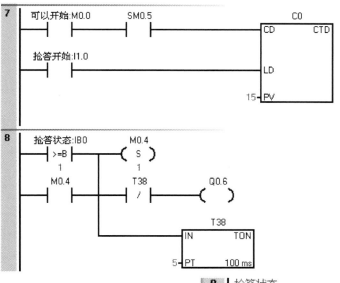

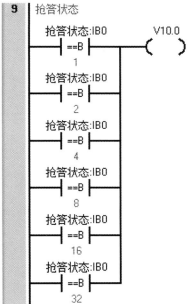

0309-用气动
比例调压阀
控制气压

图3-111　例3-55梯形图

【例3-56】气动比例调压阀调压范围是0~1MPa，控制信号和反馈信号范围均为0~10V，要求在HMI中输入一个数值，气动比例调压阀输出对应的气压，并实时反馈当前压力值，当压力在0.4~0.6MPa之间时绿灯亮。

【解】　① 设计电气原理图

选用CPU模块为CPU SR30，模拟量模块为EMAM03，气动比例

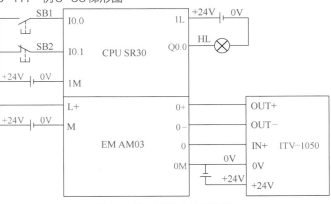

图3-112　例3-56原理图

调压阀为ITV1050。

设计电气原理图如图3-112所示，气动比例调压阀为ITV1050的OUT+和OUT−向EMAM03模块发送当前实时气压数值，IN+和0V是EM AM03模块向气动比例调压阀发送控制信号。

② 编写控制程序

编写控制程序如图3-113所示。

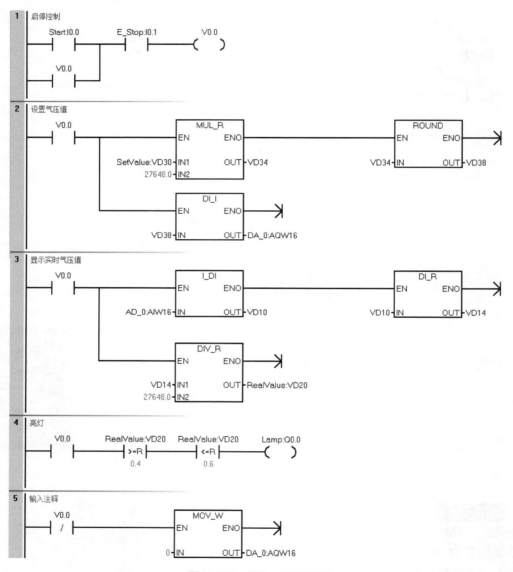

图3-113 例3-56梯形图

3.5 中断与子程序及其应用

程序控制指令包含跳转指令、循环指令、子程序指令、中断指令和顺控继电器指令。程序控制指令用于程序执行流程的控制。对于一个扫描周期而言，跳转指令可以使程序出现跳跃以实现程序段的选择；循环指令可用于一段程序的重复循环执行；子程序指令可调用某些子程序，增强程序的结构化，使程序的可读性增强，程序更加简洁；中断指令则是用于中断信号引起的子程序调用；顺控继电器指令可形成状态程序段中各状态的激活及隔离。

3.5.1　子程序调用指令

子程序有子程序调用和子程序返回两大类指令，子程序返回又分为条件返回和无条件返回。子程序调用指令（SBR）用在主程序或其他调用子程序的程序中，子程序的无条件返回指令在子程序的最后程序段。子程序结束时，程序执行应返回原调用指令（CALL）的下一条指令处。

建立子程序的方法是：在编程软件的程序窗口的上方有主程序（MAIN）、子程序（SBR_0）、中断服务程序（INT_0）的标签，单击子程序标签即可进入SBR_0子程序显示区。添加一个子程序时，可以选择菜单栏中的"编辑"→"对象"→"子程序"命令增加一个子程序，子程序编号n从0开始自动向上生成。建立子程序最简单的方法是在程序编辑器中的空白处单击鼠标右键，再选择"插入"→"子程序"命令即可，如图3-114所示。

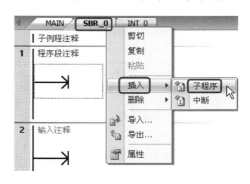

图3-114　插入"子程序"命令

通常将具有特定功能并且能多次使用的程序段作为子程序。子程序可以多次被调用，也可以嵌套（最多8层）。子程序的调用和返回指令的格式见表3-43。调用和返回指令示例如图3-115所示，当首次扫描时，调用子程序，若条件满足（M0.0=1）则返回，否则执行FILL指令。

表3-43　跳转、循环、子程序调用指令格式

LAD	STL	功能
SBR_0 EN	CALL　　SBR0	子程序调用
─（RET）	CRET	子程序条件返回

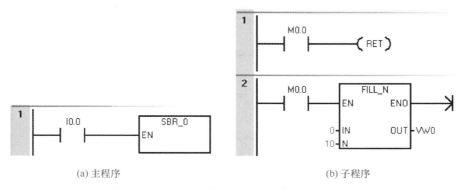

　　　　(a) 主程序　　　　　　　　　　　　　　(b) 子程序

图3-115　子程序的调用和返回指令程序示例

变量表

	地址	符号	变量类型	数据类型	注释
1		EN	IN	BOOL	
2	LD0	POINT	IN	DWORD	地址指针初值
3	LW4	NUMB	IN	WORD	要求和字数
4			IN_OUT		
5	LD6	RESULT	OUT	DINT	求和结果
6	LD10	TEMP1	TEMP	DINT	存储待累加的数
7	LW14	COUNT	TEMP	INT	循环次数计数器
8			TEMP		

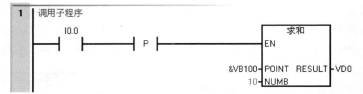

图3-116　变量表

【例3-57】设计V存储区连续的若干个字的累加和的子程序，在OB1中调用它，在I0.0的上升沿，求VW100开始的10个数据字的和，并将运算结果存放在VD0。

【解】 变量表如图3-116所示，主程序如图3-117所示，子程序如图3-118所示。当I0.0的上升沿时，计算VW100~VW118中10个字的和。调用指定的POINT的值“&VB100”是源地址指针的初始值，即数据从VW100开始存放，数据字个数NUM为常数10，求和的结果存放在VD0中。

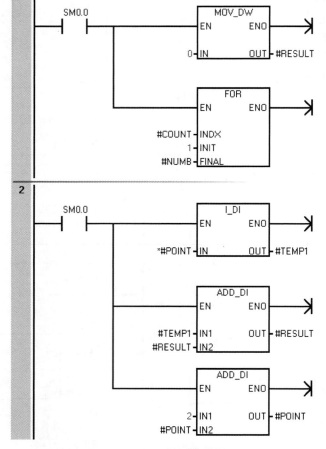

图3-117　例3-57主程序

图3-118　例3-57子程序

3.5.2 中断指令

中断是计算机特有的工作方式，即在主程序的执行过程中中断主程序，执行子程序的过程中中断子程序。中断子程序是为某些特定的控制功能而设定的。与子程序不同，中断是为随机发生的且必须立即响应的时间安排，其响应时间应小于机器周期。引发中断的信号称为中断源，S7-200 SMART PLC最多有38个中断源，不同的型号的中断源的数量不也一样，早期版本的中断源数量要少一些，中断源的种类见表3-44。

表3-44　S7-200 SMART PLC的38种中断源

序号	中断描述	CR/20S/30S/40S/60S	SR 20/40/60，ST 20/40/60	序号	中断描述	CR/20S/30S/40S/60S	SR 20/40/60，ST 20/40/60
0	上升沿 I0.0	Y	Y	22	定时器 T96 CT=PT（当前时间=预设时间）	Y	Y
1	下降沿 I0.0	Y	Y	23	端口 0 接收消息完成	Y	Y
2	上升沿 I0.1	Y	Y	24	端口 1 接收消息完成	N	Y
3	下降沿 I0.1	Y	Y	25	端口 1 接收字符	N	Y
4	上升沿 I0.2	Y	Y	26	端口 1 发送完成	N	Y
5	下降沿 I0.2	Y	Y	27	HSC0 方向改变	Y	Y
6	上升沿 I0.3	Y	Y	28	HSC0 外部复位	Y	Y
7	下降沿 I0.3	Y	Y	29	HSC4 CV=PV	N	Y
8	端口 0 接收字符	Y	Y	30	HSC4 方向改变	N	Y
9	端口 0 发送完成	Y	Y	31	HSC4 外部复位	N	Y
10	定时中断 0(SMB34控制时间间隔)	Y	Y	32	HSC3 CV=PV（当前值=预设值）	Y	Y
11	定时中断 1(SMB35控制时间间隔)	Y	Y	33	HSC5 CV=PV	N	Y
12	HSC0 CV=PV(当前值=预设值)	Y	Y	34	PTO2 脉冲计数完成	N	Y
13	HSC1 CV=PV(当前值=预设值)	Y	Y	35	上升沿,信号板输入 0	N	Y
14、15	保留	N	N	36	下降沿,信号板输入 0	N	Y
16	HSC2 CV=PV(当前值=预设值)	Y	Y	37	上升沿,信号板输入 1	N	Y
17	HSC2 方向改变	Y	Y	38	下降沿,信号板输入 1	N	Y
18	HSC2 外部复位	Y	Y	43	HSC5 方向改变	N	Y
19	PTO0 脉冲计数完成	N	Y	44	HSC5 外部复位	N	Y
20	PTO0 脉冲计数完成	N	Y				
21	定时器 T32 CT=PT（当前时间=预设时间）	Y	Y				

注："Y"表明对应的CPU有相应的中断功能，"N"表明对应的CPU没有相应的中断功能。

（1）中断的分类

S7-200 SMART PLC的38个中断事件可分为三大类，即I/O口中断、通信口中断和时基中断。

① I/O口中断

I/O口中断包括上升沿和下降沿中断、高速计数器中断和脉冲串输出中断。S7-200 SMART PLC可以利用I0.0~I0.3都有上升沿和下降沿这一特性产生中断事件。

【例3-58】 在I0.0的上升沿，通过中断使Q0.0立即置位，在I0.1的下降沿，通过中断使Q0.0立即复位。

【解】 图3-119所示为梯形图。

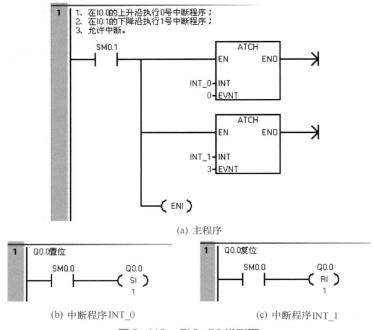

(a) 主程序

(b) 中断程序INT_0   (c) 中断程序INT_1

图3-119　例3-58梯形图

② 通信口中断

通信口中断包括端口0（Port0）和端口1（Port1）接收和发送中断。PLC的串行通信口可由程序控制，这种模式称为自由口通信模式，在这种模式下通信，接收和发送中断可以简化程序。

③ 时基中断

时基中断包括定时中断及定时器T32/96中断。定时中断可以反复执行，定时中断是非常有用的。

(2) 中断指令

中断指令共有6条，包括中断连接、中断分离、清除中断事件、中断禁止、中断允许和中断条件返回，见表3-45。

表3-45　中断指令

LAD	STL	功能
ATCH EN　ENO INT EVNT	ATCH,INT,EVNT	中断连接

LAD	STL	功能
DTCH EN ENO EVNT	DTCH,EVNT	中断分离
CLR_EVNT EN ENO EVNT	CENT,EVNT	清除中断事件
——(DISI)	DISI	中断禁止
——(ENI)	ENI	中断允许
——(RETI)	CRETI	中断条件返回

（3）使用中断注意事项

① 一个事件只能连接一个中断程序，而多个中断事件可以调用同一个中断程序，但一个中断事件不可能在同一时间建立多个中断程序。

② 在中断子程序中不能使用DISI、ENI、HDFE、FOR-NEXT和END等指令。

③ 程序中有多个中断子程序时，要分别编号。在建立中断程序时，系统会自动编号，也可以更改编号。

【例3-59】设计一段程序，VD0中的数值每隔100ms增加1。

【解】 图3-120所示为梯形图。

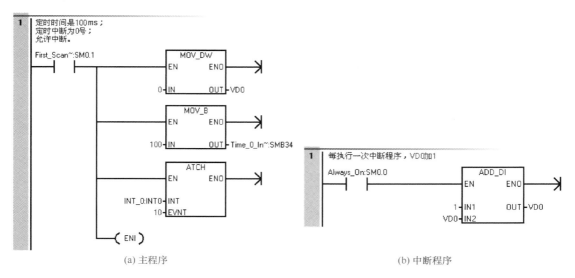

(a) 主程序　　　　　　　　　　　　(b) 中断程序

图3-120　例3-59梯形图

【例3-60】用定时中断0，设计一段程序，实现周期为2s的精确定时。

【解】 SMB34是存放定时中断0的定时长短的特殊寄存器，其最大定时时间是255ms，2s就是8次250ms的延时。图3-121所示为梯形图。

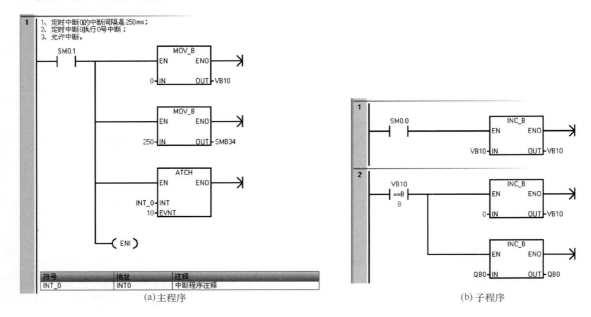

(a)主程序

(b)子程序

图3-121 例3-60梯形图

第4章

逻辑控制编程的编写方法

本章介绍顺序功能图的画法、梯形图的禁忌以及如何根据顺序功能图用基本指令、顺控指令、功能指令和复位/置位指令四种方法编写逻辑控制的梯形图。

4.1 顺序功能图

4.1.1 顺序功能图的画法

顺序功能图（Sequential Function Chart，SFC）又叫做状态转移图，它是描述控制系统的控制过程、功能和特性的一种图形，同时也是一种设计PLC顺序控制程序的有力工具。它具有简单、直观等特点，不涉及控制功能的具体技术，是一种通用的语言，是IEC（国际电工委员会）首选的编程语言，近年来在PLC的编程中已经得到了普及与推广。在IEC 60848中称顺序功能图，在我国国家标准GB/T 6988.1—2008中称功能表图。西门子称为图形编程语言S7-Graph和S7-HiGraph。

顺序功能图是设计PLC顺序控制程序的一种工具，适合于系统规模较大，程序关系较复杂的场合，特别适合于对顺序操作的控制。在编写复杂的顺序控制程序时，采用S7-Graph和S7-HiGraph比梯形图更加直观。

顺序功能图的基本思想是：设计者按照生产要求，将被控设备的一个工作周期划分成若干个工作阶段（简称"步"），并明确表示每一步要执行的输出，"步"与"步"之间通过制定的条件进行转换，在程序中，只要通过正确连接进行"步"与"步"之间的转换，就可以完成被控设备的全部动作。

PLC执行顺序功能图程序的基本过程是：根据转换条件选择工作"步"，进行"步"的逻辑处理。组成顺序功

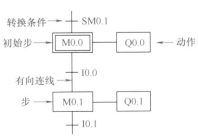

图4-1 顺序功能图

能图程序的基本要素是步、转换条件和有向连线，如图4-1所示。

(1) 步

一个顺序控制过程可分为若干个阶段，也称为步或状态。系统初始状态对应的步称为初始步，初始步一般用双线框表示。在每一步中施控系统要发出某些"命令"，而被控系统要完成某些"动作"，"命令"和"动作"都称为动作。当系统处于某一工作阶段时，则该步处于激活状态，称为活动步。

(2) 转换条件

使系统由当前步进入下一步的信号称为转换条件。顺序控制设计法用转换条件控制代表各步的编程元件，让它们的状态按一定的顺序变化，然后用代表各步的编程元件去控制输出。不同状态的"转换条件"可以不同，也可以相同，当"转换条件"各不相同时，在顺序功能图程序中每次只能选择其中一种工作状态（称为"选择分支"），当"转换条件"都相同时，在顺序功能图程序中每次可以选择多个工作状态（称为"选择并行分支"）。只有满足条件状态，才能进行逻辑处理与输出，因此，"转换条件"是顺序功能图程序选择工作状态（步）的"开关"。

(3) 有向连线

步与步之间的连接线就是"有向连线"，"有向连线"决定了状态的转换方向与转换途径。在有向连线上有短线，表示转换条件。当条件满足时，转换得以实现，即上一步的动作结束而下一步的动作开始，因而不会出现动作重叠。步与步之间必须要有转换条件。

图4-1中的双框为初始步，M0.0和M0.1是步名，I0.0、I0.1为转换条件，Q0.0、Q0.1为动作。当M0.0有效时，输出指令驱动Q0.0。步与步之间的连线称为有向连线，它的箭头省略未画。

(4) 顺序功能图的结构分类

根据步与步之间的进展情况，顺序功能图分为以下3种结构。

① 单一序列。单一序列动作是一个接一个地完成，完成每步只连接一个转移，每个转移只连接一个步，如图4-2（a）所示。根据顺序功能图很容易写出代数逻辑表达式，代数逻辑表达式和梯形图有对应关系，由代数逻辑表达式可写出梯形图，如图4-2（b）所示。图4-2（c）和图4-2（b）的逻辑是等价的，但图4-2（c）更加简洁（程序的容量要小一些），因此经过3次转化，最终的梯形图是图4-2（c）。

② 选择序列。选择序列是指某一步后有若干个单一序列等待选择，称为分支，一般只允许选择进入一个顺序，转换条件只能标在水平线之下。选择序列的结束称为合并，用一条水平线表示，水平线以下不允许有转换条件，如图4-3所示。

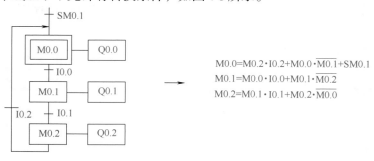

$$M0.0 = M0.2 \cdot I0.2 + M0.0 \cdot \overline{M0.1} + SM0.1$$
$$M0.1 = M0.0 \cdot I0.0 + M0.1 \cdot \overline{M0.2}$$
$$M0.2 = M0.1 \cdot I0.1 + M0.2 \cdot \overline{M0.0}$$

(a)

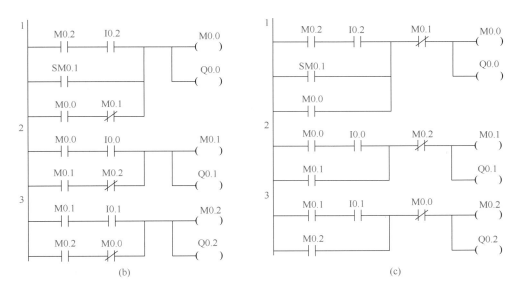

图4-2　单一序列

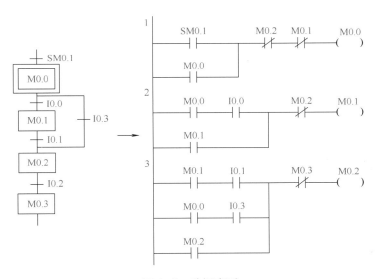

图4-3　选择序列

③ 并行序列。并行序列是指在某一转换条件下同时启动若干个顺序，也就是说转换条件实现导致几个分支同时激活。并行序列的开始和结束都用双水平线表示，如图4-4所示。

④ 选择序列和并行序列的综合。如图4-5所示，步M0.0之后有一个选择序列的分支，设M0.0为活动步，当它的后续步M0.1或M0.2变为活动步时，M0.0变为不活动步，即M0.0为0状态，所以应将M0.1和M0.2的常闭触点与M0.0的线圈串联。

步M0.2之前有一个选择序列合并，当步M0.1为活动步（即M0.1为1状态），并且转换条件I0.1满足，或者步M0.0为活动步，并且转换条件I0.2满足，步M0.2变为活动步，所以该步的存储器M0.2的启保停电路的启动条件为M0.1·I0.1+M0.0·I0.2，对应的启动电路由两条并联支路组成。

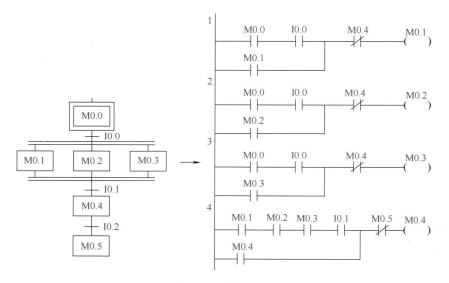

图4-4 并行序列

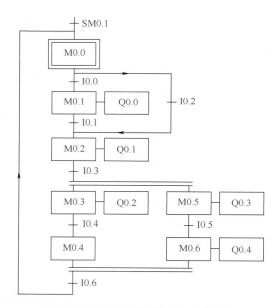

图4-5 选择序列和并行序列功能图

步M0.2之后有一个并行序列分支，当步M0.2是活动步并且转换条件I0.3满足时，步M0.3和步M0.5同时变成活动步，这时用M0.2和I0.3常开触点组成的串联电路，分别作为M0.3和M0.5的启动电路来实现，与此同时，步M0.2变为不活动步。

步M0.0之前有一个并行序列的合并，该转换实现的条件是所有的前级步（即M0.4和M0.6）都是活动步和转换条件I0.6满足。由此可知，应将M0.4、M0.6和I0.6的常开触点串联，作为控制M0.0的启保停电路的启动电路。图4-5所示功能图对应的梯形图如图4-6所示。

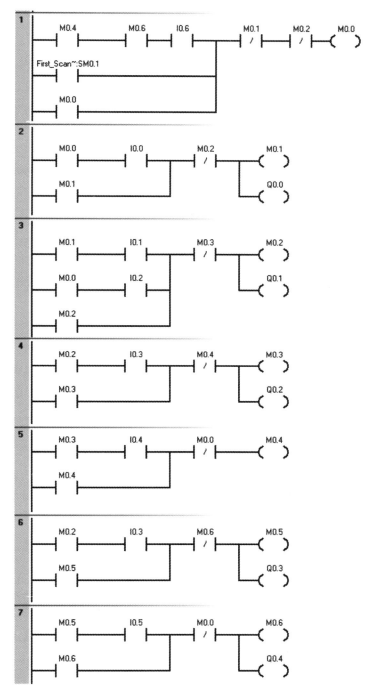

图4-6　图4-5功能图对应的梯形图

（5）顺序功能图设计的注意事项

① 状态之间要有转换条件，如图4-7所示，状态之间缺少"转换条件"是不正确的，应改成如图4-8所示的顺序功能图。必要时转换条件可以简化，应将图4-9简化成图4-10。

② 转换条件之间不能有分支，例如，图4-11应该改成如图4-12所示的合并后的顺序功

能图，合并转换条件。

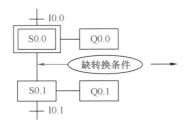

图4-7 错误的顺序功能图（缺转换条件）

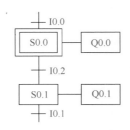

图4-8 正确的顺序功能图

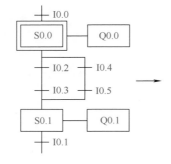

图4-9 简化前的顺序功能图

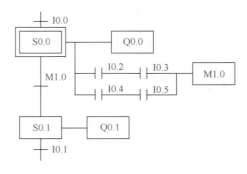

图4-10 简化后的顺序功能图

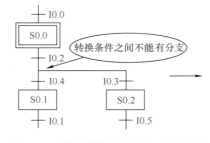

图4-11 错误的顺序功能图（有分支）

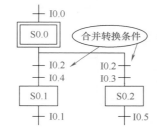

图4-12 合并后的功能图

③ 顺序功能图中的初始步对应于系统等待启动的初始状态，初始步是必不可少的。

④ 顺序功能图中一般应有步和有向连线组成的闭环。

（6）应用举例

【例4-1】液体混合装置如图4-13所示，上限位、下限位和中限位液位传感器被液体淹没时为1状态，电磁阀A、B、C的线圈通电时，阀门打开，电磁阀A、B、C的线圈断电时，阀门关闭。在初始状态时容器是空的，各阀门均关闭，各传感器均为0状态。按下启动按钮后，打开电磁阀A，液体A流入容器，中限位开关变为ON时，关闭A，打开阀B，液体B流入容器。液面上升到上限位，关闭阀门B，电动机M开始运行，搅拌液体，30s后停止搅动，打开电磁阀C，

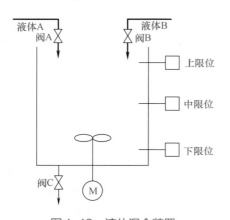

图4-13 液体混合装置

放出混合液体，当液面下降到下限位之后，过3s，容器放空，关闭电磁阀C，打开电磁阀A，又开始下一个周期的操作。按停止按钮，当前工作周期结束后，才能停止工作，按急停按钮可立即停止工作。要求设计功能图和梯形图。

【解】 液体混合的PLC的I/O分配见表4-1。

表4-1 PLC的I/O分配表

输　　入			输　　出		
名称	符号	输入点	名称	符号	输出点
开始按钮	SB1	I0.0	电磁阀A	YV1	Q0.0
停止按钮	SB2	I0.1	电磁阀B	YV2	Q0.1
急停	SB3	I0.2	电磁阀C	YV3	Q0.2
上限位传感器	SQ1	I0.3	电动机	M	Q0.3
中限位传感器	SQ2	I0.4			
下限位传感器	SQ3	I0.5			

电气系统的原理图如图4-14所示，功能图如图4-15所示，梯形图如图4-16所示。

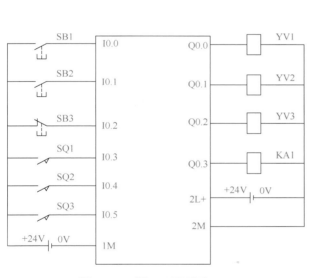

图4-14　例4-1原理图

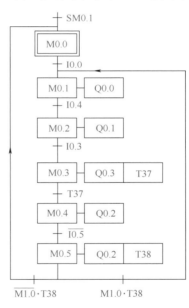

图4-15　例4-1功能图

4.1.2　梯形图编程的原则

尽管梯形图与继电器电路图在结构形式、元件符号及逻辑控制功能等方面相类似，但它们又有许多不同之处，梯形图有自己的编程规则。

① 每一逻辑行总是起于左母线，然后是触点的连接，最后终止于线圈或右母线（右母线可以不画出）。这仅仅是一般原则，S7-200 SMART PLC的左母线与线圈之间一定要有触点，而线圈与右母线之间则不能有任何触点，如图4-17所示。但西门子S7-300 PLC的与左母线相连的不一定是触点，而且其线圈不一定与右母线相连。

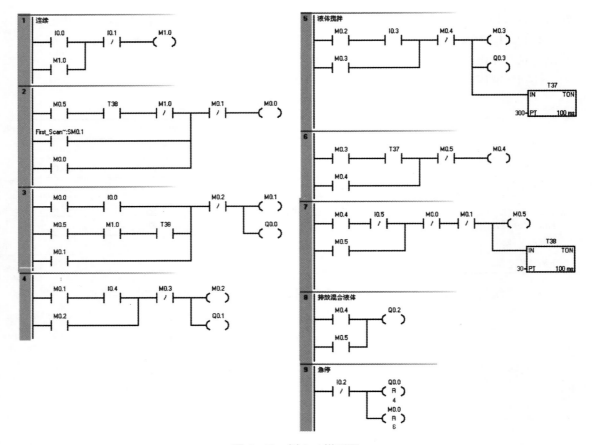

图 4-16　例 4-1 梯形图

图 4-17　梯形图示例（1）

② 无论选用哪种机型的 PLC，所用元件的编号必须在该机型的有效范围内。例如 S7-200 SMART PLC 的辅助继电器默认状态下没有 M100.0，若使用就会出错，而 S7-300 PLC 则有 M100.0。

③ 梯形图中的触点可以任意串联或并联，但继电器线圈只能并联而不能串联。

④ 触点的使用次数不受限制，例如，辅助继电器 M0.0 可以在梯形图中出现无限制的次数，而实物继电器的触点一般少于 8 对，只能用有限次数。

⑤ 在梯形图中同一线圈只能出现一次。如果在程序中，同一线圈使用了两次或多次，称为"双线圈输出"。对于"双线圈输出"，有些 PLC 将其视为语法错误，是绝对不允许出现的；有些 PLC 则将前面的输出视为无效，只有最后一次输出有效（如西门子 PLC）；而有些 PLC 在含有跳转指令或步进指令的梯形图中允许双线圈输出。

⑥ 对于不可编程梯形图则必须经过等效变换，变成可编程梯形图，如图 4-18 所示。

⑦ 当有几个串联电路相并联时，应将串联触点多的回路放在上方，归纳为"上多下少"

的原则，如图4-19所示。在有几个并联电路相串联时，应将并联触点多的回路放在左方，归纳为"左多右少"的原则，如图4-20所示。这样所编制的程序简洁明了，语句较少。但要注意图4-19（a）和图4-20（a）的梯形图逻辑上是正确的。

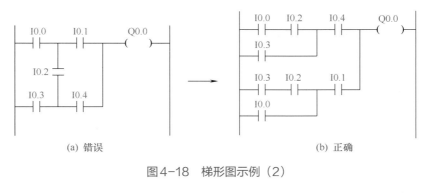

图4-18　梯形图示例（2）

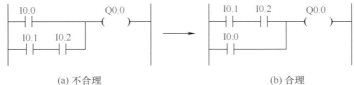

图4-19　梯形图示例（3）

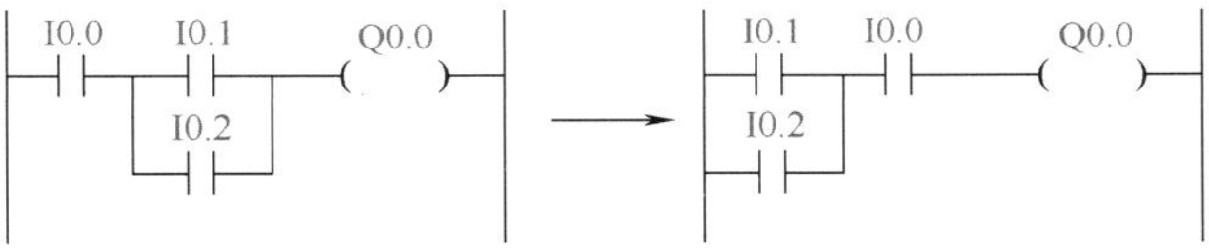

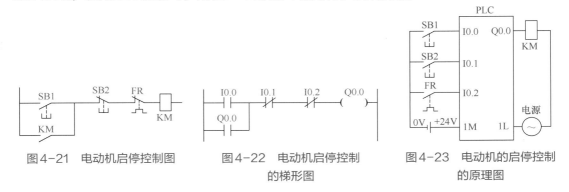

图4-20　梯形图示例（4）

⑧ PLC的输入端所连的电器元件通常使用常开触点，即使与PLC对应的继电器-接触器系统原来使用的是常闭触点，改为PLC控制时也应转换为常开触点。如图4-21所示为继电器-接触器系统控制的电动机的启停控制，图4-22所示为电动机的启停控制的梯形图，图4-23所示为电动机启停控制的原理图。从图中可以看出，继电器-接触器系统原来使用常闭触点SB2和FR，改用PLC控制时，则在PLC的输入端变成了常开触点。

图4-21　电动机启停控制图　　　图4-22　电动机启停控制　　　图4-23　电动机的启停控制
　　　　　　　　　　　　　　　　　　　的梯形图　　　　　　　　　的原理图

【关键点】

图 4-22 的梯形图中 I0.1 和 I0.2 用常闭触点，否则控制逻辑不正确。若读者一定要让 PLC 的输入端的按钮为常闭触点输入也可以，但梯形图中 I0.1 和 I0.2 要用常开触点，对于急停按钮必须使用常闭触头，若一定要使用常开触头，从逻辑上讲是可行的，但在某些情况下，有可能导致急停按钮不起作用而造成事故，这是读者要特别注意的。另外，一般不推荐将热继电器的常开触点接在 PLC 的输入端，因为这样做占用了宝贵的输入点，最好将热继电器的常闭触点接在 PLC 的输出端，与 KM 的线圈串联。

4.2 逻辑控制的梯形图编程方法

对于比较复杂的逻辑控制，用经验设计法就不合适，应选用功能图设计法。功能图设计法是应用最为广泛的设计方法。功能图就是顺序功能图，功能图设计法就是先根据系统的控制要求设计出功能图，再根据功能图编写梯形图，梯形图可以利用"启保停"编写，也可以由顺控指令和功能指令编写。因此，设计功能图是整个设计过程的关键，也是难点。

4.2.1 利用"启保停"编写梯形图程序

利用"启保停"编写梯形图程序，是最容易想到的方法，该方法不需要了解较多的指令。采用这种方法编写程序的过程是：先根据控制要求设计正确的功能图，再根据功能图写出正确的布尔表达式，最后根据布尔表达式设计"启保停"梯形图。以下用一个例子讲解利用"启保停"编写梯形图程序的方法。

【例 4-2】 某设备原理图如图 4-24 所示，控制 4 盏灯的亮灭，其控制要求如下。

当压下启动按钮 SB1 时，HL1 灯亮 1.8s，之后灭；HL2 灯亮 1.8s，之后灭；HL3 灯亮 1.8s，之后灭；HL4 灯亮 1.8s，之后灭，如此循环。有三种停止模式，模式 1：当压下停止按钮 SB2，立即停止，压下启动按钮后，从停止位置开始完成剩下的逻辑；模式 2：当压下停止按钮 SB2，完成一个工作循环后停止；模式 3：当压下急停按钮 SB3，所有灯灭，完全复位。

【解】 根据题目的控制过程，设计功能图，如图 4-25 所示。

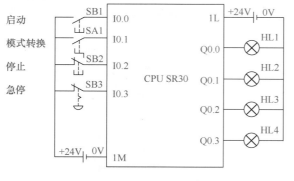

图 4-24 例 4-2 原理图

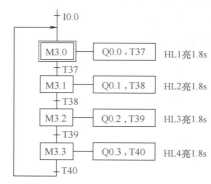

图 4-25 例 4-2 功能图

再根据功能图，编写控制程序如图 4-26 所示。以下详细介绍程序。

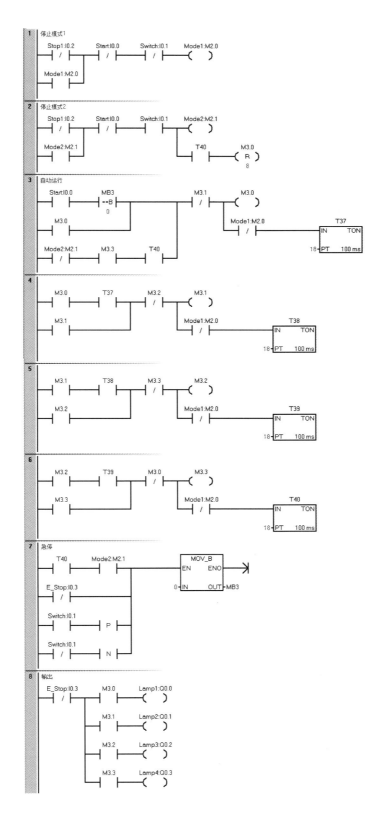

图4-26 例4-2梯形图

程序段1：停止模式1，压下停止按钮，M2.0线圈得电，M2.0常闭触点断开，造成所有的定时器断电，从而使得程序"停止"在一个位置。

程序段2：停止模式2，压下停止按钮，M2.1线圈得电，M2.1常开触点闭合，当完成一个工作循环后，定时器T40的常开触点闭合，将线圈M3.0~M3.7复位，系统停止运行。

程序段3~6：自动运行程序。MB3=0（即M3.0~M3.7=0）压下启动按钮才能起作用，这一点很重要，初学者容易忽略。这个程序段一共有4步，每一步一个动作（灯亮），执行当前步的动作时，切断上一步的动作，这是编程的核心思路，有人称这种方法是"启保停"逻辑编程方法。

程序段7：停止模式3，即急停模式，立即把所有的线圈清零复位。

程序段8：将梯形图逻辑运算的结果输出。

4.2.2　利用复位和置位指令编写逻辑控制程序

复位和置位指令是常用指令，用复位和置位指令编写程序简洁而且可读性强。以下用一个例子讲解利用复位和置位指令编写逻辑控制程序。

【例4-3】用复位和置位指令编写例4-2的程序。

【解】　功能图如图4-25所示。

再根据功能图，编写控制程序如图4-27所示。以下详细介绍程序。

程序段1：停止模式1，压下停止按钮，M2.0线圈得电，M2.0常闭触点断开，造成所有的定时器断电，从而使得程序"停止"在一个位置。

程序段2：停止模式2，压下停止按钮，M2.1线圈得电，M2.1常开触点闭合，当完成一个工作循环后，定时器T40的常开触点闭合，将线圈M3.0~M3.7复位，系统停止运行。

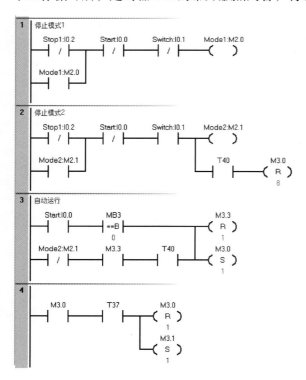

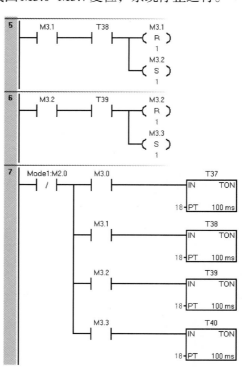

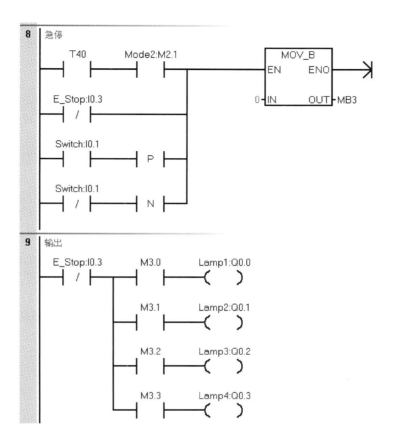

图4-27 例4-3梯形图

程序段3~6：自动运行程序。MB3=0（即M3.0~M3.7=0）压下启动按钮才能起作用，这一点很重要，初学者容易忽略。

程序段8：停止模式3，即急停模式，立即把所有的线圈清零复位。

程序段9：将梯形图逻辑运算的结果输出。

0401-利用MOVE指令编写逻辑控制程序

4.2.3 利用MOVE指令编写逻辑控制程序

MOVE指令编写程序很简洁，可读性强，编写程序容易，被很多工程师采用。以下用一个例子讲解利用MOVE指令编写逻辑控制程序。

【例4-4】 本例是例4-2的功能扩展，某设备原理图如图4-28所示，控制4盏灯的亮灭，其控制要求如下。

当压下启动按钮SB1时，HL1灯亮1.8s，之后灭； HL2灯亮1.8s，之后灭；HL3灯亮1.8s，之后灭；HL4灯亮1.8s，之后灭，如此循环。有三种停止模式，模式1：当压下停止按钮SB2，立即停止，压下启动按钮后，从停止位置开始完成剩下的逻辑；模式2：当压下停止按钮SB2，完成一个工作循环后停止；模式3：当压下急停按钮SB3，所有灯灭，完全复位。

有点动功能，即手动模式时，可以手动分别点亮每一盏灯。

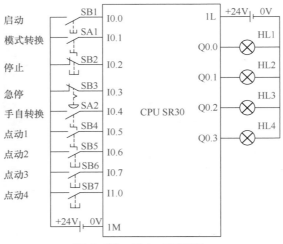

图4-28　例4-4原理图

【解】　再根据功能图，编写控制程序如图4-29~图4-32所示。以下详细介绍程序。

图4-29是主程序，调用3个子程序。

图4-30是子程序Stop_Mode的梯形图，即停机模式子程序，在例4-3中已经介绍了。

图4-31是子程序Auto_Run的梯形图，即自动运行子程序。

程序段1：启动自动运行，MB3实际上就是步号，此时的步号是"1"，第一盏灯亮，启动定时器T37。

程序段2：当T37的定时时间1.8s到，步号变为"2"，第二盏灯亮，启动定时器T38，后续程序类似。

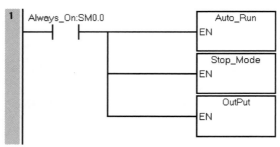

图4-29　主程序的梯形图

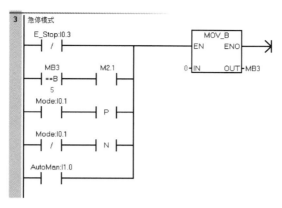

图 4-30 子程序 Stop_Mode 的梯形图

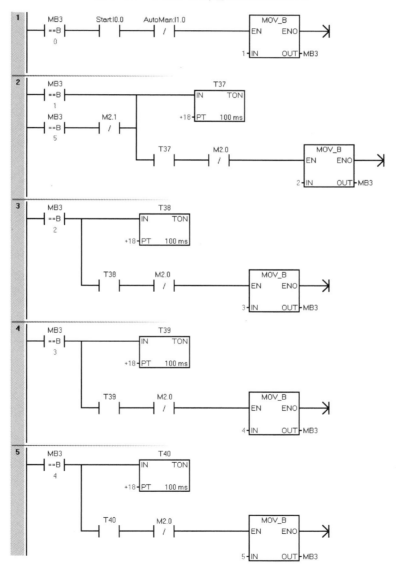

图 4-31 子程序 Auto_Run 的梯形图

图4-32是子程序Output的梯形图，即灯的亮灭输出。以程序段1为例，当I1.0的常闭触点接通时是自动模式，点动不起作用，而I1.0的常开触点接通时是手动模式，自动不起作用。

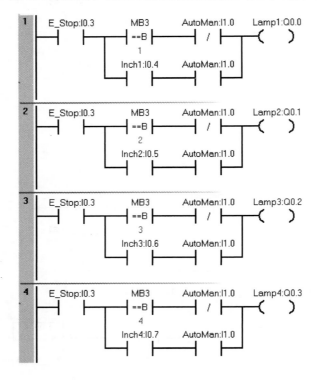

图4-32　子程序Output的梯形图

至此，同一个顺序控制的问题使用了"启保停"法、MOVE指令和复位/置位指令三种解决方案编写程序。三种解决方案的编程都有各自的特点，但有一点是相同的，那就是首先都要设计功能图。三种解决方案没有优劣之分，读者可以根据自己的工程习惯选用。

《《《《第 2 篇 》》》》

西门子、三菱伺服驱动系统入门

第5章

伺服驱动系统的结构及其系统原理

伺服系统的产品主要包含伺服驱动器（伺服放大器）、伺服电动机和相关检测传感器（如光电编码器、旋转编码器、光栅等）。伺服产品在我国是高科技产品，得到了广泛的应用，其主要应用领域有：机床、包装、纺织和电子设备。特别在机床行业，伺服产品应用非常广泛。

5.1 伺服系统概述

5.1.1 伺服系统的概念

（1）伺服系统的构成

"伺服系统"源于英文"servomechanism system"，指以物体的位置、速度和方向为控制量，以跟踪输入给定值的任意变化为目标的闭环系统。伺服的概念可以从控制层面去理解，伺服的任务就是要求执行机构快速平滑、精确地执行上位控制装置的指令要求。

一个伺服系统通常由被控对象（plant）、执行器（actuator）和控制器（controller）等几部分组成，机械手臂、机械平台通常作为被控对象。执行器的主要功能在于提供被控对象的动力，执行器主要包括电动机和伺服放大器，特别设计应用于伺服系统的电动机称为"伺服电动机"（servo motor）。通常伺服电动机包括反馈装置（检测器），如光电编码器（optical encoder）、旋转变压器（resolver）。目前，伺服电动机主要包括直流伺服电动机、永磁交流伺服电动机、感应交流伺服电动机，其中永磁交流伺服电动机是市场主流。控制器的功能在于提供整个伺服系统的闭路控制，如扭矩控制、速度控制、位置控制等。目前一般工业用伺服驱动器（servo driver），也称为伺服放大器。如图5-1所示是一般工业用伺服系统的组成框图。

（2）伺服系统的性能

伺服系统具有优越的性能，以下通过对伺服驱动器与变频器的对比以及伺服电动机与感应电动机的对比进行说明。

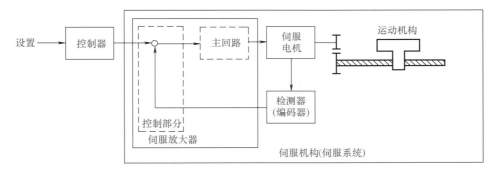

图5-1　一般工业用伺服系统的组成框图

1）伺服驱动器与变频器的对比　伺服驱动器与变频器的对比见表5-1。

表5-1　伺服驱动器与变频器的对比

序号	比较项目	变频器	伺服驱动器
1	应用场合	控制对象比较缓和的调速系统,调速范围一般在1:10以内	频繁启停、高速高精度场合,其调速比高达1:5000
2	控制方式	一般用于速度控制方式的开环系统	具有位置控制、速度控制和转矩控制方式的闭环系统
3	性能表现	低速转矩性能差、控制精度低(相对伺服系统)	低速转矩性能好、控制精度高(相对变频器)
4	电动机类型	一般使用异步电动机,可以不使用编码器,电动机体积大	通常使用交流同步电动机,需要编码器,电动机体积小

2）伺服电动机与感应电动机的对比　伺服电动机与变频器驱动的感应电动机的对比如图5-2所示。

伺服电动机的对比特点如下。

① 伺服电动机结构紧促,体积小。

② 同步伺服电动机的转子表面是永磁铁贴片,因此转子磁场是自身产生的。

③ 伺服电动机在很宽的范围内具有连续转矩或者有效转矩。

④ 伺服电动机转动惯量低,动态响应水平高。以下的公式可以说明这个结论,其中,ε是角加速度,T是电动机的转矩,I_z是转子的转动惯量,不难看出,当转矩一定时,转动惯量越小,则角加速度越大,所以动态响应水平高。

$$\varepsilon = \frac{T}{I_z}$$

⑤ 伺服电动机适用于快速精确的定位和同步任务,其在10ms内能从0加速到额定转速。

⑥ 转矩脉动低。

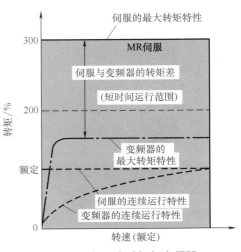

图5-2　伺服电动机与变频器驱动的感应电动机的对比

⑦ 短时间内具有高过载能力，变频器驱动的异步电动机的过载能力为150%，而伺服电动机的过载能力高达300%。

⑧ 高效率。

⑨ 防护等级高。

5.1.2　伺服系统的应用场合

伺服系统的精确定位性能、优秀的动态响应水平、大范围和高精度调速、方便的转矩控制等性能特点决定其应用场合。

(1) 需要定位的机械

伺服系统与控制器（如PLC、运动控制器）配合使用，可以精确定位。应用案例如数控机床、木工机械、搬运机械、包装机械、贴片机、送料机、切割机和专用机械等。典型的应用有如下情形。

① X-Y十字滑台。其X轴和Y轴分别连接滚珠丝杠负载，伺服电动机驱动滚珠丝杠，其示意图如图5-3所示。

② 垂直搬运。典型的应用如立体仓库，需要使用带抱闸的伺服电动机，且编码器一般使用绝对值编码器，其示意图如图5-4所示。

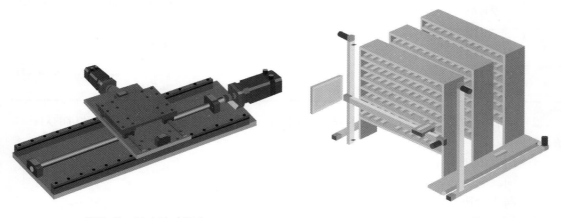

图5-3　X-Y十字滑台　　　　　　　　图5-4　立体仓库

③ 同步进给。通过传感器检测工件的位置，根据编码器的信号进行同步进给。

④ 冲压、辊式给料。伺服电动机驱动料辊，输送规定的长度后，送给冲床，完成定位后进行冲压，其示意图如图5-5所示。

(2) 需要大范围调速的机械

伺服系统调速除了具有调速范围大（可达1:5000，大于变频器）、调速精度高，速度变动率低于0.01%的特点外，还具有转矩恒定的优点，因此广泛用于生产线等高精度可变速驱动的场合。例如在旋转涂覆生产中，将感光剂涂覆在半导体材料上，其示意图如图5-6所示。

(3) 高频定位

伺服系统允许高达额定转矩300%的过载，可以在10ms内从0加速运行到额定转速，还可以在1min内进行高达100次的高频定位。主要应用于贴片机、冲压给料机、制袋机、上下料装置、包装机、填充机和各种搬运装置。贴片机的示意图如图5-7所示。

（4）转矩控制

伺服系统除了速度和位置控制外，还有转矩控制，主要用于收卷/开卷等张力控制的场合。

① 开卷装置。伺服系统与张力检测器、张力控制装置组合，对板材卷进行张力控制，其示意图如图5-8所示。

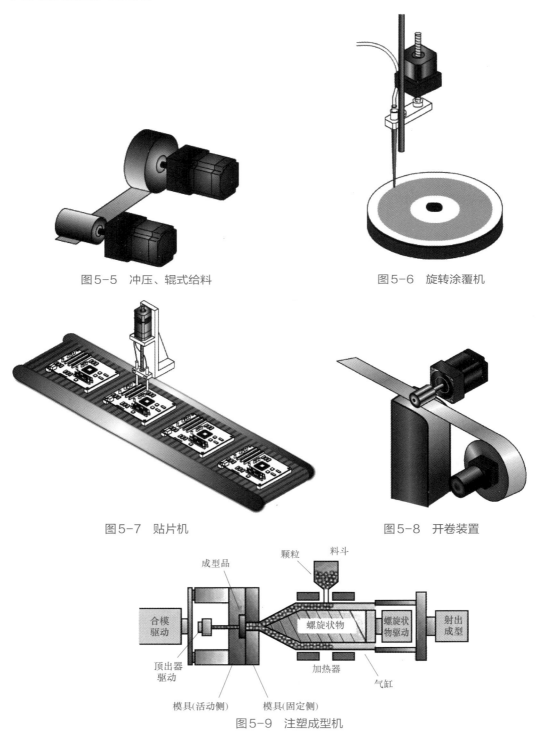

图5-5　冲压、辊式给料

图5-6　旋转涂覆机

图5-7　贴片机

图5-8　开卷装置

图5-9　注塑成型机

② 注塑成型机。将塑料原料颗粒置于气缸与螺杆轴组成的加热器内，熔融后射出到模具中。之后，经过冷却工序打开模具，通过推杆推出成型品。注塑成型机示意图如图5-9所示。

5.1.3　伺服系统的行业应用

伺服控制在工业方面的很多行业都有应用，如机械制造、汽车制造、家电生产线、电子和橡胶行业等。但应用最为广泛的是机床行业、纺织行业、包装行业、印刷和机器人行业，以下对这五个行业伺服系统的应用情况进行简介。

(1) 伺服控制在机床行业的应用

伺服控制应用最多的场合就是机床行业。在数控机床中，伺服驱动接收数控系统发来的位移或者速度指令，由伺服电动机和机械传动机构驱动机床的坐标轴和主轴等，从而带动刀具或者工作台运动，进而加工出各种工件。可以说数控机床的稳定性和精度在很大的程度上取决于伺服系统的可靠性和精度。

(2) 伺服控制在纺织行业的应用

纺织是典型的物理加工生产工艺，整个生产过程是纤维之间的整理与再组织的过程。传动是纺织生产控制的重点。纺织行业使用伺服控制产品主要用于张力控制，其在纺机中的精梳机、粗纱机、并条机、捻线机，在织机中的无梭机和印染设备上的应用量非常大。例如，细纱机上的集体落纱和电子凸轮，无梭机的电子选纬、电子送经、电子卷曲都要用到伺服系统。此外，在一些印染设备上也会用到伺服系统。

伺服系统在纺织行业应用越来越多，原因是：

① 市场竞争的加剧，要求统一设备以生产更多的产品，并能迅速更改生产工艺；
② 市场全球化需要更多高质量的设备来生产高质量的产品；
③ 伺服产品的价格在降低。

(3) 伺服控制在包装行业的应用

日常生活中的用品、食品，如方便面、肥皂、大米、各种零食等，有一个共同点，就是都有一个漂亮的热性塑料包装袋，给人以赏心悦目的感觉。其实这些产品都是由包装机进行自动包装的。随着自动化行业的发展，包装机的应用范围越来越广泛，需求量也越来越大。伺服系统在包装机上的应用，对提高包装机的包装精度和生产效率，减少设备调整和维护时间，都有很大的助力。

(4) 伺服控制在印刷行业的应用

伺服系统很早就应用于印刷机械了，包括卷筒纸印刷中的张力控制，彩色印刷中的自动套色、墨刀控制和给水控制，其中伺服系统在自动套色的位置控制中应用最为广泛。在印刷行业中，应用较多的伺服产品如三菱、三洋、和利时和松下等。

由于广告、包装和新闻出版等与印刷行业联系紧密的市场逐步成熟，中国对印刷机械的需求持续增长，特别是对中高端印刷设备需求增长较快，因此印刷行业对伺服系统的需求将持续增长。

(5) 伺服控制在机器人行业的应用

在机器人领域无刷永磁伺服系统得到了广泛的应用。一般工业机器人有多个自由度，每个工业机器人的伺服电动机的个数多在10个以上。通常机器人的伺服系统是专用的，其特点是多轴合一、模块化、特殊的控制方式、特殊的散热装置，并且对可靠性要求极高。有的机器人有专用配套的伺服系统，如ABB、安川和松下等。

5.1.4　主流伺服系统品牌

目前，高性能的伺服系统大多数采用永磁同步交流伺服电动机，控制驱动器多采用定位准确的全数字位置伺服系统。我国伺服技术发展迅速，市场潜力巨大，应用十分广泛。市场上伺服系统以日系品牌为主，日系品牌较早进入中国，性价比相对较高；欧美伺服产品占有量居第二位，且其占有率不断升高，特别是在一些高端应用场合更为常见。欧美伺服产品的性能好，但价格高。国产伺服系统与欧美和日本的伺服系统相比有一定差距，主要应用于一些低端应用场合，但应看到国产伺服产品在不断进步。

国内一些常用的伺服产品如下：

日系：安川、三菱、发那科、松下、三洋、富士和日立。

欧系：西门子、Lenze、AMK、KEB、SEW和Rexroth。

美系：Danaher、Baldor、Parker和Rockwell。

国产（含台湾）：汇川、和利时、埃斯顿、信捷科技、时光、步进科技、星辰伺服、华中数控、广州数控、大森数控、台达、东元和凯奇数控。

5.2　伺服驱动器主要元器件

变频器的发展和电力电子器件的进步是密不可分的，了解电力电子器件对理解变频器的工作是必要的。以下介绍几种关键的电力电子器件。

（1）晶闸管（SCR）

晶闸管于1957年，由美国的GE（通用电气）公司发明，并于1958年商业化。晶闸管是三端器件，通过控制信号能控制其开通，但不能控制其关断。目前晶闸管的容量已经达到8kV、3kA，但晶闸管的工作频率低于400Hz，大大限制了其应用范围，在中小功率的变频器中，已经基本不用晶闸管了。目前已经产生了一些晶闸管派生器件，如快速晶闸管、双向晶闸管、光控晶闸管和逆导晶闸管等。

晶闸管具有四层PNPN结构，三端引线是A（阳极）、G（门极）、K（阴极），其符号如图5-10所示。

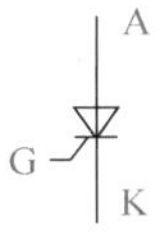

① 晶闸管的开通条件：

阳极和阴极间承受正向电压时，在门极和阴极间也加正向电压；

当阳极电流上升到擎住电流后，门极电压信号即失去作用，若撤去门极信号，晶闸管可继续导通（擎住电流是使晶闸管由关断到导通的最小电流）；

图5-10　晶闸管的符号

② 晶闸管的关断条件：晶闸管阳极电流I_A小于维持电流I_H（维持电流I_H是保持晶闸管导通的最小电流）。

③ 晶闸管的伏安特性：指晶闸管的阳极和阴极电压U_A和晶闸管的阳极和阴极电流I_A之间的关系特性，如图5-11所示。

（2）电力场效应晶体管（MOSFET）

电力场效应晶体管产生于20世纪70年代，是一种电压控制型单极晶体管。它通过栅极

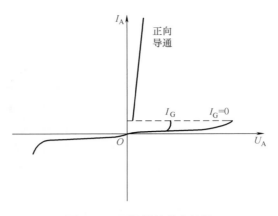

图5-11 晶闸管的伏安特性

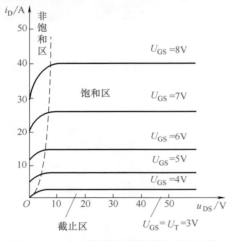
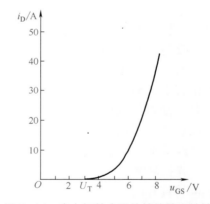

图5-12 电力场效应晶体管的符号

电压来控制漏极电流。目前电力场效应晶体管的容量水平达到1000V、2A、2MHz，60V、200A、2MHz。其符号如图5-12所示。

① 电力场效应晶体管的伏安特性和输出特性　电力场效应晶体管的伏安特性如图5-13所示，分为非饱和区、饱和区和截止区。电力场效应晶体管的输出特性如图5-14所示。

图5-13 电力场效应晶体管的伏安特性　　　　图5-14 电力场效应晶体管的输出特性

② 电力场效应晶体管的导通和截止条件

导通条件：当漏源极电压 U_{DS} 加正向电压，且栅源极电压 U_{GS} 大于开启电压 U_T 时，电力场效应晶体管导通。

截止条件：当漏源极电压 U_{DS} 加正向电压，且栅源极电压 U_{GS} 为0时，电力场效应晶体管截止。

③ 电力场效应晶体管的优缺点

优点：驱动功率小，开关速度快，没有二次击穿问题，安全工作区广，耐破坏性强。

缺点：电流容量小，耐压低，通态压降大，不适合大功率场合。

(3) 绝缘栅双极型晶体管（IGBT）

绝缘栅双极型晶体管（IGBT）是20世纪80年代问世的一种新型复合电力电子器件，是一种N槽道增强型场控（电压）复合器件。它属于少子器件类型，却兼有MOSFET和双极性器件（GTR）的高输入阻抗、开关速度快、安全工作区域宽，饱和压降低、甚至接近于GTR的饱和压降，耐压高、电流大等优点。因此，IGBT是一种比较理想的电力电子器件，近年来发展十分迅速，应用最为广泛。目前IGBT的容量达到1800~3300V、1200~1600A，工作频率40kHz。其符号如图5-15所示，其等效电路如图5-16所示，IGBT相当于一个由MOSFET驱动的厚基区GTR。

图5-15　绝缘栅双极型晶体管的符号

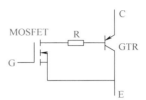

图5-16　绝缘栅双极型晶体管的等效电路

① 绝缘栅双极型晶体管的伏安特性　绝缘栅双极型晶体管的伏安特性如图5-17所示。

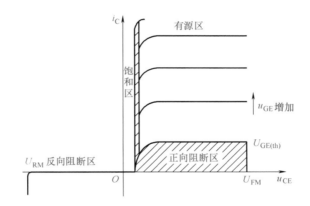

图5-17　绝缘栅双极型晶体管的伏安特性

② 绝缘栅双极型晶体管的导通和截止条件

导通条件：U_{CE}加正压，且门极电压$U_G > U_{GE(th)}$（开启电压），绝缘栅双极型晶体管导通。

截止条件：门极电压$U_G < U_{GE(th)}$（开启电压），绝缘栅双极型晶体管截止。

③ 优点　驱动功率小，开关速度快，电流容量大，耐压高，综合性能优良。

④ IGBT的类型　IGBT的类型主要有4种，包括一单元模块［如图5-18（a）］、单桥臂二单元模块［如图5-18（b）］、双桥臂四单元模块［如图5-18（c）］、三相桥六单元模块［如图5-18（d）］。

（4）集成门极换流晶闸管（IGCT）

集成门极换流晶闸管（IGCT）是可关断晶闸管（GTO）的派生器件，产生于20世纪90年代，是一种新型的电力电子器件。其基本结构是在GTO的基础上进行了改进，如特殊的环状门极、与管芯集成在一起的门极驱动电路等，使IGCT不仅具有与GTO相当的容量，而且具有优良的开通和关断能力。

目前，4000A、4500V及5500V的IGCT已研制成功。在大容量变频电路中，IGCT被广泛应用。

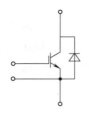

(a) 一单元模块

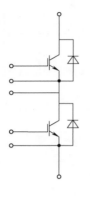

(b) 单桥臂二单元模块

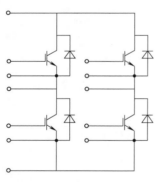

(c) 双桥臂四单元模块

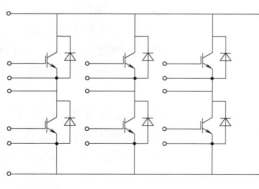

(d) 三相桥六单元模块

图5-18　绝缘栅双极型晶体管的类型

（5）智能功率模块（IPM）

IPM是将大功率开关器件和驱动电路、保护电路、检测电路等集成在同一个模块内，是电力集成电路的一种。

IPM的优点是高度集成化、结构紧凑，避免了由于分布参数、保护延迟所带来的一系列技术难题。适合逆变器高频化发展方向的需要。

目前，IPM一般以IGBT为基本功率开关元件，构成单相或三相逆变器的专用功能模块，在中小容量变频器中广泛应用。

（6）整流模块

整流模块的作用就是将直流电整流成交流电。

全桥整流的原理图如图5-19所示，当交流电位于0~π相位时，二极管VD1、VD3导通，当交流电位于π~2π相位时，二极管VD2、VD4导通。整流前输入的电流是正弦波，如图5-20的上部，经过全桥整流后，电流的波形变成直流电，如图5-20的下部。

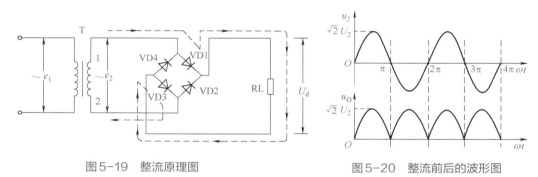

图5-19　整流原理图　　　　　　　　　图5-20　整流前后的波形图

实际的伺服驱动器中的整流桥并不需要由二极管搭建，而是采用商品化的整流桥模块，其外形如图5-21所示。

（7）制动电阻

制动电阻主要用于伺服驱动器控制电机快速停车的机械系统中，帮助电机将其因快速停车所产生的再生电能转化为热能，即能耗制动。制动电阻是可选件，一般是波纹电阻，其外形如图5-22所示。

图5-21　整流模块外形　　　　　　　　　图5-22　制动电阻外形

制动电阻不能随意选用，它有一定的范围。制动电阻太大，功率就小，制动不迅速，制动电阻太小，又容易烧毁开关原件。有的小型变频器的制动电阻内置在变频器中，但在高频率制动或重力负载制动时，内置制动电阻的散热不理想，容易烧毁，因此要改用大功率的外接制动电阻。选用制动电阻时，要选择低电感结构的电阻器，连线要短，并使用双绞线。

制动电阻的具体阻值计算可以采用以下公式：

$$R_{\mathrm{t}} = \frac{U_{\mathrm{DH}}^2}{0.1048(T_{\mathrm{B}} - 0.2T_{\mathrm{N}})n_{\mathrm{N}}}$$

式中　R_{t}——制动电阻的计算值，Ω；

$\quad\quad U_{\mathrm{DH}}$——直流电压的最大值，V；

$\quad\quad T_{\mathrm{B}}$——拖动系统要求的制动转矩，$\mathrm{N\cdot M}$；

$\quad\quad T_{\mathrm{N}}$——电动机的额定转矩，$\mathrm{N\cdot M}$；

$\quad\quad n_{\mathrm{N}}$——电动机的额定转速，$\mathrm{r/min}$。

通常上式中：

$$T_{\mathrm{B}} = kT_{\mathrm{N}}$$

一般 $k=1\sim2$，但多数情况下，取 $k=1$ 就可以了。对于惯性较大的负载，根据实际情况，增加系数 k 即可。

U_{DH} 是直流电压的最大值，U_{DH} 一般可以取650V，这是因为，我国的线电压是380V，经过全桥整流后电压为 $1.35\times380=513$V，又因为我国的电网的电压的波动较大，可以达到 $\pm20\%$（国外的电网波动约为 $\pm10\%$），因此，$U_{\mathrm{DH}}=1.2\times513=616$V，所以取650V较为合理（有的资料取700V，也是合理的）。有的资料上的公式和参数与以上略有不同，但结果出入不大。

5.3　伺服驱动器

伺服驱动器的控制框图如图5-23所示，图中的上部是主回路，图中的下部是控制回路。

伺服驱动器的主电路是将电源为50Hz 的交流电整流为电压、频率可变的交流电的装置，它由整流、电容、再生制动和逆变四部分组成。伺服驱动器的控制电路主要包括位置环、速度环和电流环（也称力矩环）三部分，即常说的"三环控制"。位置环是外环。

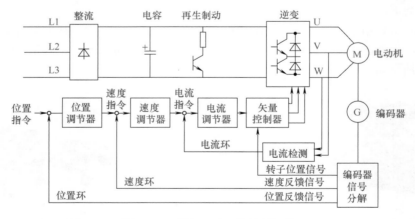

图5-23　伺服驱动器的控制框图

5.3.1　交—直—交变换简介

电网的电压和频率是固定的。在我国低压电网的电压和频率380V、50Hz是不能变的。要想得到电压和频率都能调节的电源，只能从另一种能源变过来，即直流电。因此，交—直—交变频器（伺服驱动器）的工作可分为以下两个基本过程。

（1）交—直变换过程

就是先把不可调的电网的三相（或单相）交流电经整流桥整流成直流电。

（2）直—交变换过程

就是反过来又把直流电"逆变"成电压和频率都任意可调的三相交流电。交—直—交变频器（伺服驱动器）框图如图5-24所示。

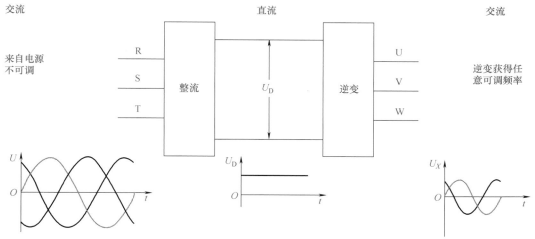

图5-24　交—直—交变频器（伺服驱动器）框图

5.3.2　变频变压的原理

（1）变频变压的原因

我们知道，电动机的转速公式为：

$$n = \frac{60f(1-s)}{p}$$

式中　n——电动机的转速；

f——电源的频率；

s——转差率；

p——电动机的磁极对数。

很显然，改变电动机的频率f就可以改变电动机的转速。但为什么还要改变电压呢？这是因为电动机的磁通量满足如下公式：

$$\Phi_{\mathrm{m}} = \frac{E_{\mathrm{g}}}{4.44fN_{\mathrm{s}}k_{\mathrm{ns}}} \approx \frac{U_{\mathrm{s}}}{4.44fN_{\mathrm{s}}k_{\mathrm{ns}}}$$

式中　Φ_{m}——电动机的每极气隙的磁通量；

f——定子的频率；

N_{s}——定子绕组的匝数；

k_{ns}——定子基波绕组系数；

U_{s}——定子相电压；

E_{g}——气隙磁通在定子每相中感应电动势的有效值。

由于实际测量E_{g}比较困难，而U_{s}和E_{g}大小近似，所以用U_{s}代替E_{g}。又因为在设计电动机时，电动机的每极气隙的磁通量Φ_{m}接近饱和值，因此降低电动机频率时，如果U_{s}不降低，那么势必使得Φ_{m}增加，而Φ_{m}接近饱和值，不能增加，所以导致绕组线圈的电流急剧上升，从而造成烧毁电动机的绕组。所以变频器在改变频率的同时，要改变 U_s，通常保持磁通为一个恒定的数值，也就是电压和频率成一个固定的比例，满足如下公式：

$$\frac{U_s}{f} = \text{const}$$

(2) 变频变压的实现的方法

变频变压的实现的方法有脉幅调制（PAM）、脉宽调制（PMW）和正弦脉宽调制（SPWM）。以下分别介绍。

① 脉幅调制（PAM） 就是在频率下降的同时，使直流电压下降。因为晶闸管的可控整流技术已经成熟，所以在整流的同时使直流电的电压和频率同步下降。PAM调制如图5-25所示，图（a）中频率高，整流后的直流电压也高，图（b）中频率低，整流后的直流电压也低。

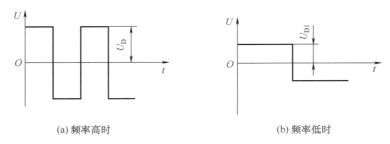

(a) 频率高时   (b) 频率低时

图5-25　PAM调制

脉幅调制比较复杂，因为要同时控制整流和逆变两个部分，现在使用并不多。

② 脉宽调制（PWM） 脉冲宽度调制（PWM，Pulse Width Modulation），简称脉宽调制，是利用微处理器的数字输出来对模拟电路进行控制的一种非常有效的技术，最早用于无线电领域，现广泛应用在从测量、通信到功率控制与变换的许多领域中。由于PWM控制技术具有控制简单、灵活和动态响应好的优点，所以其成为电力电子技术应用最广泛的控制方式，也是人们研究的热点。其可用于直流电动机调速和阀门控制，比如现在的电动车电动机调速就是使用这种方式。

占空比（duty ratio）就是在一串脉冲周期序列中（如方波），脉冲的持续时间与脉冲总

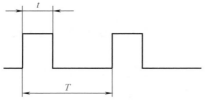

图5-26　脉冲波形

周期的比值。脉冲波形如图5-26所示。占空比公式如下：

$$i = \frac{t}{T}$$

对于变频器的输出电压而言，PWM实际就是将每半个周期分割成许多个脉冲，通过调节脉冲宽度和脉冲周期的"占空比"来调节平均电压，占空比越大，平均电压越大。

PWM的优点是只需要在逆变侧控制脉冲的上升沿和下降沿的时刻（即脉冲的时间宽度），而不必控制直流侧，因而大大简化了电路。

③ 正弦脉宽调制（SPWM） 所谓正弦脉宽调制（SPWM，Sinusoidal Pulse Width Modulation），就是在PWM的基础上改变了调制脉冲方式，脉冲宽度时间占空比按正弦规律排列，这样输出波形经过适当的滤波可以做到正弦波输出。

正弦脉宽调制的波形如图5-27所示，图形上部是正弦波，图形的下部就是正弦脉宽调

制波，将图中正弦波与时间轴围成的面积分成7块，每一块的面积与下面的矩形面积相等，也就是说正弦脉宽调制波等效于正弦波。

SPWM的优点：由于电动机绕组具有电感性，因此，尽管电压是由一系列的脉冲波构成，但通入电动机的电流（电动机绕组相当于电感，可对电流进行滤波）十分接近于正弦波。

载波频率，所谓载波频率是指变频器输出的PWM信号的频率。一般为0.5~12kHz之间，可通过功能参数设定。载波频率提高，电磁噪声减少，电动机获得较理想的正弦电流曲线。开关频率高，电磁辐射增大，输出电压下降，开关元件耗损大。

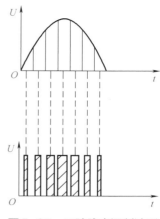

图5-27　正弦脉宽调制波形

5.3.3　正弦脉宽调制波的实现方法

正弦脉宽调制有两种方法，即单极性正弦脉宽调制和双极性脉宽调制。双极性脉宽调制使用较多，而单极性正弦脉宽调制很少使用，但其简单，容易说明，故首先加以介绍。

（1）单极性SPWM法

单极性正弦脉宽调制波形如图5-28所示，正弦波是调制波，其周期决定于需要的给定频率f_X，其振幅U_X按比例U_X/f_X，随给定频率f_X变化。等腰三角波是载波，其周期决定于载波频率，原则上随着载波频率而改变，但也不全是如此，取决于变频器（伺服驱动器）的品牌，载波的振幅不变，每半周期内所有三角波的极性均相同（即单极性）。

如图5-28所示，调制波和载波的交点，决定了SPWM脉冲系列的宽度和脉冲的间隔宽度，每半周期内的脉冲系列也是单极性的。

单极性调制的工作特点：每半个周期内，逆变桥同一桥臂的两个逆变器件中，只有一个器件按脉冲系列的规律时通时断地工作，另一个完全截止；而在另半个周期内，两个器件的工况正好相反，流经负载的便是正、负交替的交变电流。

值得注意的是，变频器中并无三角波发生器和正弦波发生器，图5-28所示的交点，都是变频器中的计算机计算得来，这些交点是十分关键的，实际决定了脉冲的上升时刻和下降时刻。

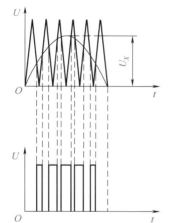

图5-28　单极性正弦脉宽调制波形

（2）双极性SPWM法

毫无疑问，双极性SPWM法是采用最为广泛的方法。单相桥式SPWM逆变电路如图5-29所示。

双极性正弦脉宽调制波形图如图5-30所示，正弦波是调制波，其周期决定于需要的给定频率f_X，其振幅U_X按比例U_X/f_X，随给定频率f_X变化。等腰三角波是载波，其周期决定于载波频率，原则上随着载波频率而改变，但也不全是如此，取决于变频器的品牌，载波的振幅不变。调制波与载波的交点决定了逆变桥输出相电压的脉冲系列，此脉冲系列也是双极性的。

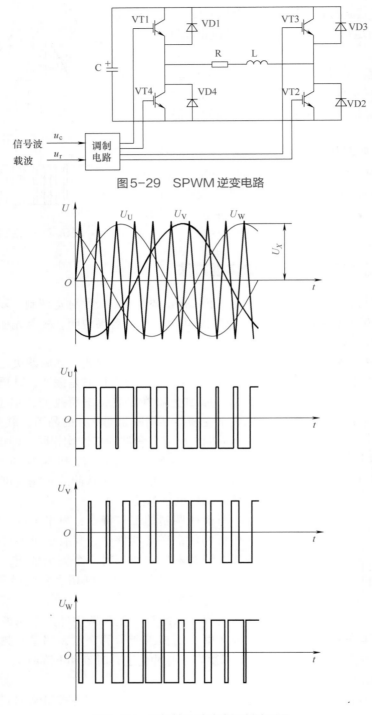

图5-29　SPWM逆变电路

图5-30　双极性正弦脉宽调制波形图

但是，由相电压合成为线电压（$U_{UV} = U_U - U_V$，$U_{VW} = U_V - U_W$，$U_{WV} = U_W - U_U$）时，所得到的线电压脉冲系列却是单极性的。

双极性调制的工作特点：逆变桥在工作时，同一桥臂的两个逆变器件总是按相电压脉冲

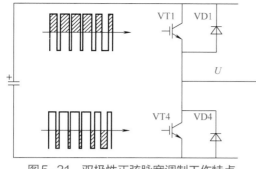

图5-31 双极性正弦脉宽调制工作特点

系列的规律交替地导通和关断。如图5-31所示，当VT1导通时，VT4关断，而VT4导通时，VT1关断。图中，正脉冲时，驱动VT1导通；负脉冲时，脉冲经过反相，驱动VT4导通。开关器件VT1和VT4交替导通，并不是毫不停息，必须先关断，停顿一小段时间（死区时间），确保开关器件完全关断，再导通另一个开关器件。而流过负载的电流是按线电压规律变化的交变电流。

5.3.4　交—直—交伺服驱动器的主电路

（1）整流与滤波电路

① 整流电路　整流和滤波回路如图5-32所示。整流电路比较简单，由6个二极管组成全桥整流（如果进线单相变频器，则需要4个二极管），交流电经过整流后就变成了直流电。

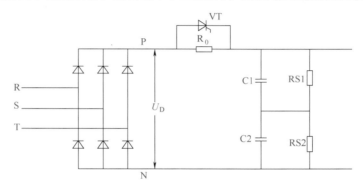

图5-32　整流和滤波回路

② 滤波电路　市电经过左侧的全桥整流后，转换成直流电，但此时的直流电有很多交流成分，因此需要经过滤波，电解电容器C1和C2就起滤波作用。实际使用的变频器的C1和C2上还会并联小容量的电容，主要是为了吸收短时间的干扰电压。

由于经过全桥滤波后直流U_D的峰值为380×1.35=513V，又因我国的电压波动许可范围是±20%，所以U_D的峰值实际可达616V，一般取U_D的峰值650~700V，而电解电容的耐压通常不超过500V，所以在滤波电路中，要将两个电容器串联起来，但又由于电容器的电容量有误差，所以每个电容器并联一个电阻（RS1和RS2），这两个电阻就是均压电阻，由于RS1=RS2，所以能保证两个电容的电压基本相等。

由于伺服驱动器都要采用滤波器件，滤波器件都有储能作用，以电容滤波为例，当主电路断电后，电容器上还存储有电能，因此即使主电路断电，人体也不能立即触碰变频器的导体部分，以免触电。一般变频器上设置了指示灯，这个指示灯并不是用于指示变频器是否通电的。而是作为电荷是否释放完成的标志，如果指示灯亮，表示电荷没有释放完成。

③ 限流　在合上电源前，电容器上是没有电荷的，电压为0V，而电容器两端的电压又是不能突变的。就是说，在合闸瞬间，整流桥两端（P、N之间）相当于短路。因此，在合上电源瞬间，会有很大的冲击电流，这有可能损坏整流管。因此为了保护整流桥，在回路上

接入一个限流电阻R0，但限流电阻一直接入回路中有两个坏处：一是电阻要耗费电能，特别是大型伺服驱动器更是如此；二是R0的分压作用使得逆变后的电压将减少，这是非常不利的（举例说，假设R0一直接入，那么当变频器的输出频率与输入的市电一样大时（50Hz），变频器的输出电压小于380V）。因此，变频器启动后，晶闸管VT（也可以是接触器的触头）导通，短接R0，使伺服驱动器在正常工作时，R0不接入电路。

通常变频器使用电容滤波，而不采用π形滤波，因为π形滤波要在回路中接入电感器，电感器的分压作用也类似于图5-32中R0的分压，使得逆变后的电压减少。

（2）逆变电路

1）逆变电路的工作原理　交—直—交伺服驱动器中的逆变器一般是三相桥式电路，以便输出三相交流变频电源。如图5-33所示，6个电力电子开关器件VT1~VT6组成三相逆变器主电路，图中的VT符号代表任意一种电力电子开关器件，控制各开关器件轮流导通和关闭，可使输出端得到三相交流电压。在某一瞬间，控制一个开关器件关断，控制另一个开关器件导通，就实现了两个器件之间的换流。在三相桥式逆变器中有180°导通型和120°导通型两种换流方式，以下仅介绍180°导通型换流方式。

当VT1关断后，使VT4导通，而 VT4断开后，使 VT1导通。实际上，每个开关器件，在一个周期里导通的区间是180°，其他各相也是如此。每一时刻都有3个开关器件导通，但必须防止同一桥臂上、下两个开关器件（如VT1和VT4）同时导通，因为这样会造成直流电源短路，即直通。为此，在换流时，必须采取"先关后通"的方法，即先给要关断开关器件发送关断信号，待其关断后留一定的时间裕量，叫做"死区时间"，再给要导通开关器件发送导通信号。死区时间的长短，要根据开关器件的开关速度确定，例如MOSFET的死区时间就可以很短，设置死区时间是非常必要的，在安全的前提下，死区时间越短越好，因为死区时间会造成输出电压畸变。

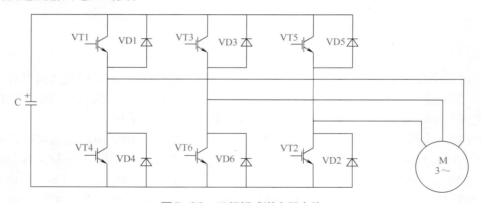

图5-33　三相桥式逆变器电路

2）反向二极管的作用　如图5-34所示，逆变桥的每个逆变器件旁边都反向并联一个二极管，以一个桥臂的为例说明，其他的桥臂也是类似的，如图5-34所示。

① 在0~t_1时间段，电流i和电压u的方向是相反的，是绕组的自感电动势（反电动势）克服电源电压做功，这时的电流通过二极管VD1流向直流回路，向滤波电容器充电。如果没有反向并联的二极管，电流的波形将发生畸变。

② 在t_1~t_2时间段，电流i和电压u的方向是相同的，电源电压克服绕组自感电动势做功，这时滤波电容向电动机放电。

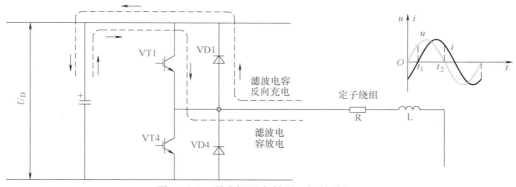

图5-34 逆变桥反向并联二极管的作用

5.3.5 伺服驱动器的控制电路

伺服驱动器的控制电路比变频器复杂得多，变频器的基本应用是开环控制，当附加编码器并通过 PG 板反馈后才形成闭环控制，而伺服驱动器的三种控制方式均为闭环控制。控制电路原理如图 5-17 所示。由图可知，控制电路由三个闭合的环路组成，其中内环为电流环，外环为速度环和位置环。现将伺服驱动器的三种控制方式简介如下。

① 位置控制。位置控制是伺服中最常用的控制，位置控制模式一般是通过外部输入脉冲的频率来确定转动速度大小的，通过脉冲的个数确定转动的角度，当然也能用通信的方式给定，所以一般应用于定位装置。位置控制由位置环和速度环共同完成。在位置环输入位置指令脉冲，编码器反馈的位置信号也以脉冲形式送入输入端，在偏差计数器进行偏差计数，计数的结果经比例放大后作为速度环的指令速度值，经过速度环的 PID 控制作用使电动机运行速度保持与输入位置指令的频率一致。当偏差计数为 0 时，表示运动位置已到达。

② 速度控制。通过模拟量的输入、脉冲的频率、通信方式对转动速度进行控制。速度控制 是由速度环完成的，当输入速度给定指令后，由编码器反馈的电动机速度被送到速度环的输入端与速度指令进行比较，其偏差经过速度调节器处理后通过电流调节器和矢量控制器电路来调节逆变功率放大电路的输出使电动机的速度趋近指令速度，保持恒定。

速度调节器实际上是一个 PID 控制器。对 P、I、D 控制参数进行整定就能使速度恒定在指令速度上。速度环虽然包含电流环，但这时电流并没有起输出转矩恒定的作用，仅起到输入转矩限制功能的作用。

③ 转矩控制。实际上是电流控制，通过外部模拟量的输入或对直接地址赋值来设定电动机轴对外输出转矩的大小，主要应用于需要严格控制转矩的场合。转矩控制由电流环组成。在变频器中采用编码器的矢量控制方式就是电流环控制。电流环又叫伺服环，当输入给定转矩指令后，驱动器将输出恒定转矩。如果负载转矩发生变化，电流检测和编码器将把电动机运行参数反馈到电流环输入端和矢量控制器，通过调节器和控制器自动调整电动机的转速变化。

伺服驱动器虽然有三种控制方式，但只能选择一种控制方式工作，可以在不同的控制方式间进行切换，但不能同时选择两种控制方式。

上面简单地介绍了伺服驱动器的主电路和控制电路的组成及其功能。主电路本质上是一个变频电路，它是由各种电子、电力元器件组成的，是一个硬件电路。控制电路根据信号的处理则分为模拟控制方式和数字控制方式两种：模拟控制方式是由各种集成运算放大器、电子元器件等组成的模拟电子线路实现的；数字控制方式则内含微处理器（CPU），由 CPU 和数字集成电路，加上使用软件算法来实现各种调节运算功能。数字控制方式的一个重要优点是真正实现了三环控制，而模拟控制方式只能实现速度环和电流环的控制。因此，目前进行位置控制的伺服驱动器都采用数字控制方式，而且主流的伺服驱动器均采用数字信号处理器（DSP）作为控制核心，可以实现比较复杂的控制算法，实现数字化、网络化和智能化。

5.4 伺服电动机

伺服电动机有直流电动机、交流电动机。此外，直线电动机和混合式伺服电动机也都是闭环控制系统，属于伺服电动机。

5.4.1 直流伺服电动机

直流伺服电动机（DC servo motor）以其调速性能好、启动力矩大、运转平稳、转速高等特点，在相当长的时间内，在电动机的调速领域占据着重要地位。随着电力电子技术的发展，特别是大功率电子器件问世以后，直流电动机开始逐步被交流伺服电动机取代。但在小功率场合，直流伺服电动机仍然有一席之地。

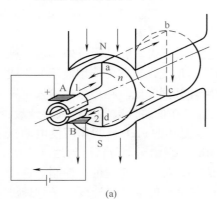

(a)

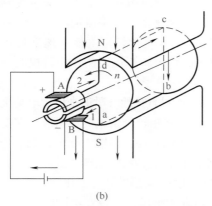

(b)

图5-35　有刷直流电动机的工作原理

（1）有刷直流电动机的工作原理

有刷直流电动机（brush DC motor）的工作原理如图5-35所示，图中N和S是一对固定的永久磁铁，在两个磁极之间安装有电动机的转子，上面固定有线圈abcd，线圈段有两个换向片（也称整流子）和两个电刷。

当电流从电源的正极流出，从电刷A、换向片1、线圈、换向片2、电刷B，回到电源负极时，电流在线圈中的流向是a→b→c→d。由左手定则知，此时线圈产生逆时针方向的电磁力矩。当电磁力矩大于电动机的负载力矩时，转子就逆时针转动。如图5-35（a）所示。

当转子转过180°后，线圈ab边由磁铁N极转到靠近S极，cd边转到靠近N极。由于电刷与换向片接触的相对位置发生了变化，线圈中的电流方向变为d→c→b→a。再由左手定则知，此时线圈仍然产生逆时针方向的电磁力矩，转子继续保持逆时针方向转动。如图5-35（b）所示。

电动机在旋转过程中，由于电刷和换向片的作用，直流电流交替在线圈中正向、反向流动，始终产生同一方向的电磁力矩，使得电动机连续旋转。同理，当外接电源反向连接，电动机就会顺时针旋转。

（2）无刷直流电动机的工作原理

无刷直流电动机（brushless DC motor）的结构如图5-36所示，为了实现无刷换向，无刷直流电动机将电枢绕组安装在定子上，而把永久磁铁安装在转子上，该结构与传统的直流电动机相反。由于去掉了电刷和整流子的滑动接触换向机构，消除了直流电动故障的主要根源。

常见的无刷直流电动机为三相永磁同步电动机，其原理如图5-37所示，无刷电动机的换向原理是：采用三个霍尔元件，用作转子的位置传感器，安装在圆周上相隔120°的位置上，转子上的磁铁触发霍尔元件产生相应的控制信号，该信号控制晶体管VT_1、VT_2、VT_3有序地通断，使得电动机上的定子绕组U、V、W随着转子的位置变化而顺序通电、换相，形成旋转磁场，驱动转子连续不断地运动。无刷直流伺服电动机采用的控制技术和交流伺服电动机是相同的。

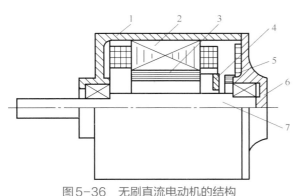

图5-36　无刷直流电动机的结构

1—机壳；2—定子线圈；3—转子磁钢；4—传感器；5—霍尔元件；
6—端盖；7—轴

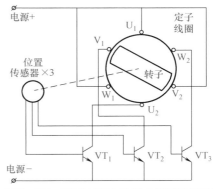

图5-37　无刷直流电动机的换流原理图

（3）直流电动机的控制原理

直流电动机的转速控制通常采用脉宽调制PWM（pulse width modulation）方式，如图5-38所示，方波控制信号V_b控制晶体管VT的通断，也就是控制电源电压的通断。V_b为高电平时，晶体管VT导通，电源电压施加在电动机上，产生电流i_m。由于电动机的绕组是感性负载，电流i_m有一个上升过程。V_b为低电平时，晶体管VT断开，电源电压断开，但是电动机绕组中存储的电能释放出来，产生电流i_m，电流i_m有一个下降的过程。

占空比就是在一段连续工作时间内脉冲（高电平）占用的时间与总时间的比值。直流电动机就是靠控制脉冲信号的占空比来调速的。当控制脉冲信号的占空比是60%时，也就是高电平占总时间的60%时，施加在电动机定子绕组上的平均电压是$0.6U$。当系统稳定运行时，电动机绕组中的电流平均值也是峰值的0.6。显然控制信号的占空比决定了施加在电动机上平均电流和平均电压，也就控制了电动机的转速。无刷直流电动机的电流曲线如图5-39所示。

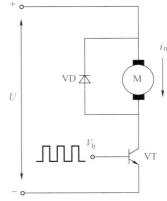

图5-38　无刷直流电动机的速度控制原理图

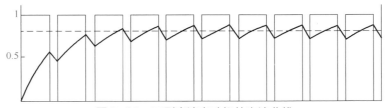

图5-39　无刷直流电动机的电流曲线

5.4.2　交流伺服电动机

随着大功率电力电子器件技术、新型变频器技术、交流伺服技术、计算机控制技术的发展，到20世纪80年代，交流伺服技术得到迅速发展，在欧美已经形成交流伺服电动机的新兴产业。20世纪中后期德国和日本的数控机床产品的精密进给驱动系统大部分已使用交流伺服系统，而且这个趋势一直延续到今天。

交流伺服电动机与直流电动机相比有如下优点：

① 结构简单、无电刷和换向器，工作寿命长；

② 线圈安装在定子上，转子的转动惯量小，动态性能好；

③ 结构合理，功率密度高。比同体积直流电动机功率高。

（1）交流同步伺服电动机

常用的交流伺服同步电动机是永磁同步伺服电动机，其结构如图5-40所示。永磁材料

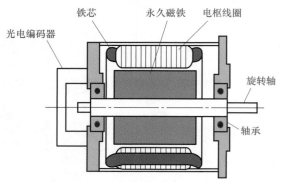

图5-40　交流伺服电动机的结构

对伺服电动机的外形尺寸、磁路尺寸和性能指标影响很大。现在交流伺服电动机的永磁材料都采用稀土材料钕铁硼，它具有磁能积高、矫顽力高、价格低等优点，为生产体积小、性能优、价格低的交流伺服电动机提供了基本保证。典型的交流同步伺服电动机有如西门子的1FK、1FT和1FW等。

永磁同步伺服电动机的工作原理与直流电动机非常类似，永磁同步伺服电动机的永磁体在转子上，而绕组在定子上，这正好和传统的有刷直流电动机相反。伺服驱动器给伺服电动机提供三相交流电，同时检测电动机转子的位置以及电动机的速度和位置信息，使得电动机在运行过程中，转子永磁体和定子绕组

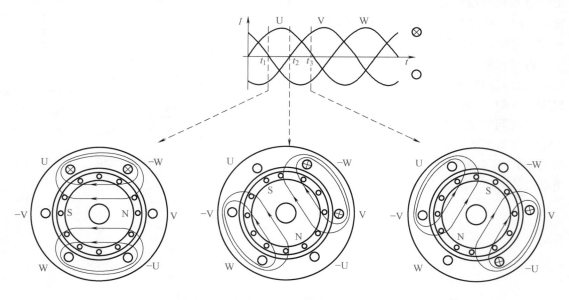

图5-41　交流异步伺服电动机的运行原理

产生的磁场在空间上始终垂直，从而获得最大的转矩。 永磁同步电动机的定子绕组通入的是正弦电，因此产生的磁通也是正弦型的。而转矩与磁通是成正比的关系。在转子的旋转磁场中，三相绕组在正弦磁场中，正弦电输入电动机定子的三相绕组，每相电产生相应的转矩，每相转矩叠加后形成恒定的电动机转矩输出。

（2）交流异步伺服电动机

交流伺服电动机除了有交流同步伺服电动机外，还有交流异步伺服电动机，异步伺服电动机一般有位置和速度反馈测量系统，典型的交流异步伺服电动机有1PH7、1PH4和1PL6等。与同步电动机相比，异步电动机的功率范围更大，从几千瓦到几百千瓦不等。

异步电动机的定子气隙侧的槽里嵌入了三相绕组，当电动机通入三相对称交流电时，产生旋转磁场。这个旋转磁场在转子绕组或者导条中感应出电动势。由于感应电动势产生的电流和旋转磁场之间的作用产生转矩而使得电动机的转子旋转。如图5-41所示为交流异步伺服电动机的运行原理，可见，磁场随着时间推移在不断旋转。

5.4.3 偏差计数器和位置增益

在位置环中，位置调节器由偏差计数器和位置增益控制器组成，如图 5-42 所示。

（1）偏差计数器和滞留脉冲

偏差计数器的作用是对指令脉冲数进行累加，同时减去来自编码器的反馈脉冲。由于指令脉冲与反馈脉冲存在一定的延迟时间差，这就决定了偏差计数器必定存在一定

图5-42　位置调节器的框图

量的偏差脉冲，这个脉冲称为滞留脉冲。在位置控制中滞留脉冲非常重要，它决定了电动机的运行速度和运行位置。

滞留脉冲作为偏差计数器的输入脉冲指令，经位置增益控制器比例放大后作为速度环的速度指令对电动机进行速度和位置控制。速度指令和滞留脉冲成正比。当滞留脉冲不断增加时，电动机做加速运行。加速度与滞留脉冲的增加率有关，当滞留脉冲不再增加时，电动机以一定速度匀速运行。当滞留脉冲减少时，电动机进行减速运行。当滞留脉冲为零时，电动机马上停止运行。

图5-43所示显示了滞留脉冲对电动机转速和定位控制过程的影响。以下将详细说明。

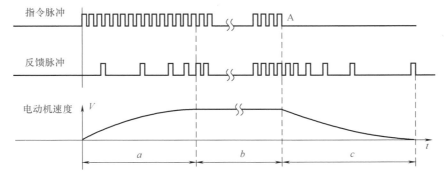

图5-43　滞留脉冲与电动机速度的关系

① 加速运行 指令脉冲驱动条件成立后把一定频率、一定数量的指令脉冲送入偏差计数器，而由于相应的延迟和电动机从停止到快速运转需要一定的时间，这就使得反馈脉冲的输入速度远低于指令脉冲的输入速度，偏差计数器的滞留脉冲越来越多，随着滞留脉冲的增加，电动机的速度也越来越快。随着电动机转速的增加，反馈脉冲加入的频率也越来越快，这就使得滞留脉冲的增加开始放慢，而滞留脉冲的增加放慢又使得电动机的加速放慢，这一点从图上电动机的加速曲线可以看出。当电动机的转速达到指令脉冲所指定的速度时，指令脉冲的输入和反馈脉冲的输入达到平衡，而滞留脉冲不再增加，电动机进入匀速运行阶段。

② 匀速运行 在这一阶段，由于指令脉冲的输入和反馈脉冲的输入已经平衡，不会产生新的滞留脉冲，所以当偏差计数器中的滞留脉冲一定时，电动机就以指定的速度匀速运行。当指令脉冲的数量达到指令的目标值时（它表示位置已到），指令脉冲马上停止输出，如图中 A 点。但电动机由于偏差计数器中仍然存在滞留脉冲，所以不会停止运行而进入减速运行阶段。

③ 减速运行 在这一阶段，指令脉冲已停止输入，仅有反馈脉冲输入，而每一个反馈脉冲的输入都会使滞留脉冲减少，滞留脉冲的减少又使电动机转速降低，就这样电动机转速越来越低，直到最后一个滞留脉冲被抵消为止，滞留脉冲数变为0，电动机也马上停止运行。从减速过程可以看出随着滞留脉冲减少而电动机的速度越来越低，最后停在预定位置上的控制方式可以获得很高的控制精度。

(2) 位置增益

偏差计数器的输出是其滞留脉冲数，一般来说，该脉冲数转换成速度指令的量值较小，必须将其放大后才能转换成速度指令。这个起滞留脉冲放大作用的装置就是位置增益控制器。增益就是放大倍数。

位置调节器的增益设置对电动机的运动有很大影响。增益设置较大，动态响应好，电动机反应及时，位置滞后量较小，但也容易使电动机处于不稳定状态，产生噪声及振动（来回摆动），停止时会出现过冲现象。增益设置较小，虽然稳定性得到提高，但动态响应变差，位置滞后量增大，定位速度太慢，甚至脉冲停止输出很久都不能及时停止。仅当位置增益调至适当时，定位的速度和精度才达到最好。

位置增益的设置与电动机负载的运动状况、工作驱动方式和机构安装方式都有关系。在伺服驱动器中，位置增益一般情况下都使用自动调谐模式，由驱动器根据负载的情况自动进行包括位置增益在内的多种参数设定。仅当需要手动模式对位置增益进行调整时才人工对该增益进行设置。

(3) 反馈脉冲分辨率

图5-44中，编码器脉冲经4倍频后作为反馈脉冲输入偏差计数器，以下对4倍频进行讲解。

当编码器的输出脉冲波形为A-B相脉冲时，每一组A-B相脉冲都有两个上升沿 a、b 和两个下降沿c、d。把A-B相脉冲经过一个电路对其边沿行检测并做微分处理得到四个微分脉冲，然后再对这四个微分脉冲进行计数，得到四倍于编码器脉冲的脉冲串，图中的四倍频电路实际上就是一个对A-B相脉冲边沿进行微分处理并计数的电路，然后把这个4倍频的脉冲作为反馈脉冲送入偏差计数器与指令脉冲抵消而产生滞留脉冲。这样做有什么好处呢？在伺服定位控制中，编码器的每周脉冲数（也称编码器的分辨率）与定位精度有很大关系。分辨率越高，定位精度也就越高。通过4倍频电路一下子就把编码器的分辨率提高了4倍，定位精度也提高了4倍。这就是伺服驱动器中广泛采用4倍频电路的原因。为了区别起见，把

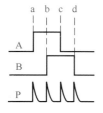

图5-44　4倍频说明

编码器的每周脉冲数仍称为每周脉冲数（pls/r），而把输入到偏差计数器的反馈脉冲数称为编码器的分辨率，其含义为电动机转动一圈所需的脉冲数。在定位控制的相关计算中，如电动机的转速、电子齿轮比的设置等，使用的是编码器的分辨率而不是编码器的每周脉冲数。因此，当涉及定位控制相关计算时，必须注意生产商关于编码器的标注：如标注为每周脉冲数，则必须乘4转换成电动机一圈脉冲数；如标注为分辨率，则直接为电动机一圈脉冲数。

5.5　编码器

5.5.1　编码器简介

伺服系统常用的检测元件有光电编码器、光栅和磁栅等，而以光电编码器最为常见。以下将详细介绍光电编码器。

编码器（encoder）是将信号（如比特流）或数据进行编制、转换为可用以通信、传输和存储的信号形式的设备，编码器主要用于测量电动机的旋转角位移和速度。编码器把角位移或直线位移转换成电信号，前者称为码盘，后者称为码尺。光电编码器的外形如图5-45所示。

图5-45　光电编码器的外形

编码器的分类如下。

（1）按码盘的刻孔方式（工作原理）不同分类

① 增量型。就是每转过单位的角度就发出一个脉冲信号（也有发正余弦信号，然后对其进行细分，斩波出频率更高的脉冲），通常为A相、B相、Z相输出，A相、B相为相互延迟1/4周期的脉冲输出，根据延迟关系可以区别正反转，而且通过取A相、B相的上升和下降沿可以进行2或4倍频；Z相为单圈脉冲，即每圈发出一个脉冲。

② 绝对值型。就是对应一圈，每个基准的角度发出一个唯一与该角度对应二进制的数值，通过外部记圈器件可以进行多个位置的记录和测量。

（2）按信号的输出类型分

有电压输出、集电极开路输出、推拉互补输出和长线驱动输出。

（3）以编码器机械安装形式分类

① 有轴型。有轴型又可分为夹紧法兰型、同步法兰型和伺服安装型等。

② 轴套型。轴套型又可分为半空型、全空型和大口径型等。

（4）以编码器工作原理可分

有光电式、磁电式和触点电刷式。

5.5.2　增量式编码器

（1）光电编码器的结构和工作原理

如图5-46所示，可用于说明透射式旋转光电编码器的原理。在与被测轴同心的码盘上刻制了按一定编码规则形成的遮光和透光部分的组合。在码盘的一边是发光二极管或白炽灯光源，另一边则是接收光线的光电器件。码盘随着被测轴的转动使得透过码盘的光束产生间断，通过光电器件的接收和电子整形电路的处理，产生特定方波电信号的输出，再经过数字处理可计算出位置和速度信息。

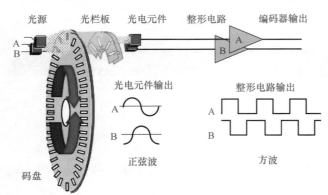

图5-46　透射式旋转光电编码器的原理

（2）编码器的应用场合

① 数控机床及机械附件。

② 机器人、自动装配机、自动生产线。

③ 电梯、纺织机械、缝制机械、包装机械（定长）、印刷机械（同步）、木工机械、塑料机械（定数）、橡塑机械。

④ 制图仪、测角仪、疗养器、雷达等。

⑤ 起重行业。

5.5.3　绝对值编码器

绝对型旋转光电编码器，因其每一个位置绝对唯一、抗干扰、无需掉电记忆，已经越来越广泛地应用于各种工业系统中的角度、长度测量和定位控制。

绝对编码器光码盘上有许多道刻线，每道刻线依次以2线、4线、8线、16线……编排，这样，在编码器的每一个位置，通过读取每道刻线的通、暗，获得一组从2的零次方到2的$n-1$次方的唯一的二进制编码（格雷码），这就称为n位绝对编码器。这样的编码器是由码盘的机械位置决定的，它不受停电、干扰的影响。绝对编码器由机械位置决定每个位置的唯一性，它无需记忆，无需找参考点，而且不用一直计数，什么时候需要知道位置，什么时候就去读取它的位置。这样，编码器的抗干扰特性、数据的可靠性就大大提高了。8421码盘如图5-47所示。

旋转单圈绝对式编码器，以转动中测量光码盘各道刻线，以获取唯一的编码，当转动超过360°时，编码又回到原点，这样就不符合绝对编码唯一的原则，这样的编码器只能用于旋转范围360°以内的测量，称为单圈绝对式编码器。

如果要测量旋转超过360°范围，就要用到多圈绝对式编码器，如图5-48所示。

利用钟表齿轮机械的原理，当中心码盘旋转时，通过齿轮

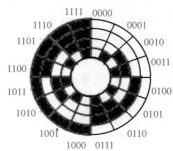

图5-47　8421码盘

传动另一组码盘（或多组齿轮，多组码盘），在单圈编码的基础上再增加圈数的编码，以扩大编码器的测量范围，这样的绝对编码器就称为多圈式绝对编码器，它同样是由机械位置确定编码，每个位置编码唯一不重复，而无需记忆。

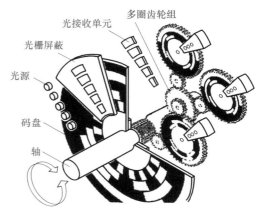

图5-48　多圈绝对式编码器

在绝对式编码器的码盘上沿径向方向有若干个同心码道，每条码道也是由透光码道组成的，这些透光缝隙是按照相应的码制关系来刻制的，为一绝对式编码器的光学图案码盘。码盘的一侧是光源，另一侧是感光元件，感光元件和码道的数量相对应，如图5-48所示。绝对值编码器的典型应用场合是机器人的伺服电动机。

5.5.4　编码器应用

（1）编码器的接线

编码器的输出主要有集电极开路输出、互补推挽输出和差动线性驱动输出形式。

集电极开路输出包含NPN和PNP两种形式，如图5-49所示。输出有效信号是+24V高电平有效信号的是PNP输出，输出有效信号是0V低电平有效信号的是NPN输出。

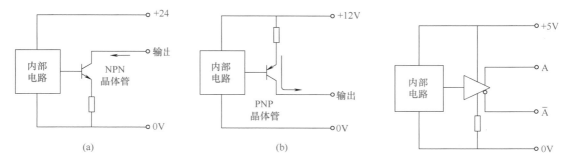

图5-49　集电极开路输出的接线　　　　　图5-50　差动线性驱动输出的接线

差动线性驱动输出的接线如图5-50所示。输出的信号是差分信号，如A（信号+）和$\overline{A}$（信号-）。

（2）编码器的应用举例

【例5-1】用光电编码器测量长度（位移），光电编码器为500线，电动机与编码器同轴相连，电动机每转一圈，滑台移动10mm，要求在HMI上实时显示位移数值（含正负），设计原理图。

【解】原理图如图5-51所示。

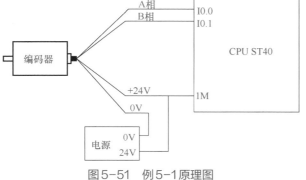

图5-51　例5-1原理图

第6章

西门子SINAMICS V90 伺服驱动系统接线与参数设置

伺服系统在工程中得到了广泛的应用，在我国日系的三菱伺服系统和欧系的西门子伺服系统都有不小的市场份额，本章讲解西门子SINAMICS V90伺服系统工程应用。

6.1 西门子伺服系统介绍

西门子公司把交流伺服驱动器也称为变频器。以下将介绍常用的西门子伺服系统。

（1）SINAMICS V

此系列变频器只涵盖关键硬件以及功能，因而实现了高耐用性。同时投入成本很低，操作可直接在变频器上完成。

① SINAMICS V60和V80：是针对步进电动机而推出的两款产品，当然也可以驱动伺服电动机。只能接收脉冲信号，有人称其为简易型的伺服驱动器。

② SINAMICS V90：有两大类产品：第一类主要针对步进电动机而推出，当然也可以驱动伺服电动机，能接收脉冲信号，也支持USS和Modbus总线；第二类支持PROFINET总线，不能接收脉冲信号，也不支持USS和Modbus总线。运动控制时配合西门子的S7-200 SMART PLC使用，性价比较高。也称为伺服变频器。

SINAMICS V90的特点是操作简单，具备伺服系统的基础性能和实用的功能，适用于控制要求不高的场合。目前的功率范围是0.1~7kW。

（2）SINAMICS S

SINAMICS S系列变频器是高性能变频器，功能强大，价格较高。

① SINAMICS S110：主要用于机床设备中的基本定位应用。

② SINAMICS S210：西门子新开发的小型伺服系统，目前的功率范围是0.05~7kW。其特点是结构简单、具有丰富的功能和高性能。

③ SINAMICS S120：可以驱动交流异步电动机、交流同步电动机和交流伺服电动机。其特点是功能丰富、高度灵活和具有超高性能，主要用于包装机械、纺织机械、印刷机械和机床设备中的定位应用。

④ SINAMICS S150：主要用于试验台、横切机和离心机等大功率场合。

6.2 SINAMICS V90伺服驱动系统

SINAMICS V90伺服驱动系统包括伺服驱动器和伺服电动机两部分，伺服驱动器和其对应的同功率的伺服电动机配套使用。SINAMICS V90伺服驱动器有两大类。

一类是通过脉冲输入接口直接接收上位控制器发来的脉冲系列（PTI），进行速度和位置控制，通过数字量接口信号来完成驱动器运行和实时状态输出。这类伺服系统还集成了USS和Modbus现场总线。

另一类是通过现场总线PROFINET进行速度和位置控制。这类伺服系统不支持USS和Modbus现场总线。顺便指出，西门子的主流伺服驱动系统一般为现场总线控制。目前在工业现场，西门子的SINAMICS V90 PN版本伺服系统更为常用。

6.2.1 SINAMICS V90伺服驱动器

图6-1 SINAMICS V90伺服驱动器的订货号的编号规则

（1）SINAMICS V90伺服驱动器的订货号的编号规则

SINAMICS V90伺服驱动器的订货号的编号规则如图6-1所示。

（2）脉冲系列伺服驱动器

脉冲系列伺服驱动器可以接收控制器（如PLC）的高速脉冲信号，也可以与控制器进行USS和Modbus通信。

从供电范围分类，可分为三相（单相）200V供电和三相400V供电两大类，前者用于小

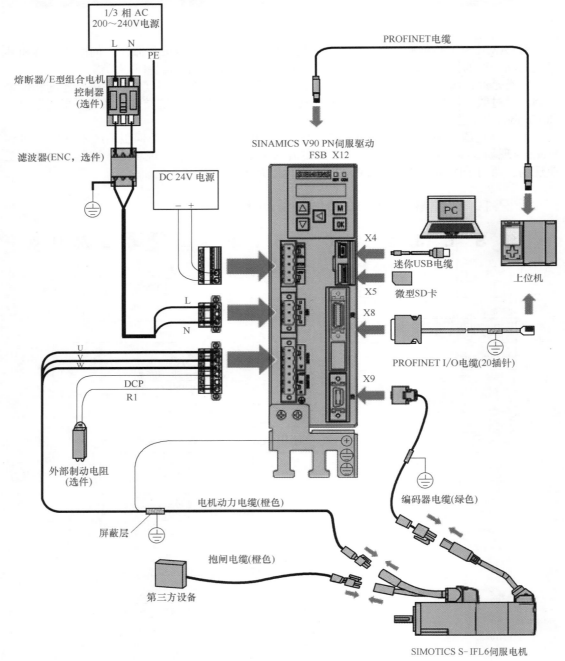

图6-2　SINAMICS V90伺服系统连接（PN版本，200V）

功率场合，后者用于相对大功率场合。

（3）PROFINET通信型伺服驱动器

PROFINET通信型伺服驱动器（简称PN版本），只能接收控制器（如PLC）的PROFINET通信信号，不能接收控制器发送来的高速脉冲信号，也不能进行USS和Modbus通信。

从供电范围分类，可分为三相（单相）200V供电和三相400V供电两大类，前者用于小功率场合，后者用于相对大功率场合。SINAMICS V90伺服系统的连接（PN版本，200V）如图6-2所示。

在图6-2中，伺服驱动系统（PN版本，200V）的器件的名称已经标注在图中，具体的说明可以参照表6-1。

表6-1　伺服系统（PN版本，200V）器件的含义

序号	名称	说明
1	V90伺服驱动	PN版本,200V单相交流电源
2	熔断器	可选件,在进线侧,起短路保护作用,可以不用
3	滤波器	可选件,在进线侧,起滤波和抗干扰作用,可以不用
4	24V直流电源	可选件,向驱动器提供24V电源,必须要用
5	外部制动电阻	可选件,连接在DCP和R1上,起能耗制动作用,可以不用
6	伺服电动机	SIMOTICS S-1FL6系列
7	PN电缆	PN电缆,PLC通过此电缆与伺服系统通信(如位置控制)
8	迷你USB电缆	通用迷你USB电缆，PC通过此电缆与伺服系统通信(如设置参数和调试)
9	SD	可选件,用于版本升级
10	上位机	通常是PLC
11	设定值电缆	20 针电缆,主要用于连接伺服系统的I/O信号,如数字量输入输出信号,可以不用
12	编码器电缆	连接伺服驱动器和编码器
13	屏蔽板	在V90包装中,用于连接屏蔽线
14	卡箍	用在电动机动力电缆上,起固定作用
15	电动机动力电缆	连接伺服驱动器和伺服电动机,向伺服电动机提供动力
16	抱闸电缆	400V供电型,连接在X7接口,用于抱闸;200V供电型,无X7接口,抱闸电缆在X8接口的数字量输出端子上

注意：交流200V输入型伺服驱动器的抱闸信号从X8接口输出，只有交流400V输入型伺服驱动器才有专用的抱闸输出接口X7。

（4）SINAMICS V90的性能特点

SINAMICS V90的性能特点介绍如下。

① 电源电压　从供电范围分类，可分为三相（单相）200V（220~240V）供电和三相400V（380~480V）供电两大类。其中单相200V输入的功率范围是0.1~0.75kW，三相200V输入的功率范围是0.1~2kW，三相400V输入的功率范围是0.4~7kW。

200V电压输入的伺服驱动器的安装尺寸是FSA、FSB、FSC和FSD。

400V电压输入的伺服驱动器的安装尺寸是FSAA、FSA、FSB和FSC。

② 接口　脉冲序列版，有RS485接口，支持PLC与驱动器的USS和Modbus协议通信；支持PLC发送的高速脉冲；有模拟量输入和输出端子，支持模拟量速度控制和转矩控制；数字量端子多，数字量输入端子10个，数字量输出端子8个。

PN版本，有PROFINET接口，支持PLC与驱动器的PROFINET协议通信；不支持PLC

发送的高速脉冲；无模拟量输入和输出端子，不支持模拟量速度控制和转矩控制；数字量端子少，数字量输入端子4个，数字量输出端子2个。

两个版本都支持MINI-USB接口，用于PC对伺服系统的参数修改和调试等操作。

③ 控制模式　脉冲序列版，支持速度控制（模拟量、多段和通信）、位置控制（PTI、Ipos、Modbus通信）和转矩控制，控制方式多样。

PN版本，支持基于PROFINET通信的速度控制、位置控制，不支持转矩控制，控制方式少。

④ 控制特性　脉冲序列版和PN版本，支持一键优化和实时优化功能；支持转矩限制；支持SINAMICS V-ASSISTANT调试工具；支持安全功能。

6.2.2　SINAMICS V90伺服电动机

(1) 转动惯量的概念

转动惯量，是刚体绕轴转动时惯性（回转物体保持其匀速圆周运动或静止的特性）的量度。在经典力学中，转动惯量（又称质量惯性矩，简称惯矩）通常以I或J表示。对于一个圆柱体，$I=mr^2/2$，其中m是其质量，r是圆柱体的半径。

可以把电动机的转子当成一个圆柱体，则电动机的转矩（T）与转动惯量（I）和角加速度（ε）的关系如下：

$$T = I\varepsilon = \frac{1}{2}mr^2\varepsilon$$

从公式可见：电动机转矩一定，转动惯量越小，可以获得越大的角加速度，即启动和停止更加迅速。而同样质量的电动机的转子，越细长，转动惯量越小。所以从外形上看，细长的电动机一般是低惯量电动机，而粗短的电动机是高惯量电动机。

低惯量电动机具有较好的动态性能，同样的启动转矩，能获得较大的角加速度，所以启停都迅速，用于经常起停和节拍快的场合。

高惯量电动机同样的启动转矩，能获得较小的角加速度，所以运行更加平稳，典型应用场合是机床。懂得这些道理对于正确选型是非常重要的。

(2) SINAMICS V90 伺服电动机

SINAMICS V90 伺服系统使用SIMOTICS S-1FL6 伺服电动机，主要包含高惯量电动机和低惯量电动机，其外形如图6-3所示。可以看出：低惯量电动机相对比较细长，而高惯量电动机相对比较粗短。

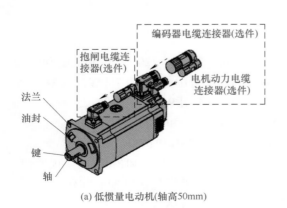

(a) 低惯量电动机(轴高50mm)　　　　　(b) 高惯量电动机(轴高45mm)

图6-3　SIMOTICS S-1FL6 伺服电动机外形

1）高惯量电动机　SIMOTICS S-1FL6高惯量电动机的介绍如下。

① 目前电动机的功率范围是0.4~7kW，共11个级别，目前没有大功率的伺服电动机。

② 最大转速4000r/min。

③ 有较好的低速稳定性能和扭矩精度。

④ 防护等级高，为IP65级别。

⑤ 能承受3倍过载。

⑥ 抱闸可选、增量式和绝对值编码器可选。

2）低惯量电动机　SIMOTICS S-1FL6低惯量电动机的介绍如下。

① 目前电动机的功率范围是0.05~2kW，共8个级别，目前没有大功率的伺服电动机。

② 最大转速5000r/min。

③ 有较高的动态性能。

④ 防护等级高，为IP65级别。

⑤ 能承受3倍过载。

⑥ 结构紧凑，占用的安装空间小。

⑦ 抱闸可选、增量式和绝对值编码器可选。

6.3　SINAMICS V90伺服驱动系统的接口与接线

6.3.1　SINAMICS V90伺服系统的强电回路接线

0601-
SINAMICS
V90伺服驱动系
统的接口与接线

SINAMICS V90伺服系统的主电路的接线虽然比较简单，但接错线的危害较大，以下将详细介绍接线。

（1）SINAMICS V90伺服系统的主电路接线

SINAMICS V90伺服驱动器的交流进线接线端子是L1、L2和L3，当输入电压是200V单相时，两根输入电源线接L1、L2和L3端子中任意两个都可以。当输入电压是三相电（200V或者400V）时，三根输入电源线接L1、L2和L3端子上即可。

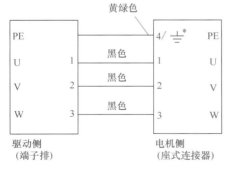

图6-4　伺服驱动器和伺服电动机的连接

SINAMICS V90伺服驱动器与伺服电动机的连线如图6-4所示，只要将伺服驱动器和电动机动力线U、V、W连接在一起即可。

（2）24V电源/STO端子的接线

24V电源/STO端子的定义见表6-2。

24V电源/STO端子的接线如图6-5所示，+24V和M端子是外部向伺服提供+24V的电源的端子。

（3）X7接口外部制动电阻的接线

必须先断开DCP和R2端子之间的连接，再连接外部制动电阻到DCP和R1端子之间。

表6-2   24V电源/STO端子的定义

接口	信号名称	描述
	STO1	安全扭矩停止通道1
	STO+	安全扭矩停止的电源
	STO2	安全扭矩停止通道2
	+24V	电源,DC 24V
	M	电源,DC 0V

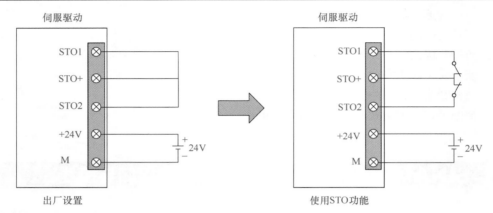

图6-5   24V电源/STO端子的接线

注意:在使用外部制动电阻时,若未移除DCP与R2端子之间的短接片,会导致驱动损坏。
图6-6所示是SINAMICS V90伺服系统强电回路的接线实例。

0602-
SINAMICS
V90伺服系统
的参数介绍

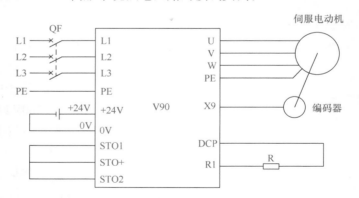

图6-6   SINAMICS V90伺服系统的强电回路

6.3.2   SINAMICS V90伺服系统的控制回路接线

控制回路的接线较为复杂,接线正确仅仅是基础,读者要认真理解各个端子的默认定义
功能以及各个端子对应参数修改后的功能,这些至关重要,否则将不能正确使用此系统。

脉冲序列版本伺服驱动器的控制/状态接口X8接口是50针,而PN版本的X8接口是20针。
其X8引脚定义见表6-3。X8引脚只使用了12个,其余引脚未定义。

表6-3　PN版本伺服驱动器X8的引脚定义

引脚	数字量输入/输出	参数	默认值/信号
1	DI1	p29301	2（RESET）
2	DI2	p29302	11（TLIM）
3	DI3	p29303	0
4	DI4	p29304	0
6	DI_COM	—	数字量输入公共端
7	DI_COM	—	数字量输入公共端
11	DO1+	p29330	2（FAULT）
12	DO1–		
13	DO2+	p29331	9（OLL）
14	DO2–		
17	BK+	—	抱闸信号+
18	BK–	—	抱闸信号–

　　PN版本伺服驱动器仅支持数字量输入/输出（DI/DO）。数字量输入端子是DI1~DI4（1~4号引脚），输出端子是DO1~DO2，每一个端子对应一个参数，每个参数都有一个默认值，对应一个特殊的功能，此功能可以通过修改参数而改变。比如1号引脚即DI1，对应的参数是P29301，参数的默认值是2，对应的功能是RESET，如果将此参数修改为3，对应的功能是CWL（顺时针超行程限位）。

　　数字量输入/输出（DI/DO）端子的详细定义见表6-4。

表6-4　数字量输入/输出（DI/DO）端子的详细定义

针脚	数字量输入/输出	参数	默认值/信号
1	DI1	p29301	2（RESET）
2	DI2	p29302	11（TLIM）
3	DI3	p29303	0
4	DI4	p29304	0
11	DO1	p29330	2（FAULT）
13	DO2	p29331	9（OLL）

　　常用数字量输入功能的含义见表6-5。

表6-5　常用数字量输入功能的含义

编号	名称	类型	描述
1	RESET	边沿0→1	0→1：复位报警
2	TLIM	电平	选择扭矩限制 共两个内部扭矩限制源可通过数字输入信号 TLIM 选择 0：内部扭矩限制1 1：内部扭矩限制2
3	SLIM	电平	选择速度限制 共两个内部速度限制源可通过数字量输入信号 SLIM 选择。 0：内部速度限制1 1：内部速度限制2

编号	名称	类型	描述
4	EMGS	电平	急停 0:急停 1:伺服驱动准备就绪
5	REF	边沿0→1	通过数字量输入或参考点挡块输入设置回参考点方式下的零点 0→1:参考点输入
6	CWL	边沿0→1	顺时针超行程限制(正限位) 1:运行条件 1→0:急停(OFF3)
7	CCWL	边沿0→1	逆时针超行程限制(负限位) 1:运行条件 1→0:急停(OFF3)

数字量输入支持 PNP 和 NPN 两种接线方式,如图6-7所示。

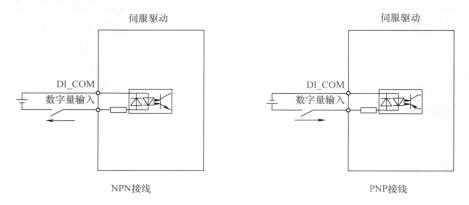

图6-7　数字量输入的接线方式

常用数字量输出功能的含义见表6-6。

表6-6　常用数字量输出功能的含义

编号	名称	描述
1	RDY	伺服准备就绪 1:驱动已就绪 0:驱动未就绪(存在故障或使能信号丢失)
2	FAULT	故障 1:处于故障状态 0:无故障
3	INP	位置到达信号 1:剩余脉冲数在预设的就位取值范围内(参数p2544) 0:剩余脉冲数超出预设的位置到达范围
4	ZSP	零速检测 1:电动机速度<零速(可通过参数p2161设置零速) 0:电动机速度>零速+磁滞(10r/min)

编号	名称	描述
8	MBR	电动机抱闸 1:电动机抱闸关闭 0:电动机停机抱闸打开
9	OLL	达到过载水平 1:电动机已达到设定的输出过载水平(p29080以额定扭矩的%表示;默认值:100%;最大值:300%) 0:电动机尚未达到过载水平
12	REFOK	回参考点 1:已回参考点 0:未回参考点
14	RDY_ON	准备伺服开启就绪 1:驱动准备伺服开启就绪 0:驱动准备伺服开启未就绪
15	STO_EP	STO 激活

数字量输出支持PNP和NPN两种接线方式,如图6-8所示。

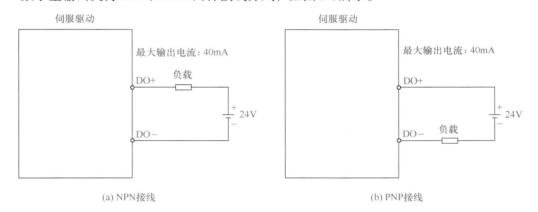

图6-8　数字量输出的接线方式

6.4 SINAMICS V90伺服系统的参数

6.4.1 SINAMICS V90伺服系统的参数概述

(1) 参数号

带有"r"前缀的参数号表示此参数为只读参数。

带有"p"前缀的参数号表示此参数为可写参数。

(2) 生效

表示参数设置的生效条件。存在两种可能条件:

- IM（Immediately，立即）：参数值更改后立即生效，无需重启。
- RE（Reset，重启）：参数值重启后生效。

所以在设置参数后一定要确认此参数是哪种生效的类型，比如伺服的控制模式就是重启生效的参数。重启参数可以用软件V-ASSISTANT的重启功能完成，也可以直接把伺服驱动器断电后上电完成重启。

（3）参数的数据类型

SINAMICS V90伺服系统的参数有6种数据类型，见表6-7。这些参数在西门子的PLC中，也有与之对应的数据类型。

表6-7　SINAMICS V90伺服系统的参数的数据类型

序号	数据类型	缩写	描述
1	Integer16	I16	16 位整数
2	Integer32	I32	32 位整数
3	Unsigned8	U8	8 位无符号整数
4	Unsigned16	U16	16 位无符号整数
5	Unsigned32	U32	32 位无符号整数
6	FloatingPoint32	Float	32 位浮点数

（4）参数组

将一类参数归纳为一组，SINAMICS V90伺服系统的参数组见表6-8。

表6-8　SINAMICS V90伺服系统的参数组

序号	参数组	可用参数	BOP 上显示的参数组
1	基本参数	p07xx、p10xx~p16xx、p21xx	P bASE
2	应用参数	p29xxx	P APP
3	通信参数	p09xx、p89xx	P Con
4	基本定位参数	p25xx~p26xx	P EPOS
5	状态监控参数	所有只读参数	dAtA

6.4.2　SINAMICS V90伺服系统的参数说明

SINAMICS V90伺服系统的参数较多，以下将对重要的参数以参数组进行分类说明。

（1）基本参数

1）CU数字量输出取反参数p0748　参数p0748的解释如下：

将数字量输出信号进行取反。

位0至位5：对DO1至DO6的信号取反。

−位=0：不取反。

−位=1：取反。

SINAMICS V90伺服驱动器的数字量输出默认是NPN输出，即低电平有效，当设置为1时，信号取反，变为PNP输出，即高电平有效。

例如：将参数p0748设置为16#0F=2#00，1111，就是全部4个输出都改为PNP输出。

2）数字量输入仿真模式参数p0795~p0796　参数p0795~p0796的解释如下：

设置数字量输入的仿真模式。

位0至位5：设置DI1至DI6的仿真模式。

–位=0：端子信号处理。

–位=1：仿真。

例如将p0795设置为16#03=2#11，即将DI1和DI2设置为仿真端子，其余端子为真实的信号端子。仿真端子可以在V-ASSISTANT软件或者BOP面板中设置其导通，就像真实的端子接通的效果一样，主要用于调试。

3）参数设置权p0927　参数p0927的解释如下：

设置参数更改通道

• 位定义：

–位 0：V-ASSISTANT。

–位 1：BOP。

• 位值含义：

–0：只读。

–1：读写。

(2) 应用参数

p0927默认值为2#11，V-ASSISTANT和BOP都可以对所有参数进行读写。

1）颠倒电动机转向参数p29001　参数p29001的解释如下：

• 参数为0：不颠倒。

• 参数为1：反转。

设备调试时，如电动机方向需要反向，可将p29001设置为1。修改p29001后参考点会丢失。若驱动运行于IPos控制模式下，则必须重新执行回参考点操作。

2）BOP 显示选择p29002　BOP 显示选择由参数p29002数值决定，具体如下：

• 0：实际速度（默认值）。

• 1：直流电压。

• 2：实际扭矩。

• 3：实际位置。

• 4：位置跟随误差。

例如需要在BOP上显示实际位置，则将p29002设置为3。

3）控制模式p29003　参数p29003的具体含义如下：

• 1：基本定位器控制模式（EPOS）

• 2：速度控制模式（S）

这个参数非常重要，例如设置p29003为1表示基本定位器控制模式，最为常用。

4）扭矩限制参数p29050、p29051、p29041、p29042　扭矩上限参数p29050限制正扭矩，扭矩下限参数p29051限制负扭矩，各有三个内部扭矩限值可选。通过组合使用数字量输入信号TLIM1和TLIM2可以选择内部参数或模拟量输入作为扭矩限制源。

扭矩限制的原理如图6-9所示，当TLIM2和TLIM1为0时，为内部0扭矩限制；当TLIM2为0和TLIM1为1时，外部模拟量AI2为外部扭矩限制。TLIM1默认与数量输入端子DI8关联，TLIM2与数量输入端子DI7关联，所以DI8、DI7的开关组合决定使用哪一种扭矩限制值。

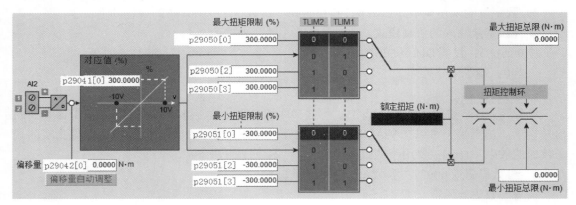

图6-9　扭矩限制

模拟量扭矩设定值的定标参数p29041，可以指定全模拟量输入（10V）对应的扭矩设定值，默认为300%，可以修改此值。

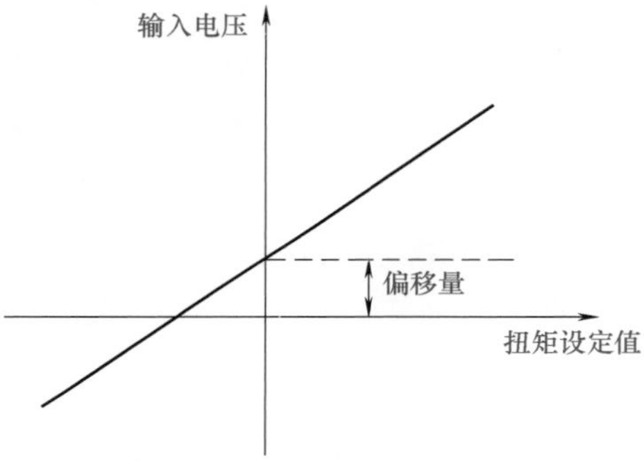

参数p29041是限制值，参数p29042是模拟量输入2的偏置调整，可以调整模拟量的偏移，通常为0，如图6-10所示。

5）速度限制参数p29060、p29061、p29070、p29071　转速上限参数p29070是限制正向数值、转速下限参数p29071限制负转速。各有三个内部转速限值可选。通过组合使用数字量输入信号SLIM1和SLIM2可以选择内部参数或模拟量输入作为转速限值源。

图6-10　偏置调整的示意图

转速限制的原理如图6-11所示，当SLIM2和SLIM1为0时，为内部0转速限制，当SLIM2为0和SLIM1为1时，外部模拟量AI1为外部转

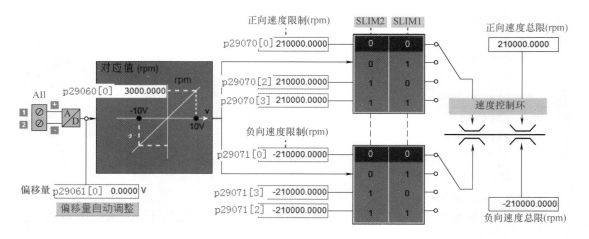

图6-11　转速限制

速限制。假设SLIM1与数量输入端子DI8关联，SLIM2与数量输入端子DI7关联，所以DI8、DI7的开关组合决定使用哪一种转速限制值。

参数p29060是转速限制值，参数p29061是模拟量输入1的偏置调整。

但在速度模式下，SPD1=SPD2=SPD3=0时，速度设定值由外部模拟量1给定，此时的p29060是转速标定值，假设p29060=3000（V_max），则对应外部模拟量是10V，如图6-12所示。

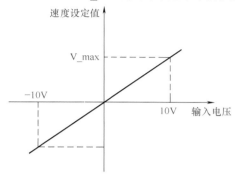

图6-12　速度设定值由外部模拟量1给定对应关系

6）三环控制参数　SINAMICS V90伺服驱动由三个控制环组成，即电流控制、速度控制和位置控制，如图6-13所示。位置环位于最外侧。速度环位于电流环的外侧，位置环的内侧。电流环是内环，有时也称为扭矩环。

由于SINAMICS V90伺服驱动的电流环已有完美的频宽，因此通常只需调整速度环增益和位置环增益。实际工作中调整的参数应多于两个参数。以下将分别介绍。

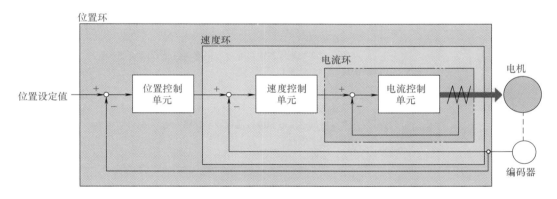

图6-13　SINAMICS V90伺服驱动三个控制环

① 位置环增益参数p29110　位置环增益直接影响位置环的响应等级。如机械系统未振动或产生噪声，可增加位置环增益以提高响应等级并缩短定位时间。

② 速度环增益p29120　速度环增益直接影响速度环的响应等级。如机械系统未振动或产生噪声，可增加速度环增益的值以提高响应等级。

③ 速度环积分增益p29121　通过将积分分量加入速度环，伺服驱动可高效消除速度的稳态误差并响应速度的微小更改。

一般情况下，如机械系统未振动或产生噪声，可增加速度环积分增益从而增加系统刚性。

如负载惯量比很高（p29022数值大）或机械系统有谐振系数，必须保证速度环积分时间常数够大；否则，机械系统可能产生谐振。

参数p29022的含义是总惯量和电动机惯量之比。

④ 速度环前馈系数p29111　响应等级可通过速度环前馈增益提高。如速度环前馈增益过大，电动机速度可能会出现超调且数字量输出信号 INP 可能重复开/关。因此必须监控速度波形的变化和调整时数字量输出信号 INP 的动作。可缓慢调整速度环前馈增益。如位置环增益过大，前馈增益的作用会不明显。

对于脉冲系列版本的伺服，I/O参数较多，而PN版本的伺服I/O参数较少。不管哪个版本，I/O参数都至关重要，是需要重点掌握的内容。数字量输入可以为NPN（低电平）和PNP（高电平）输入，后续讲解未做特殊说明默认为PNP输入。

7）数字量输入端子参数p29301~p29304　DI1~DI4中，只详细讲解DI1，其余的端子是类似的。DI1默认功能是RESET（p29301=2），同时通过设置参数p29301的不同代号，可以定义为如下的功能，见表6-9。

表6-9　数字量输入端DI1的功能

数值	名称	类型	描述
2	RESET	边沿 0→1	复位报警 0→1：复位报警
3	CWL	边沿 1→0	顺时针超行程限制（正限位） 1=运行条件 1→0：快速停止（OFF3）
4	CCWL	边沿 1→0	逆时针超行程限制（负限位） 1=运行条件 1→0：快速停止（OFF3）
19	TLIM	电平	选择扭矩限制 共两个内部扭矩限制源可通过数字输入信号 TLIM 选择 0：内部扭矩限制1 1：内部扭矩限制2
20	SLIM	电平	选择速度限制 共两个内部速度限制源可通过数字量输入信号 SLIM 选择。 0：内部速度限制1 1：内部速度限制2
29	EMGS	电平	急停 0：急停 1：伺服驱动准备就绪

例如设置参数p29301=3，则当DI1与DI_COM处电源的+24V短接时，伺服系统顺时针超行程限制，伺服系统报警停机。

在脉冲系列版本中，DI9与急停EMGS（急停）关联，不能更改。DI10与C-CODE（模式切换）关联且不能更改。而在PN版本中，EMGS（急停）可以与DI1~DI4任何一个数字量输入关联。

8）数字量输出参数p29330~p29331　DO1~DO6中，只详细讲解DO1，其余的端子是类似的。DO1默认功能是RDY（p29330=1），同时通过设置参数p29330的不同代号，可以定义为如下的功能，见表6-10。

表6-10　数字量输入端DO1的功能

数值	名称	说明
1	RDY	伺服准备就绪 1:驱动已就绪 0:驱动未就绪(存在故障或使能信号丢失)
2	FAULT	故障 1:处于故障状态 0:无故障
3	INP	位置到达信号 1:剩余脉冲数在预设的就位取值范围内(参数p2544) 0:剩余脉冲数超出预设的位置到达范围
4	ZSP	零速检测 1:电动机速度<零速(可通过参数p2161设置零速) 0:电动机速度>零速+磁滞(10r/min)
6	TLR	达到扭矩限制 1:产生的扭矩已几乎(内部磁滞)达到正向扭矩限制、负向扭矩限制或模拟量扭矩限制的扭矩值 0:产生的扭矩尚未达到任何限制
8	MBR	电动机抱闸 1:电动机抱闸关闭 0:电动机停机抱闸打开 说明:MBR 仅为状态信号,因为电动机停机抱闸的控制与供电均通过特定的端子实现
9	OLL	达到过载水平 1:电动机已达到设定的输出过载水平(p29080以额定扭矩的 % 表示;默认值:100%;最大值:300%) 0:电动机尚未达到过载水平
12	REFOK	回参考点 1:已回参考点 0:未回参考点
14	RDY_ON	准备伺服开启就绪 1:驱动准备伺服开启就绪。 0:驱动准备伺服开启未就绪(存在故障 或主电源无供电) 说明:当驱动处于"SON"状态后,该信号会一直保持为高电平(1)状态除非出现上述异常情况
15	STO_EP	STO 激活 1:使能信号丢失,表示STO功能激活 0:使能信号可用,表示STO功能无效。 说明:STO_EP仅用作STO输入端的状态指示信号,而并非Safety Integrated功能的安全DO信号

例如设置参数p29331=2,则当DO2输出为1时,表示伺服系统有故障。

(3) 通信参数

通信相关参数只用在PN版本的伺服系统中。

1) PROFIdrive:PZD 报文选择参数p0922　参数p0922中设定的参数代表一种报文,具体如下:

在速度控制模式下：

- 1：标准报文 1，PZD-2/2。
- 2：标准报文 2，PZD-4/4。
- 3：标准报文 3，PZD-5/9。
- 5：标准报文 5，PZD-9/9。
- 102：西门子报文 102，PZD-6/10。
- 105：西门子报文 105，PZD-10/10。

在基本定位器控制模式下：

- 7：标准报文 7，PZD-2/2。
- 9：标准报文 9，PZD-10/5。
- 110：西门子报文 110，PZD-12/7。
- 111：西门子报文 111，PZD-12/12。

例如：p0922设置为1，代表报文1是最简单的报文。p0922设置为111，代表报文111是基本定位的报文，很常用。p0922设置为105，代表报文105，是西门子公司推荐使用的报文。

2）PROFIdrive辅助报文参数p8864 PROFIdrive辅助报文参数的含义如下：

- p8864=750：辅助报文 750，PZD-3/1。
- p8864=999：无报文（自由报文）。

3）PN相关参数 与PN相关的参数见表6-11。

表6-11 与PN相关的参数

参数	含义	举例
p8920	设置控制单元上板载PROFINET接口的站名称	如"V90_1"
p8921	设置控制单元上板载PROFINET接口的IP地址	192.168.0.2
p8922	设置控制单元上板载PROFINET接口的默认网关	192.168.1.1
p8923	设置控制单元上板载PROFINET接口的子网掩码	255.255.255.0
p8925	设置激活控制单元上板载PROFINET接口的接口配置	设为2,表示保存并激活

（4）基本定位参数

这部分参数只在基本定位（EPOS）时使用，初学者完全掌握有一定的难度。

① EPOS JOG设定值速度 点动的速度JOG1设定值速度对应参数是p2585，点动的速度JOG2设定值速度对应参数是p2586。

② EPOS JOG运行距离 点动运行JOG1运行的距离对应参数是p2587，点动运行JOG2运行的距离对应参数是p2588。

③ 与回参考点相关的参数 与回参考点相关的参数见表6-12。

表6-12 与回参考点相关的参数说明

序号	参数	描述
1	p2599	设置参考点坐标轴的位置值
2	p2600	参考点偏移量
3	p2604	设置搜索挡块开始方向的信号源： 0:以正向开始 1:以负向开始

序号	参数	描述
4	p2605	搜索挡块的速度
5	p2606	搜索挡块的最大距离
6	p2608	搜索零脉冲的速度
7	p2609	搜索零脉冲的最大距离
8	p2611	搜索参考点的速度

理解回参考点参数，应先参考回参考点示意图，如图6-14所示。

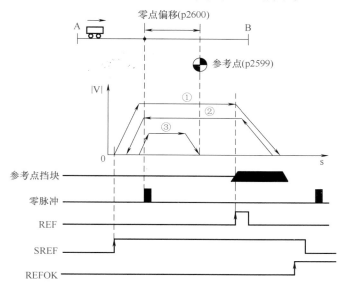

①搜索挡块的速度(p2605)　②搜索零脉冲的速度(p2608)　③搜索参考点的速度(p2611)

图6-14　回参考点示意图

（5）状态监控参数

状态监控参数有很大的工程使用价值，通过查看SINAMICS V90伺服驱动状态监控参数，可以监控驱动器的实时状态、诊断其故障。常用的状态监控参数见表6-13，它只能读取，不能修改。

表6-13　状态监控参数

参数	单位	描述
r0021	r/min	显示电动机速度的实际平滑值
r0026	V	显示直流电压的实际平滑电压值
r0027	A	平滑的实际电流绝对值
r0031	N·m	显示实际平滑扭矩值
r0482	—	显示编码器实际位置值 Gn_XIST1
r0722	—	CU 数字量输入状态
r0747	—	CU 数字量输出状态
r0945	—	显示出现故障的编号 r0945[0]，r0949[0] → 实际故障情况,故障1 ... r0945[7]，r0949[7] → 实际故障情况,故障8
r2124	—	显示当前报警的附加信息(作为整数)

6.5 SINAMICS V90伺服系统的参数设置

设置 SINAMICS V90 伺服系统参数方法常用的有三种：一是用基本操作面板（BOP）设置，二是用 V-ASSISTANT 软件设置参数，三是用 TIA Portal 软件设置参数，以下将分别介绍这三种方法。

6.5.1 用基本操作面板（BOP）设置SINAMICS V90伺服系统的参数

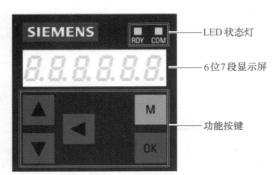

图6-15 基本操作面板（BOP）外观

基本操作面板（BOP）外观如图6-15所示。

基本操作面板的右上角有两盏指示灯"RDY"和"COM"，根据指示灯的颜色可以显示 SINAMICS V90 伺服系统的状态，"RDY"和"COM"的状态描述见表6-14。

基本操作面板的中间是7段码显示屏，可以显示参数、实时数据、故障代码和报警信息等，主要的数据显示条目见表6-15。

表6-14 "RDY"和"COM"的状态描述

状态指示灯	颜色	状态	描述
RDY	—	Off	控制板无24V直流输入
	绿色	常亮	驱动处于"S ON"状态
	红色	常亮	驱动处于"S OFF"状态或启动状态
		以1Hz频率闪烁	存在报警或故障
COM	—	Off	未启动与PC的通信
	绿色	以0.5Hz频率闪烁	启动与PC的通信
		以2 Hz频率闪烁	微型SD卡/SD卡正在工作（读取或写入）
	红色	常亮	与PC通信发生错误

表6-15 数据显示条目

数据显示	示例	描述
8.8.8.8.8.8	`8.8.8.8.8.8.`	驱动正在启动
------	`------`	驱动繁忙
Fxxxxx	`F 7985`	故障代码
F.xxxxx.	`F. 7985.`	第一个故障的故障代码
Axxxxx	`A30016`	报警代码

数据显示	示例	描述
A.xxxxx.	R.300 16.	第一个报警的报警代码
Rxxxxx	r 0031	参数号（只读）
Pxxxxx	P 0840	参数号（可编辑）
S Off	S oFF	运行状态:伺服关闭
Para	PArA	可编辑参数组
Data	dAtA	只读参数组
Func	FUnC	功能组
Jog	Jo9	JOG 功能
r xxx	r 40	实际速度（正向）
r -xxx	r -40	实际速度（负向）
T x.x	t 0.4	实际扭矩（正向）
T -x.x	t -0.4	实际扭矩（负向）
xxxxxx	134279	实际位置（正向）
xxxxxx.	134279.	实际位置（负向）
Con	Con	伺服驱动和SINAMICS V-ASSISTANT之间的通信已建立

　　基本操作面板的下侧是5个功能键，主要用于设置和查询参数、查询故障代码和报警信息等，功能键的作用见表6-16。

表6-16　功能键的作用

按键	描述	功能
M	M 键	• 退出当前菜单 • 在主菜单中进行操作模式的切换

按键	描述	功能
OK	OK键	短按： • 确认选择或输入 • 进入子菜单 • 清除报警 长按：激活辅助功能 • JOG • 保存驱动中的参数集（RAM至ROM） • 恢复参数集的出厂设置 • 传输数据（驱动至微型SD卡/SD卡） • 传输数据（微型SD卡/SD卡至驱动） • 更新固件
▲	向上键	• 翻至下一菜单项 • 增加参数值 • 顺时针方向Jog
▼	向下键	• 翻至上一菜单项 • 减小参数值 • 逆时针方向Jog
◀	移位键	将光标从位移动到位进行独立的位编辑,包括正向/负向标记的位 说明： 当编辑该位时,"_"表示正,"–"表示负
OK + M		长按组合键4秒重启驱动
▲ + ◀		当右上角显示时 ┌ ,向左移动当前显示页,如 **0 0.0 0 0** ┌
▼ + ◀		当右下角显示 ┘ 时,向右移动当前显示页,如 **0 0 1 0** ┘

以下用一个例子讲解参数的设置斜坡上升时间参数p1121=2.000的过程。具体见表6-17。

表6-17　参数p1121=2.000的设置过程

序号	操作步骤	BOP-2显示
1	伺服驱动器上电	S oFF
2	按 M 按钮,显示可编辑的参数	PArA
3	按 OK 按钮,显示参数组,共六个参数组	P 0R
4	按 ▲ 按钮,显示所有参数	P ALL
5	按 OK 按钮,显示参数P0847	P 0847

序号	操作步骤	BOP-2显示
6	按 ▲ 按钮,直到显示参数P1121	$P\ 1121$
7	按 OK 按钮,显示所有参数P1121数值1.000	1.000
8	按 ▲ 按钮,直到显示参数P1121数值2.000	2.000
9	按 OK 按钮,设置完成	

6.5.2 用V-ASSISTANT软件设置SINAMICS V90伺服系统的参数

V-ASSISTANT 工具可在装有 Windows 操作系统的个人电脑上运行,利用图形用户界面与用户互动,并能通过USB电缆与SINAMICS V90通信。还可用于修改SINAMICS V90驱动的参数并监控其状态,适用于调试和诊断SINAMICS V90 PN和SINAMICS V90 PTI伺服驱动系统。

0603-SINAMICS V90伺服系统的参数设置

(1) 设置SINAMICS V90伺服系统的IP地址

以下介绍设置SINAMICS V90 PN伺服驱动器的IP地址的方法。

① 将USB电缆将PC与伺服驱动器连接在一起。打开PC中的V-ASSISTANT软件,选中标记"①"处,单击"确定"按钮,如图6-16所示,PC开始与SINAMICS V90 PN伺服驱动器联机。

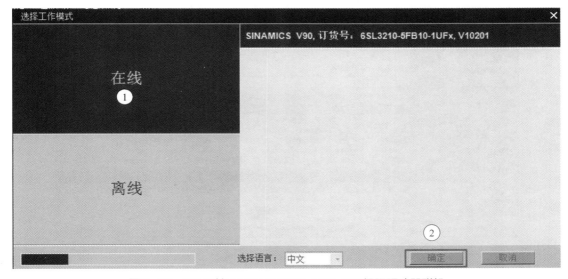

图6-16　PC开始于SINAMICS V90 PN伺服驱动器联机

② 在图6-17中,选中标记"①"处,再选择控制模式为"速度模式"。

③ 在图6-18中,选中标记"①"处,再选择通信报文为"1:标准报文1,PZD-2/2"。这个报文要与PLC组态时选择的报文对应。

图6-17　选择控制模式

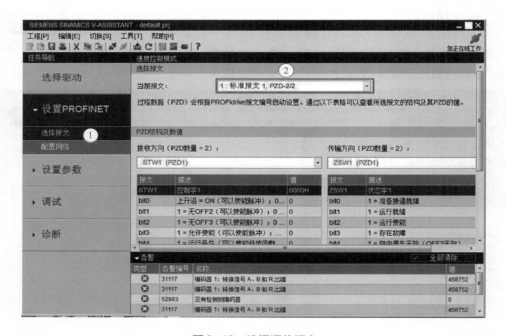

图6-18　选择通信报文

④ 在图6-19中，选中标记"①"处，再在标记"②"处输入PN的站名，这个PN的站名要与PLC组态时选择的PN的站名对应。在标记"③"处输入SINAMICS V90伺服驱动器的IP地址，这个IP地址要与PLC组态时设置的IP地址对应。最后单击"保存并激活"按钮。

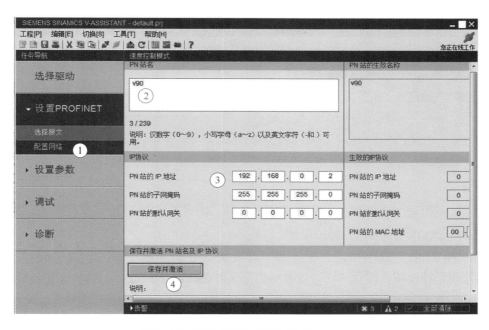

图6-19 修改IP地址和PN的站名

（2）设置SINAMICS V90伺服系统的参数

① 在图6-20中，选中标记"①"处，再在标记"②"处输入斜坡时间参数"2.000"，此时参数已经修改到SINAMICS V90的RAM中，但此时断电后参数会丢失。最后单击"保存参数到ROM"按钮，弹出如图6-21所示的界面，执行完此操作，修改的参数就不会丢失了。

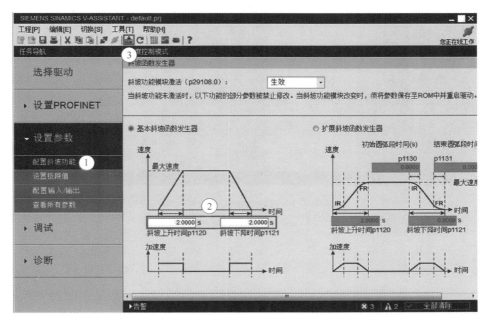

图6-20 修改参数P1120和P1121

图6-21 保存参数到ROM

② SINAMICS V90的调试

在图6-22中，选中标记"①"和"②"处，在转速框中输入转速"60"。压下标记"④"处的正转按钮，标记"⑤"处显示当前实时速度。

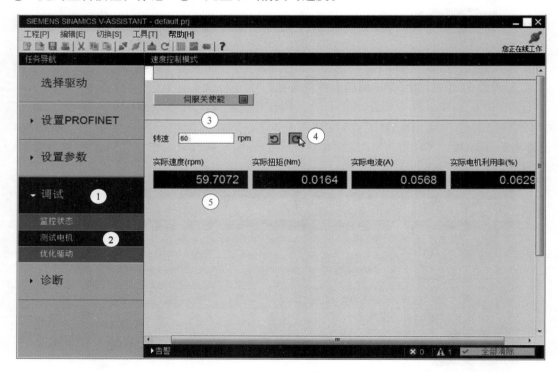

图6-22 调试SINAMICS V90

第7章 》》》

三菱MR-J4伺服驱动系统接线及参数设置

掌握伺服驱动系统的主回路与控制回路的各个端口的含义，掌握伺服驱动系统的主回路与控制回路的接线是正确使用伺服驱动系统的基础性工作。

7.1 三菱MR-J4伺服系统的主回路接线

7.1.1 MR-J4伺服系统的硬件功能

三菱MR-J4伺服系统的硬件功能图如图7-1所示，图中断路器和接触器是通用器件，只要符合要求的产品即可，电抗器和制动电阻可以根据需要选用。

7.1.2 MR-J4伺服驱动器主回路的接口

MR-J4伺服驱动器的接口的作用见表7-1。

0701-MR-J4伺服系统主回路的接线

7.1.3 伺服驱动器的主电路接线

三菱伺服系统主电路接线原理图，如图7-2所示。

① 在主电路侧（三相220V，L1、L2、L3）需要使用接触器，并能在报警发生时从外部断开接触器。当MR-J4-A系列伺服驱动器的功率小于0.7kW时，可以采用图7-2（a）和图7-2（b）的接线（接L1和L3，L2空缺），当功率大于等于1kW时，可以采用图7-2（a）的接线。MR-J4-GF系列伺服驱动器的则有图7-2（a）、图7-2（b）和图7-2（c）的接线，具体可查询产品手册。

在图7-2中，当伺服系统处于正常状态时，报警端子输出低电平，KA1线圈得电，压下按钮SB2，接触器KM线圈得电，自锁，伺服驱动器的L1、L2、L3和电网接通。

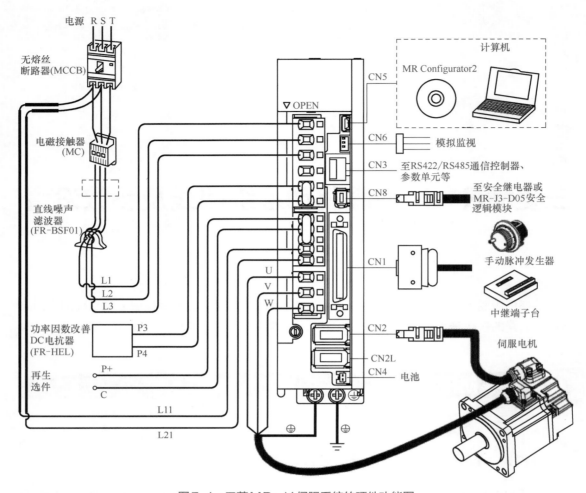

图7-1 三菱MR-J4伺服系统的硬件功能图

表7-1 MR-J4伺服驱动器外部各部分接口的作用

端口	端子名称	作用	详细说明		
CNP1	L1、L2、L3	电路电源	供给L1、L2以及L3电源。使用单相AC 200~240V电源时,电源连接L1和L3,L2不接线		
			伺服驱动器 电源	MR-J4-10A~ MR-J4-70A	MR-J4-100A~ MR-J4-700A
			三相AC 200~240V,50~60Hz	L1、L2、L3	
			单相AC 200~240V,50~60Hz	L1、L3	—
	P3、P4	改善功率因数 DC 电抗器	不使用改善功率因数DC电抗器时,将P3和P4短接(出厂状态下已完成接线)		
			使用改善功率因数DC电抗器时,将P3和P4间的接线拆除,然后在P3和P4间连接改善功率因数DC电抗器		
	N–	再生转换器 制动模块	使用再生转换器以及制动单元时,将P+和N–之间进行连接。		
			勿连接到MR-J4-350A以下的伺服驱动器		

端口	端子名称	作用	详细说明
CNP2	L11、L21	控制电路电源	单相AC 200V~240V
	P+、C、D	再生选件	①MR-J4-500A以下 使用伺服驱动器内置再生电阻时，将P+和D之间连接起来(出厂状态下已完成接线) 使用再生选件时，将P+和D之间的接线拆除，在P+和D之间连接再生选件 ②MR-J4-700A MR-J4-700A上没有D 使用伺服驱动器内置再生电阻时，连接P+和C(出厂状态下已完成接线) 使用再生选件时，拆除连接P+以及C的内置式再生电阻的接线后，将再生选件连接到P+和C上
CNP3	U、V、W	伺服电机电源	连接至伺服电机电源端子(U、V、W)。通电中绝对不要开关伺服电机电源，否则可能会造成异常运行和故障
	⏚	保护接地（PE）	连接到伺服电机的接地端子以及控制柜的保护接地(PE)上

② 控制电路电源（L11、L21）应和主电路电源同时投入使用或比主电路电源先投入使用。如果主电源不投入使用，显示器会显示报警信息。当主电路电源接通后，报警即消除，可以正常工作。

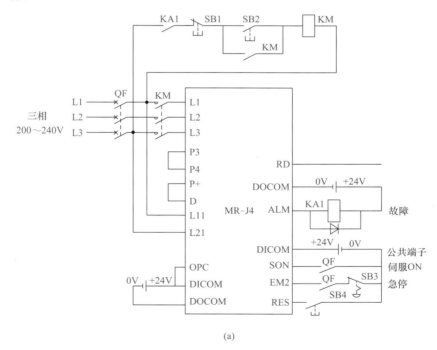

(a)

图7-2

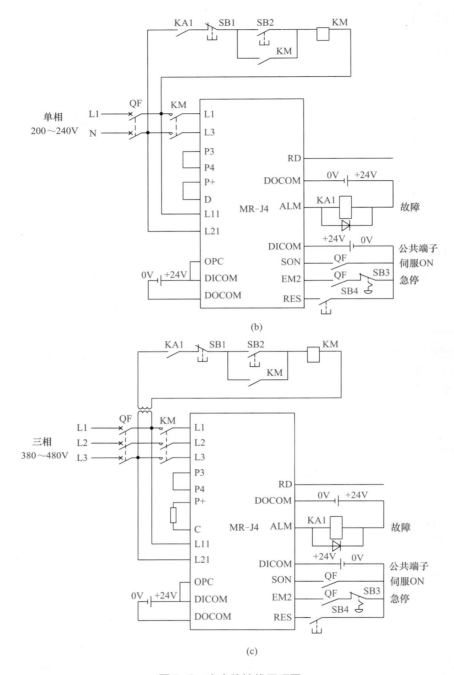

(b)

(c)

图7-2 主电路接线原理图

7.1.4 伺服驱动器和伺服电动机的连接

伺服驱动器和伺服电动机的连接，如图7-3所示。

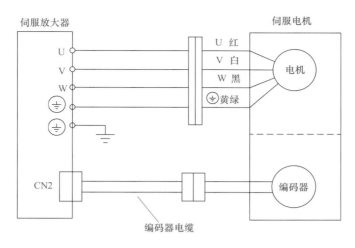

图7-3　伺服驱动器和伺服电动机的连接

7.2　三菱MR-J4伺服系统控制电路接线

7.2.1　MR-J4伺服驱动器的接口

MR-J4伺服驱动器的接口如图7-4所示。其各部分接口的作用见表7-2。

表7-2　MR-J4伺服驱动器外部各部分接口的作用

序号	名称	功能/作用
1	显示器	5位7段LED,显示伺服状态和报警代码
	操作部分	用于执行状态显示、诊断、报警和参数设置等操作。 MODE　UP　DOWN　SET 用于设置数据 用于改变每种模式的显示或数据. 用于改变模式
2	CN5	迷你USB接口,用于修改参数,监控伺服
3	CN6	输出模拟监视数据
4	CN1	用于连接数字I/O信号
5	CN4	电池用连接器
6	CN2L	外部串行编码器或者ABZ脉冲编码器用接头
7	CN2	用于连接伺服电动机编码器的接头
8	CN8	STO输入输出信号连接器

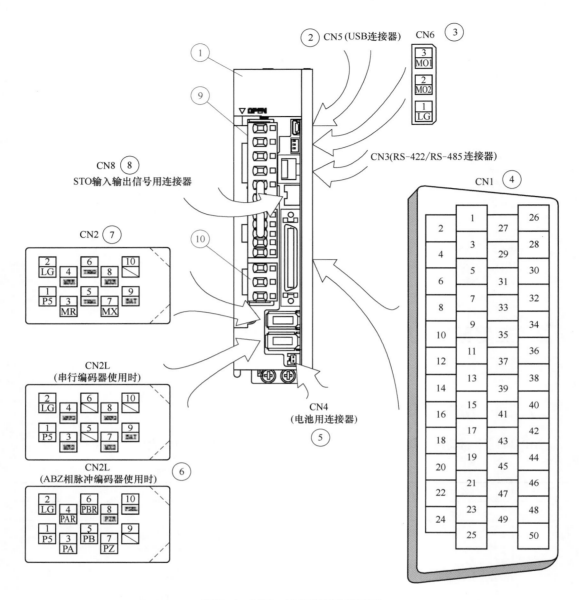

图7-4　MR-J4伺服驱动器接口

MR-J4伺服驱动器的CN1连接器定义了50个引脚，以下对引脚的含义做详细的说明，见表7-3。

表7-3　CN1连接器引脚的详细说明

引脚编号	I/O	不同控制模式时的输入输出信号						相关参数
		P	P/S	S	S/T	T	T/P	
1	—	P15R	P15R	P15R	P15R	P15R	P15R	—
2	I	—	–/V/C	VC	VC/VLA	VLA	VLA/–	—
3	—	LG	LG	LG	LG	LG	LG	—
4	O	LA	LA	LA	LA	LA	LA	—
5	O	LAR	LAR	LAR	LAR	LAR	LAR	—

引脚编号	I/O	不同控制模式时的输入输出信号						相关参数
		P	P/S	S	S/T	T	T/P	
6	O	LB	LB	LB	LB	LB	LB	—
7	O	LBR	LBR	LBR	LBR	LBR	LBR	—
8	O	LZ	LZ	LZ	LZ	LZ	LZ	—
9	O	LZR	LZR	LZR	LZR	LZR	LZR	—
10	I	PP	PP/–	—	—	—	–/PP	—
11	I	PG	PG/–	—	—	—	–/PG	—
12	—	OPC	OPC/–	—	—	—	–/OPC	—
13	—	—	—	—	—	—	—	—
14	—	—	—	—	—	—	—	—
15	I	SON	SON	SON	SON	SON	SON	PR.PD03·Pr.PD04
16	I	—	–/SP2	SP2	SP2/SP2	SP2	SP2/–	PR.PD05·Pr.PD06
17	I	PC	PC/ST1	ST1	ST1/RS2	RS2	RS2/PC	PR.PD07·Pr.PD08
18	I	TL	TL/ST2	ST2	ST2/RS1	RS1	RS1/TL	PR.PD09·Pr.PD10
19	I	RES	RES	RES	RES	RES	RES	PR.PD11·Pr.PD12
20	—	DICOM	DICOM	DICOM	DICOM	DICOM	DICOM	—
21	—	DICOM	DICOM	DICOM	DICOM	DICOM	DICOM	—
22	O	INP	INP/SA	SA	SA/–	—	–/INP	Pr.PD23
23	O	ZSP	ZSP	ZSP	ZSP	ZSP	ZSP	Pr.PD24
24	O	INP	INP/SA	SA	SA/–	—	–/INP	Pr.PD25
25	O	TLC	TLC	TLC	TLC/VLC	VLC	VLC/TLC	Pr.PD26
26	—	—	—	—	—	—	—	—
27	I	TLA	TLA	TLA	TLA/TC	TC	TC/TLA	—
28	—	LG	LG	LG	LG	LG	LG	—
29	—	—	—	—	—	—	—	—
30	—	LG	LG	LG	LG	LG	LG	—
31	—	—	—	—	—	—	—	—
32	—	—	—	—	—	—	—	—
33	O	OP	OP	OP	OP	OP	OP	—
34	—	LG	LG	LG	LG	LG	LG	—
35	I	NP	NP/–	—	—	—	–/NP	—
36	I	NG	NG/–	—	—	—	–/NG	—
37	—	—	—	—	—	—	—	—
38	—	—	—	—	—	—	—	—
39	—	—	—	—	—	—	—	—
40	—	—	—	—	—	—	—	—
41	I	CR	CR/SP1	SP1	SP1/SP1	SP1	SP1/CR	Pr.PD13·Pr.PD14
42	I	EM2	EM2	EM2	EM2	EM2	EM2	
43	I	LSP	LSP	LSP	LSP/–	—	–/LSP	Pr.PD17·Pr.PD18
44	I	LSN	LSN	LSN	LSN/–	—	–/LSN	Pr.PD19·Pr.PD20

引脚编号	I/O	不同控制模式时的输入输出信号						相关参数
		P	P/S	S	S/T	T	T/P	
45	I	LOP	LOP	LOP	LOP	LOP	LOP	Pr.PD21·Pr.PD22
46	—	DOCOM	DOCOM	DOCOM	DOCOM	DOCOM	DOCOM	—
47	—	DOCOM	DOCOM	DOCOM	DOCOM	DOCOM	DOCOM	—
48	O	ALM	ALM	ALM	ALM	ALM	ALM	—
49	O	RD	RD	RD	RD	RD	RD	Pr.PD28
50	—	—	—	—	—	—	—	—

注：表中I表示输入，O表示输出，P表示定位模式，S表示速度模式，T表示转矩模式，P/S表示定位/速度模式，T/S表示转矩/速度模式。

MR-J4伺服驱动器在实际应用中有三种工作模式供选择：位置控制模式（P）、速度控制模式（S）和转矩控制模式（T）。不同的控制模式对输入信号的功能要求也不同。控制端口分为输入和输出两部分，其中一部分端口的功能已经定义好，称为专用端口。如表中所指定功能的输入/输出端口。另一部分称为通用端口，这部分端口的功能与控制模式和功能设置有关，类似于变频器的多功能输入/输出端口。

通用端口功能的定义过程如下。

① 每一个端口都有一个参数PD与之对应。

② 通过对参数PD的数值设定决定其相应端口所定义的在不同控制模式下的端口功能。在表7-3中，端口15~19、端口22~25、端口41、端口43~45和端口49都是通用端口，也就是说其功能可以根据参数的修改而变化，有较大的灵活性。

端口13~14、端口26、端口26~27、端口37~40和端口50没有定义。

除了没有定义的端口和通用端口，其余的端口是专用端口，也就是说其功能已经固定，不可修改。

7.2.2　数字量输入电路的接线

（1）数字量输入的接线

MR-J4伺服系统支持漏型（NPN）和源型（PNP）两种数字量输入方式。漏型数字量输入实例如图7-5所示，可以看到有效信号是低电平有效。源型数字量输入实例如图7-6所示，可以看到有效信号是高电平有效。通常使用漏型方案。

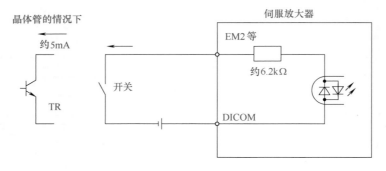

图7-5　伺服驱动器漏型输入实例

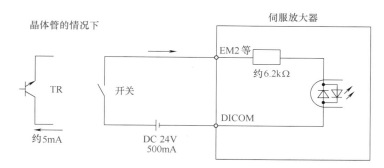

图7-6　伺服驱动器源型输入实例

(2) P模式（定位模式）下通用输入端口参数与功能定义

通用输入端口有9个，其所对应的参数PD见表7-4。P模式输入端口功能设定值见表7-5。

表7-4　通用输入端口对应参数PD

端口	对应参数	出厂设定值	P模式	端口	对应参数	出厂设定值	P模式
CN1-15	PD03	0202H	SON	CN1-41	PD13	2006H	CR
	PD04	0002H			PD14	0020H	
CN1-16	PD05	2100H	—	CN1-43	PD17	0A0AH	LSP
	PD06	0021H			PD18	0000H	
CN1-17	PD07	0704H	PC	CN1-44	PD19	0B0BH	LSN
	PD08	0007H			PD20	0000H	
CN1-18	PD09	0805H	TL	CN1-45	PD21	2323H	LOP
	PD10	0008H			PD22	0023H	
CN1-19	PD11	0303H	RES				
	PD12	0003H					

表7-5　P模式下输入端口功能设定值

设定值	定义功能	代表符号	设定值	定义功能	代表符号
02	伺服开启	SON	0A	正转限位	LSP
03	驱动器复位	RES	0B	反转限位	LSN
04	速度调节器PI/P控制切换	PC	0D	增益切换限制	CDP
05	外部转矩限制	TL	23	控制方式切换	LOP
06	误差清除	CR	24	电子齿轮选择1	CM1
09	第2内部转矩限制	TL1	25	电子齿轮选择2	CM2

结合表7-4和表7-5，通用输入端口在出厂时都已经定义了一个功能，即出厂设定。例如，端口CN1-15被定义为SON功能，CN1-19被定义为RES功能等。可以说，出厂设定是伺服在位置控制模式下的基本设定。一般情况下不需对通用输入端口进行重新设定，直接按照出厂设定进行应用即可。

有关P模式下输入端口所能定义的功能说明如下。

① 伺服ON（SON）　该信号直接控制伺服电动机的状态。当驱动器接上主电路电源

后，若SON＝"ON"，逆变电路接通，伺服电动机进入运行准备状态，转子不能转动。

若SON＝"OFF"，逆变电路关断，伺服电动机处于自由停车状态，转子可自由转动。

通过参数PD01的设定可使该信号在内部变为自动接通，处于常ON状态。这时，可不外接信号开关。

② 复位（RES） 发生报警时，用该信号（接通50ms以上）清除报警信号（并不是所有报警信号均能清除）。 如果在没有报警信号时，RES为ON，则根据参数PD20的设定处理，出厂值为切断逆变电路，伺服电动机处于自由停车状态。

③ 正/反转限位（LSP/LSN） 这是一对定位控制时置于行程极限处限位开关的触点输入，为常闭型输入。当输入为OFF（开关断开）时，对应方向上的运动停止，伺服处于锁定状态。

可以通过参数PD20设定运动停止的方式，出厂值为立即停止。

④ 清零信号（CR） 该信号用来清除驱动器内偏差计数器滞留脉冲。脉冲宽度必须大于10ms。

这个信号一般在原点回归时使用，由定位控制器发出，目的是清除伺服驱动器的跟随误差，使之与当前值寄存器保持一致。

可以通过参数PD22 设置使之变为内部自动为ON，一直清除滞留脉冲，这时每次执行后会清除滞留脉冲。

⑤ 紧急停止（EM2） 端口CN1-42固定为紧急停止EM2端口。当该信号为OFF时，驱动器会快速切断逆变电路，动态制动器动作，使伺服电动机处于紧急停止状态，同时驱动器显示报警。当该信号为ON时，解除紧急状态。EM2信号应固定为常闭型输入，由于动态制动会使伺服电动机绕组被直接短接形成强力制动，如频繁使用EM2信号会使电动机使用寿命下降，因此EM2信号只能作为紧急停止使用。此外，EM2信号变ON后驱动器会直接进入运行状态，因此在EM2信号变ON的同时必须停止定位脉冲的输入。

定位控制模式中，上述5个输入功能是必须要设定的端口信号，其端口一般按照出厂设定即可，除此之外，还有一些输入功能仅做一些简单说明。

⑥ 外部转矩限制选择（TL） 该信号用来指定转矩限制设定值的来源，信号为ON，使用外部模拟量输入TLA端的值，信号为OFF，使用内部参数设定的转矩值。

⑦ 速度调节器切换（PC） 该信号用来控制速度放大器的PI（比例积分）方式与p（比例）方式之间的切换。PC为ON，则从 PI方式切换到P方式，PC为OFF时为 P 方式。

⑧ 增益切换（CDP） CDP信号用于进行负载惯量比GD、速度调节器增益VG、位置调节器增量 PG的切换。

⑨ 控制切换（LOP） 该信号仅在驱动器选择了可切换控制方式时（参数PA01设定）才有效。信号为ON时从一种控制方式转换到另一种控制方式。

⑩ 电子齿轮比选择（CM1、CM2） 在复杂位置控制运动中，有时会需要设置多个电子齿轮比供在不同的位置控制使用，而输入端口CM1，CM2是用来选择不同 电子齿轮的，其方法是根据CM1、CM2端口的信号组态来 选择不同的电子齿轮比的电子齿轮分子参数值。

在位置控制模式中，多功能输入端口共9个，但其可选择的功能有12个。从12个功能中选出9个功能赋予9个输入端口，必须根据控制要求进行选择。

（3）通用输入端口的参数设定

通用输入端口的功能设置是通过对与其相对应的参数PD03~PD12设置来完成的。功能参数设置是以8位十六进制数来设定的。其定义如图7-7所示。

通用输入端口在不同的控制模式下其功能是不同的。图7-7把一个端口在三种控制模式时的端口功能都进行了设置。每一种控制模式占用两位十六进制数，由两个参数设定，高字参数首2位固定为00，接着是转矩控制模式的功能设定值，低字参数由速度和位置控制模式的功能设定值。三种模式下参数设定值与其相对应的功能关系见表7-6。

图7-7　通用输入端口参数设置

表中位置控制模式（P）列中的功能代表符号含义已在上文讲过，而关于速度控制模式（S）列和转矩控制模式（T）列中相对应的功能代表符号所代表的功能含义这里不做介绍。三种模式下参数设定值与其相对应的功能关系见表7-6。

表7-6　通用输入端口参数设定值与其相对应的功能表

设定值	输入信号		
	P（位置模式）	S（速度模式）	T（转矩模式）
02	SON	SON	SON
03	RES	RES	RES
04	PC	PC	—
05	TL	TL	—
06	CR	CR	—
07	—	ST1	RS2
08	—	ST2	RS1
09	TL1	TL1	—
0A	LSP	LSP	—
0B	LSN	LSN	—
0D	CDP	CDP	—
20	—	SP1	SP1
21	—	SP2	SP2
22	—	SP3	SP3
23	LOP	LOP	LOP
24	CM1	—	—
25	CM2	—	—
26	—	STAB2	STAB2

【例7-1】　如图7-8所示，端口15和42能否通过修改参数而改变其功能？PD11、PD12怎样设置参数？

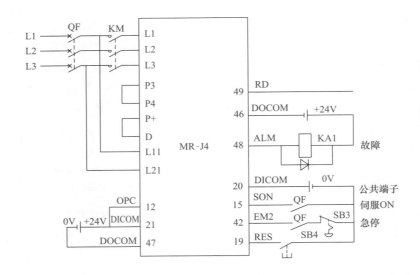

图7-8　MR-J4接线图

【解】　① 端口15是通用端口，可以修改其参数而更改其功能，而端口42是专用端口，不能修改其参数而更改其功能。

② 根据表7-4，PD11、PD12参数对应的端口是CN1-19，默认的功能是RES，使用出厂值即可，查表7-4可知PD11设定"0303H"，PD12设定"0003H"。

P模式设定为"03"，复位RES功能。

S模式设定为"03"，复位RES功能。

T模式设定为"03"，复位RES功能。

7.2.3　数字量输出电路的接线

（1）数字量输出电路的接线电平

MR-J4伺服系统支持漏型（NPN）和源型（PNP）两种数字量输出方式。漏型数字量输出实例如图7-9所示，可以看到有效信号是低电平有效。源型数字量输入实例如图7-10所示，可以看到有效信号是高电平有效。

（2）p模式通用输出端口参数与功能定义

通用输出端口和输入端口一样，每个端口都有一个参数PD与之对应，见表7-7。

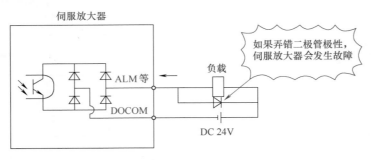

图7-9　伺服驱动器漏型输出实例

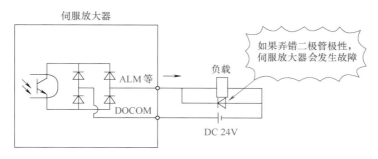

图7-10 伺服驱动器源型输出实例

表7-7 通用输出端口参数与功能定义

端口	对应参数	出厂设定值	P模式	端口	对应参数	出厂设定值	P模式
CN1-22	PD23	0004H	INP	CN1-25	PD26	0007H	TLC
CN1-23	PD24	000CH	ZSP	CN1-49	PD28	0002H	RD
CN1-24	PD25	0004H	INP				

通用输出端口在位置控制模式下的定义功能及其设定值见表7-8。

表7-8 通用输出端口P模式定义功能及其设定值

设定值	定义功能	代表符号	设定值	定义功能	代表符号
02	驱动器准备好	RD	07	转矩限制中	TLC
04	定位完成	INP	0C	速度为0	ZSP

有关输出端口在P模式下所定义的功能说明如下。

① 驱动器准备好（RD） RD信号为ON，表示伺服已处于可运行状态。一般在电源接通，伺服ON信号开启且复位信号OFF时为ON。这个信号一般是向控制器发送的运行信号，控制器接到该信号后才能发出定位控制脉冲。

② 定位完成（INP） 在位置控制模式下，当驱动器内部偏差计数器的滞留脉冲已达到由参数PA10所设定的范围内（表示在允许误差范围内）时，INP为ON。

③ 转矩限制中（TLC） 当驱动器选择位置或速度控制模式时，如果输出转矩达到由参数PA11/PA12模拟量给定（TC端）设定的转矩限制值时，TLC为ON。

④ 速度为0（ZCP） 当电动机实际转速小于PC17所设定的速度值（r/min）时，ZCP为ON。 该信号可以用来判断电动机是否在正常运转。

⑤ 驱动器报警（ALM） 端口CN1-48被指定为驱动器报警信号ALM的专用输出端口。信号为常闭型输出，如驱动器无报警，则在控制电源接通后，ALM自动为ON。一般常用其常开触点接于主电源接入继电控制电路中。

除了上述常用的5个输出信号外，还有告警信号（WNG）、电池告警信号（BWNG）、ABS数据传送（ABSB0/ABSB1/ABST）和ABS数据丢失（ABSV）等信号设定。

（3）通用输出端口参数设定

通用输出端口的功能设置也是通过其相对应参数 PD13~PD18的设定值来定义的。功能参数设置以4位十六进制数来进行设定，图7-11所示的功能设定值及其所表示的功能见表7-9。同样，对表中位置控制模式下的功能代表符号所代表的功能上文已做了说明。关于在速度控制模式及转矩控

图7-11 通用输出端口功能设定值

制模式下的各种功能说明及代表符号这里也不再阐述。

表7-9　通用输出端口功能设定值

设置值	输入信号		
	P(位置模式)	S(速度模式)	T(转矩模式)
00	始终关闭	始终关闭	始终关闭
02	RD	RD	RD
03	ALM	ALM	ALM
04	INP	INP	始终关闭
05	MRB	MRB	MRB
07	TLC	TLC	VLC
08	WNG	WNG	WNG
09	BWNG	BWNG	BWNG
0A	始终关闭	SA	始终关闭
0B	始终关闭	始终关闭	VLC
0C	ZSP	ZSP	ZSP
0D	MTTR	MTTR	MTTR
0F	CDPS	始终关闭	始终关闭
11	ABSV	始终关闭	始终关闭

7.2.4　位置控制模式脉冲输入方法

定位脉冲输入端口为PP、PG和NP、NG。若控制器提供差动线驱动脉冲信号和集电极开路脉冲信号两种方式接入，参数PA13的设置必须与输入脉冲形式一致。集电极开路脉冲信号有正/反转脉冲，A、B相脉冲和脉冲+方向三种形式。其中正转脉冲、A相脉冲或脉冲信号应接PP端，而反转脉冲、B相脉冲或脉冲方向应接NP端。

① 集电极开路输入方式，如图7-12所示。集电极开路输入方式输入脉冲最高频率200kHz。PA13设置成0011H或者0001H。

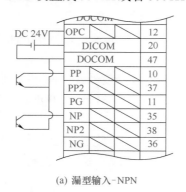 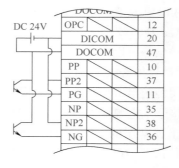

(a) 漏型输入-NPN　　　　　　　　(b) 源型输入-PNP

图7-12　集电极开路输入方式

② 差动输入方式，如图7-13所示。差动输入方式输入脉冲最高频率500kHz。PA13设置成0012H或者0002H。

【例7-2】设计原理图，要求用手摇编码器（分辨率为1000线）控制MR-J4驱动器（分辨率为22位，即 $2^{22}=4194304$ 线）的运行，手摇编码器转一圈，伺服电动机也转一圈。

【解】 手摇编码器发出的是A/B相脉冲，如果采用差动式输入模式，则原理图如图7-14（a）所示，OPC端子不要接线。如果采用集电极开路输入模式，则原理图如图7-14（b）所示，OPC端子接+24V。

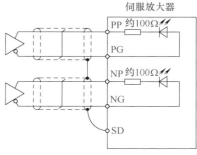

图7-13 差动输入方式

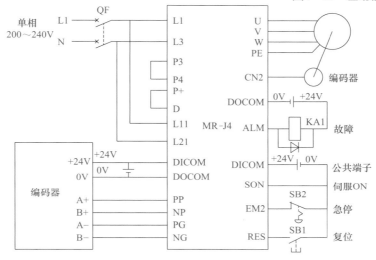

(a) 差分式编码器

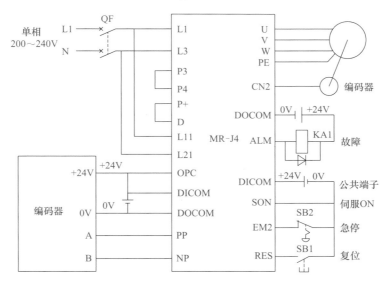

(b) 集电极开路NPN型编码器

图7-14 编码器与MR-J4连接原理图

伺服系统的参数见表7-10，参数的含义在后续介绍。在本例中电子齿轮比为：

$$\frac{PA06}{PA07} = \frac{4194304}{1000 \times 4} = \frac{131072}{125}$$

以上公式中的4是手摇编码器频率四倍频的含义。

表7-10 伺服驱动器的参数

参数	名称	出厂值	设定值	说明
PA01	控制模式选择	1000	1000	设置成位置控制模式
PA06	电子齿轮比分子	1	131072	设置成上位机(PLC)发出1000个脉冲，电动机转一圈
PA07	电子齿轮比分母	1	125	
PA13	脉冲输入形式	0000	0012	选择脉冲串输入信号波形，负逻辑，设定A向脉冲和B向脉冲。伺服放大器以4倍频获取输入脉冲
PD01	用于设定SON、LSP、LSN的自动置ON	0000	0C04	SON、LSP、LSN内部自动置ON

7.2.5 外部模拟量输入电路的接线

模拟量输入的主要功能是进行速度调节和转矩调节或速度限制和转矩限制，一般输入阻抗为10~12kΩ。如图7-15所示。

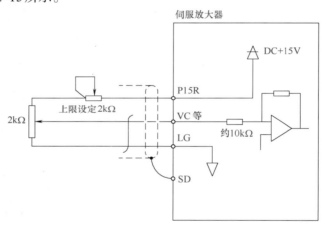

图7-15 外部模拟量输入

7.2.6 模拟量输出电路的接线

模拟量输出的电压信号可以反映伺服驱动器的运行状态，如电动机的旋转速度、输入脉冲频率、输出转矩等，如图7-16所示。输出电压是±10V，电流最大1mA。模拟量输出在CN6连接器中。

连接器CN6的引脚含义见表7-11。

表7-11 CN6连接器的定义和功能

连接端口	代号	输出/输入信号	备注
1	LG	公共端口	—
2	MO2	MO2与LG间的电压输出	模拟量输出
3	MO1	MO1与LG间的电压输出	模拟量输出

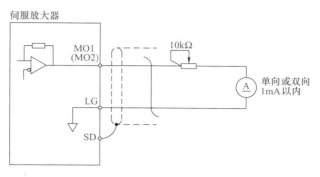

图7-16 模拟量输出

7.2.7 编码器输出电路的接线

驱动器提供了两种编码器输出端口：一种是差动线驱动输出 LA、LAR、LB、LBR、LZ、LZR 。另一种是编码器 Z 相脉冲集电极开路输出 OP，其输出脉冲波形如图7-17所示。由图可以看出，编码器脉冲为 A-B 相差动线驱动输出。

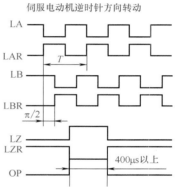

图7-17 编码器输出脉冲波形

差动线驱动输出的优点是抗共模干扰能力强，抗噪声干扰性好，传输距离长，但是当它反馈给控制器时，接收信号的设备也必须有差动线驱动输入接口才行，如三菱 FX PLC 的高速脉冲输入端口就不是差动型驱动接口，因为不能直接接入差动线驱动信号，而 FX3U-4HSX-ADP 高速适配器支持差动线驱动信号输入，也可以通过外接电路将差动线驱动信号转换成集电极开路信号后传送给控制器输入口，图7-18表示了两种转换方法原理图。

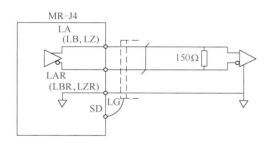

(a)

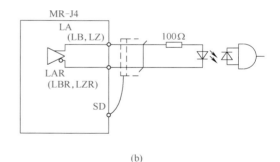

(b)

图7-18 差动线驱动信号转换成集电极开路信号

图7-18（a）把差分信号传送给差分信号接收器 IC 转换成单端信号。图7-18（b）通过光耦转换成单端信号，然后再通过适当电路转换成集电极开路输出。

编码器 Z 相脉冲集电极开路输出信号 OP 是专门用来提供控制器在原点回归操作时的零点信号计数的。一般连接到控制器的零相信号输入端口。

【例7-3】设计原理图，要求用 FX5U-32MT 控制 MR-J4 驱动器的运行。

【解】 FX5U-32MT 控制 MR-J4 驱动器，所以定位信号采用集电极开路输入模式，如图7-19

所示。几个重要的端子简介说明如下。

① Y0 与 PP 相连，Y0 发出高速脉冲。

② Y1 与 NP 相连，Y1 发出方向信号。

③ Y2 与 SON 相连，Y2 发出 SON 信号，让伺服准备。

④ Y3 与 CR 相连，Y3 发出清除滞留脉冲信号。

⑤ X0 与 RD 相连，伺服驱动器准备好后，向 PLC 发出信号。

⑥ X1 与 LZ 相连，伺服驱动器向 PLC 发出编码器的零脉冲信号，通常用 SZR 回原点指令时会用到。

⑦ X2 与 SQ1 相连，SQ1 是近点开关，回原点时要用到。

⑧ X3 与 SB1 相连，SB1 是回原点按钮。

⑨ X4 与 SB2 相连，SB2 是启动按钮。

⑩ X5 与 SB3 相连，SB3 是停止按钮。

此外，这个原理图中还有两点需要注意，即伺服驱动器的 DOCOM 要与 PLC 输出端的 COM0 短接，伺服驱动器的 DOCOM 还要与 PLC 输入端及电源的 0V 短接，否则不能形成回路。

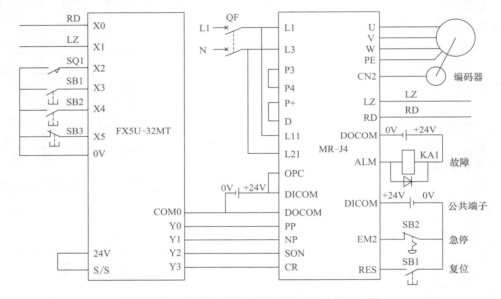

图 7-19　FX5U-32MT 与 MR-J4 连接原理图

7.3　驱动器常用参数

7.3.1　驱动器功能参数简介

要准确高效地使用伺服系统，必须准确设置伺服驱动器的参数。MR-J4 伺服系统包含基本设定参数（Pr.PA_ _）、增益/滤波器设定参数（Pr.PB_ _）、扩展设定参数（Pr.PC_ _）、输入输出设定参数（Pr.PD_ _）、扩展设定参数 2（Pr.PE_ _）和扩展设定参数 3（Pr.

PF＿＿）等。参数简称前带有*号的参数在设定后一定要先关闭电源，再接通电源时才生效，例如，参数PA01的简称为*STY（控制模式），重新设定后需要断电重启生效。以下将对MR-J4伺服系统常用参数进行介绍。

（1）基本设定参数

参数号为 PA01~PA19。它们是驱动器基本功能和特性的设定，是在定位控制方式下主要设定的参数，也是本书进行详细介绍的功能参数。读者对这类参数应进行较多的学习并掌握。

（2）增益、滤波器参数

参数号为 PB01~PB45。它们是驱动器对定位、速度调节器的调节特性和滤波器、陷波器等动态调节特性的调节参数设定，所以又称为调节参数。一般习惯上都将驱动器的调节参数PA08设为自动调谐功能（PA08=1）。这时，各种调节参数会在线进行自动设定，因此，在这种情况下用户不需要对该组参数进行设定。只有当使用在线自动调谐功能很难获得理想的调节特性及响应特性时，该组参数才需要人工进行设定。这时，可先设置PA08=3，然后对该组参数进行逐一设定。本书仅对一些定位控制相关的调整参数和手动调整方式做一些简单说明

（3）扩展设定参数

参数编号为PC01~PC50。主要针对速度控制方式和转矩控制方式下的各种参数进行设定，如加/减速时间、脉冲输入/输出特性、模拟量输入/输出特性、通信及多段速时间内部速度设定等。在定位控制方式下，该组参数一般不需要另行设定，保持出厂值即可。

（4）输入/输出设定参数

参数编号为PD01~PD24。该组参数用于驱动器I/O 端口的功能定义及端口控制信号的方式设定。该组参数也是用户在定位控制时必须设定的参数。

7.3.2 基本设定参数

基本设定参数是伺服驱动器在定位控制方式下使用时所必须要设置的参数组，基本设定参数见表7-12。

表7-12 三菱MR-J4伺服系统的基本设定参数

编号	简称	名称	初始值	单位	运行模式				控制模式		
					标准	全闭环	线性	DD	P	S	T
PA01	*STY	控制模式	1000h	—	○	○	○	○	○	○	○
PA02	*REG	再生制动选件	0000h	—	○	○	○	○	○	○	○
PA03	*ABS	绝对位置检测系统	0000h	—	○	○	○	○	○	—	—
PA04	*AOP1	功能选择A-1	2000h	—	○	○	○	○	○	○	—
PA05	*FBP	每转的指令输入脉冲数	10000	—	○	○	○	○	○	—	—
PA06	CMX	电子齿轮比分子(指令脉冲倍率分子)	1	—	○	○	○	○	○	—	—
PA07	CDV	电子齿轮比分母(指令脉冲倍率分母)	1	—	○	○	○	○	○	—	—
PA08	ATU	自动调谐模式	0001h	—	○	○	○	○	○	○	—
PA09	RSP	自动调谐响应性	16	—	○	○	○	○	○	○	—
PA10	INP	到位范围	100	［pulse］	○	○	○	○	○	—	—

编号	简称	名称	初始值	单位	运行模式				控制模式		
					标准	全闭环	线性	DD	P	S	T
PA11	TLP	正转转矩限制/正方向推力限制	100.0	[%]	○	○	○	○	○	○	○
PA12	TLN	反转转矩限制/反方向推力限制	100.0	[%]	○	○	○	○	○	○	○
PA13	*PLSS	脉冲输入形式	0100h	—	○	○	○	○	○	—	—
PA14	*POL	旋转方向选择/移动方向选择	0	—	○	○	○	○	○	—	—
PA15	*ENR	编码器输出脉冲	4000	[pulse/rev]	○	○	○	○	○	○	○
PA16	*ENR2	编码器输出脉冲2	1	—	○	○	○	○	○	○	○
PA17	*MSR	伺服电机系列设定	0000h	—	—	—	○	○	○	○	○
PA18	*MTY	伺服电机类型设定	0000h	—	—	—	○	○	○	○	○
PA19	*BLK	参数写入禁止	00AAh	—	○	○	○	○	○	○	○
PA20	*TDS	Tough Drive设定	0000h	—	○	○	○	○	○	○	○
PA21	*AOP3	功能选择A-3	0001h	—	○	○	○	○	○	○	—
PA22	*PCS	位置控制构成选择	0000h	—	○	○	○	○	○	—	—
PA23	DRAT	驱动记录仪任意报警触发器设定	0000h	—	○	○	○	○	○	○	○
PA24	AOP4	功能选择A-4	0000h	—	○	○	○	○	○	○	○
PA25	OTHOV	一键式调整 超调量容许级别	0	[%]	○	○	○	○	○	○	—

　　在用于定位控制时，基本设定参数多数使用出厂值，仅修改几个参数就可以使电动机正常运行，例如参数PA06和PA07（电子齿轮比）、PA13（脉冲输入形式）和 PD01（控制方式选择）。其中PA06、PA07 要根据实际需要进行计算设置，通常在不考虑位置及速度的情况下，如果只是进行电动机的运行测试，也可以使用默认的电子齿轮比1：1，但是因为MR-J4的编码器分辨率比较高（22位，即4194304个脉冲转一圈），在这种情况下，如果用PLC（如FX系列等）发出的脉冲让伺服运行，伺服运行的速度会非常慢，不容易观察到电动机在运行，所以最好对电子齿轮比进行适当设定，以保证电动机运行能够观察到。

（1）控制模式设定功能参数PA01

1）参数设定　参数设定如图7-20所示。

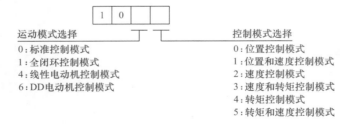

图7-20　PA01参数设定

　　2）参数的含义　PA01用于选择伺服驱动器的控制方式，初始值为位置控制模式。当为定位控制时，使用此默认值，无需进行修改。当不使用脉冲等来进行定位控制，而是用于速度、转矩等控制或是其他两种控制模式切换时，可以根据图7-20所示重新进行设定。

　　当选择了两种控制模式切换时（PA01=1、3、5）。其切换方式通过LOP信号进行切换。LOP信号为OFF时，则为前控制模式，LOP信号为ON时，则转换为后控制模式（例如当控制模式为1时，LOP为OFF则是位置模式，LOP信号为ON时，则是速度模式）。LOP信号一般是指输入端CN1-45的脉冲信号。该端口在出厂时已被设定为LOP信号端口（端口的对应参数为PD21=2323H，PD22=0023H）。

通常位置控制模式时，PA01设置为1000H，速度控制模式时则设置为1002H，转矩控制模式时设置为1004H。

(2) 再生制动选件选择功能参数 PA02

1）参数设定　如图7-21所示。

图7-21　PA02参数设定

2）参数的含义　当伺服电动机在拖动大惯量负载、势能负载（电梯、起重机），以及伺服电动机处于被拖动状态时，会把机械能转换成电能回送到驱动器的直流母线上，这时需要外接制动电阻把这个回馈的电能消耗掉。PA02就是对再生制动电阻进行选择的参数。

当驱动器功率较小或有内置制动电阻时可设定为00，这时不需要外接制动电阻。

当驱动器功率为3kW和5kW时，由于再生能量较大，必须选用与其相配套的制动单元（FR-BU）或再生功率转换器（FR-RC），这时必须设定为01。

02~09为制动电阻的型号，制动电阻的选择必须和伺服驱动器的规格相匹配，具体匹配组合请参看手册。如果选择不匹配的组合将出现参数异常报警。

如果参数设定的制动电阻和实际连接的制动电阻不一致可能会损坏制动电阻，在出厂状态时，伺服驱动器没有使用再生制动选件，此时使用默认参数。

(3) 绝对位置检测系统功能参数 PA03

1）参数设定　参数设定如图7-22所示。

2）参数的含义　该参数为使用绝对位置定位控制系统时所设置。初始值为相对位置定位控制系统。当使用绝对位置定位控制系统时，MR-J4驱动器必须安装后备电池，以保证断电后编码器的绝对位置值（ABS数据）能够得到保存，从编码器到驱动器的ABS数据传送是自

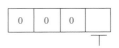

绝对位置检测系统的选择
0：使用增量系统
1：使用绝对位置系统，通过DIO进行ABS传送
2：使用绝对位置系统，通过通信进行ABS传送

图7-22　PA03参数设定

动进行的，但从驱动器到PLC的ABS数据传送必须通过驱动器与PLC之间的端口进行。

ABS数据传送可采用两种方式进行。

① 通过I/0端口进行ABS数据传送　这时，PLC与驱动器的I/0端口必须按规定要求进行正确连接，开机后，PLC通过专门指令ABS马上把ABS数据传送到当前值寄存器中。详细情况请参阅ABS指令的讲解。此时，PD03=0001。

② 通过通信方式进行ABS数据传送　这时，PD03=0002。PLC通过RS422通信端口读取ABS数据。

选择再生选件
强制停止减速功能选择
0:强制停止减速功能无效(使用EM1)
2:强制停止减速功能有效(使用EM2)

图7-23 PA04参数设定

(4) 功能选择参数PA04

1) 参数设定 参数设定如图7-23所示。

2) 参数的含义 当PA04设定为2000H时，EM2有效，这是默认值。

(5) 电动机每转指令输入脉冲数设定功能参数 PA05

参数说明 该参数与电子齿轮比参数PA06、PA07有关。

当参数PA05设置为0（初始值）时，电子齿轮比（参数PA06、PA07）为有效。此时进入偏差计数器的指令脉冲是控制器发出的指令脉冲乘以电子齿轮比后的脉冲。

当PA05设置为不等于0时，电子齿轮比参数无效，此时PA05的设定值就是使伺服电动机旋转一周所需要的指令输入脉冲数。从图7-24可见，这时相当于电子齿轮比固定的分辨率Pt与参数PA05设定值FBP之比，进入偏差计数器的指令脉冲是Pt，即电动机旋转伺服电动机一周所需的脉冲数。

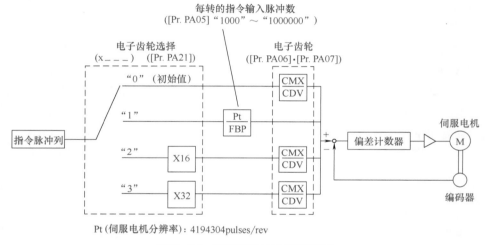

图7-24 电子齿轮比功能示意图

(6) 电子齿轮比分子/分母设定功能参数PA06、PA07

参数说明 PA06简称CMX，是电子齿轮比分子。PA07简称CMD，是电子齿轮比分母。

电子齿轮比的取值一般应控制在 $\frac{1}{10} < \frac{CMX}{CMD} < 4000$。这个范围内，过大或过小可能会导致电动机在加速或减速运行时发生噪声，也可能使电动机不按照设定的速度和加/减速时间来运行而直接导致定位发生错误。电子齿轮比的设定错误可能会导致错误运行，设定必须在伺服驱动器断开的状态下进行。

对三菱伺服驱动器来说，其编码器分辨率是固定的。MR-J3系列为262144（18位），MR-J4系列为4194304（22位）。电子齿轮比的设定可以简单化。由参数PA05的非0设置得到启发，如果将CMX设定为伺服电动机分辨率4194304，则CDV只要设定为满足定位要求的电动机一圈脉冲数即可。一般只要将参数PA06（分子）设定为4194304，而将PA07（分母）设定为每转指令脉冲数（可进行约分处理）即可。

【例7-4】已知伺服电动机伺服带动丝杠运行，滚珠丝杠的螺距$t=6\text{mm}$，要求脉冲当量为$\tau=2\mu\text{m}$/脉冲，电子齿轮比应设为多少？如电动机与丝杠之间安装了1:2的减速器，则电子齿轮比是多少?

【解】

$$① \quad \frac{CMX}{CMD} = \frac{编码器分辨率}{电动机转一圈所需脉冲} = \frac{4194304}{6000/2} = \frac{524288}{375}$$

$$② \quad \frac{CMX}{CMD} = \frac{编码器分辨率}{电动机转一圈所需脉冲} = \frac{4194304}{\dfrac{6000}{2 \times 2}} = \frac{1048576}{375}$$

图7-25　PA08参数设定

(7) 自动调谐设定功能参数 PA08、PA09

① 参数设定　参数设定如图7-25所示。

参数 PA08（自动调谐模式）的参数设定说明见表7-13。其出厂初始值为1。

表7-13　PA08参数设定值及说明

设定值	增益调节模式	自动设置与增益相关参数
0	插补模式	PB06,PB08,PB09,PB10
1	自动调谐模式1	PB06,PB07,PB08,PB09,PB10
2	自动调谐模式2	PB07,PB08,PB09,PB10
3	手动调整模式	—

参数 PA09（自动调谐响应特性）设定值见表7-14。出厂初始值为12（37Hz）。

表7-14　PA09参数设定值

设定值	机械特性		设定值	机械特性	
	响应性	机械共振频率的基准/Hz		响应性	机械共振频率的基准/Hz
1	低响应	2.7	21	中响应	67.1
2		3.6	22		75.6
3		4.9	23		85.2
4		6.6	24		95.9
5		10.0	25		108.0
6		11.3	26		121.7
7		12.7	27		137.1
8		14.3	28		154.4
9		16.1	29		173.9
10		18.1	30		195.9
11		20.4	31		220.6
12		23.0	32		248.5
13		25.9	33		279.9
14		29.2	34		315.3
15		32.9	35		355.1
16		37.0	36		400.0
17		41.7	37		446.6
18		47.0	38		501.2
19		52.9	39		571.5
20	中响应	59.6	40	高响应	642.7

② 参数说明　伺服驱动器在实际应用中控制对象比较复杂，不同的控制对象其负载的

惯量、特性及传动机构的刚性、结构等因素会很不相同。为保证系统能稳定可靠地工作，需要通过对各种调节参数进行正确设定。其中，比较重要的调节参数见表7-15。

表7-15　重要的调节参数

参数编号	名称
PB06	负载和伺服电动机的惯性比
PB07	模型环增益
PB08	位置环增益
PB09	速度环增益
PB10	速度积分补偿

上述这些重要的调节参数，伺服驱动器均采用在线自动设定。当将PA08设置成自动调谐模式1或模式2时，驱动器会根据系统的响应特性和负载特性自动完成上述参数的设定，以便系统获得比较理想的运行特性。实际上，这就是系统的PID自整定过程。

MR-J4有3种自动调谐模式，各适用于不同场合，功能也有差别。其中，自动调谐1应用最多，它只要选好PA09的值，驱动器便会自动完成负载惯性测试，自动去完成各种调节器增益和积分时间值，并自动写到各个参数单元存储器中。插补模式主要用在二轴同步和多轴同步跟随控制中。当自动调谐1和自动调谐2不能满足控制要求，获得满意的响应特性时，可采用手动模式。手动就是对各种调节参数进行逐一人工设定，多次反复地调整参数值直到达到满意效果为止。在PB参数中将对手动调整做简单说明。一般情况下，PA08采用出厂初始值，设定为自动调谐1模式。

参数PA09为驱动响应特性，影响系统响应速度的快慢。其设定值越大，响应越快，定位误差也小，但响应特性也与系统的刚性、机械共振频率等有关，设定值过大会产生噪声和振动。因此选择时也不能过大。一般调节是在不发生噪声和振动的情况下，尽量调大PA09值，提高响应速度。常用负载的PA09值设定范围是8~24，其出厂初始值为12，一般先不进行修改，驱动系统稳定后，再逐步加大设定值，直到出现噪声和振动为止。

（8）INP到位范围设定功能参数PA10、PC24

① 参数设定　参数 PA10的设定范围为：0~65535，出厂初始值为100。参数 PC24的设定范围如图7-26所示。

```
| 0 | 0 | 0 |
            └─
0:指令脉冲单位
1:编码器脉冲单位
```

图7-26　PC24参数设定

② 参数说明　PA10为偏差计数器中滞留脉冲存留数量。在伺服驱动器中，电动机的运行是由驱动器中偏差计数器的滞留脉冲所决定的。只有当滞留脉冲为0或为参数所设置的到位范围内脉冲数时，电动机才结束减速运行。伺服驱动器在定位结束后会向外发出一个定位结束信号。图7-27中的INP信号是伺服电动机停止的信号，可以说是真正的定位结束信号。当下一个定位指令启动后，脉冲输出使滞留脉冲超过所设置的到位范围后INP信号自动由ON变为OFF。

与参数PA10相关联的是脉冲数量单位选择。当PC24=0000时，滞留脉冲到位数量是指在电子齿轮比计算前的指令脉冲数量。当PC24=0001时，滞留脉冲数量是指由编码器反馈到偏差计数器的脉冲数量。

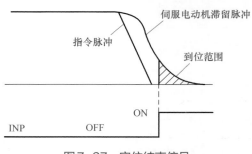

图7-27　定位结束信号

该参数与PC24一般都先选取出厂初始值（PA10=100、PC24=0），然后根据定位控制要求进行适当调整。

（9）转矩限制设定功能参数 PA11、PA12、PC35

① 参数列表　转矩限制设定功能参数见表7-16。

表7-16　转矩限制设定功能参数

编号	简称	功能名称	初始值	位置	速度	转矩
PA11	PLP	正转转矩限制	100%	√	√	√
PA12	TLN	反转转矩限制	100%	√	√	√
PC35	TL2	内部转矩限制	100%	√	√	√

② 参数设定　转矩参数设定值是一个百分数，即实际转矩限制值是最大电动机输出转矩的百分比值，如图7-28所示。设定为100，为最大电动机输出转矩，出厂初始值为100。设定为0.0则不输出转矩。如设定为80，则转矩限制值为最大转矩值的80%。

③ 参数说明　该参数是对伺服电动机正/反转时输出转矩的限制，即伺服电动机在运行时输出转矩不能超过所设定的转矩限制值。

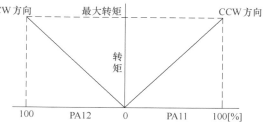

图7-28　转矩限制值

MR-J4伺服驱动器有两种方式对输出转矩进行限制。一种是通过参数 PA11、PA12和PC35的设定来限制转矩的大小，这种方式也叫内部转矩限制；另一种是通过模拟量输入端的输入电压进行转矩限制。

内部转矩限制也分两种方式，分别命名为第1转矩限制值和第2转矩限制值，它们的区别见表7-17。

表7-17　第1和第2转矩限制值的区别

名称	参数设定		端口信号		应用模式
	正转	反转	TL1	TL	
第1转矩限制值	PA11	PA12	0	0	位置、速度、转矩
第2转矩限制值	PC35		1	0	位置、速度

采用什么样的转矩限制控制方式是通过MR-J4驱动器的输入数字量端口TL1和TL的信号组合状态来选择的（在出厂时，CN-18被定为TL信号端口），而 TL1信号则未定义端口，如需要第2转矩限制值，则定义一个输入端口为TL1的信号端口），TL1和TL的信号组合状态及转矩限制控制方式选择见表7-18。

表7-18　TL1和TL的信号组态及转矩限制控制方式的选择

端口信号		采用控制方式	说明	适用模式
TL1	TL			
0	0	PA11、PA12		位置、速度、转矩
0	1	模拟量	≤PA11、PA12设定时有效	位置、速度
1	0	PC35	≤PA11、PA12设定时有效	位置、速度
1	1	模拟量	≤PA11、PA12、PC35设定时有效	位置、速度

在定位控制时，参数PA11、PA12一般采用出厂初始值，不需要进行调整。转矩限制设置生效后，如果输出转矩达到限制值，则驱动器的输出端口信号TLC（出厂时为CN1-25 端

口）为ON。

(10) 脉冲输入形式选择设定功能参数 PA13

① 参数设定　参数 PA13 的设定极为重要。参数 PA13 的设定范围如图 7-29 所示。

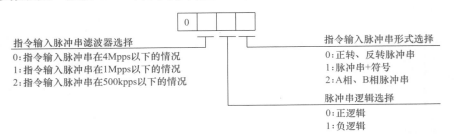

指令输入脉冲串滤波器选择
0: 指令输入脉冲串在4Mpps以下的情况
1: 指令输入脉冲串在1Mpps以下的情况
2: 指令输入脉冲串在500kpps以下的情况

指令输入脉冲串形式选择
0: 正转、反转脉冲串
1: 脉冲串+符号
2: A相、B相脉冲串

脉冲串逻辑选择
0: 正逻辑
1: 负逻辑

图 7-29　PA13 参数设定

② 参数说明　参数 PA13 用来对指令脉冲的输入形式进行选择。伺服驱动器是由上位机控制的（如PLC等），上位机发出的定位指令脉冲形式并不是统一的一种形式，而是有多种形式，通过对参数 PA13 的设定，使驱动器接收指令脉冲的形式与上位机发送的指令脉冲形式相匹配。例如三菱FX PLC一般选择负逻辑，而西门子的PLC通常使用正逻辑。

MR-J4 驱动器可以接收3种形式的指令脉冲形式，3种形式根据正/负逻辑的不同共分成6种不同的脉冲形式，见表7-19。

表7-19　指令脉冲形式

设置值	脉冲串形态		正转指令时	反转指令时
0010h	负逻辑	正转脉冲串 反转脉冲串		
0011h		脉冲串+符号		
0012h		A相脉冲串 B相脉冲串		
0000h	正逻辑	正转脉冲串 反转脉冲串		
0001h		脉冲串+符号		
0002h		A相脉冲串 B相脉冲串		

对 FX 系列 PLC 来说，其基本单元的高速脉冲输出口 Y0、Y1、Y2 均为负逻辑脉冲＋方向信号形式。

（11）旋转方向选择设定功能参数 PA14

① 参数设定　PA14 设定值与电动机旋转方向有关，选择与输入脉冲串相对的伺服电动机选择方向关系见表 7-20。

表7-20　输入脉冲串相对的伺服电机选择方向关系

设定值	伺服电动机旋转方向	
	正转脉冲输入时	反转脉冲输入时
0	CCW	CW
1	CW	CCW

② 参数说明　PA14 设置电动机的旋转方向，在输入脉冲串不变的情况下，改变 PA14 的数值能改变伺服电动机的运行方向。在实际应用中先保持出厂值不变，调试时如发现与运行时旋转方向不一致则将 0 改为 1 即可。

（12）编码器输出脉冲设定功能参数 PA15、PC19

1）参数设定　参数 PA15：设定范围为 1~4194304，单位为 pls/rev，默认值为 4000。

参数 PC19：PC19 参数设定如图 7-30 所示。

2）参数说明　MR-J4 伺服驱动器有一组编码器脉冲信号输出端口（LA/LAR、LB/LBR、LZ/LZR）。这组信号是与编码器同步的，是一组 A-B 相差分线驱动脉冲信号。一般情况下，作为位置反馈脉冲连接到上位机控制器上，用于进行闭环控制。对这组编码器输出脉冲，驱动器可以通过参数 PA15 和 PC19 对它的脉冲方向、脉冲输出方向和电动机每圈脉冲数进行设定。

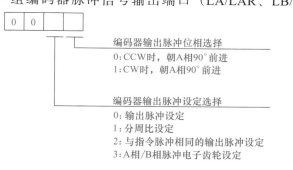

图7-30　PC19参数设定

脉冲方向由参数 PC19 的最低位设定。设定为 0，电动机正转时，A 相超前 B 相。设定为 1，电动机正转时，B 相超前 A 相。如图 7-30 所示。对应于电动机每转输出脉冲数的设定是由 PA15 和 PC19 一起设定的。有三种不同的设定方式。

① PC19 设定为"□□0□"（初始值）时，为指定输出脉冲方式。伺服电动机每转输出脉冲数 PA15/4，即 PA15 设定值为输出脉冲值的 4 倍，如参数 PA15 设置为"4000"实际每转输出脉冲数值为 4000/4=1000pls。

② PC19 设定为"□□1□"时，为设定脉冲输出倍率方式。伺服电动机每转输出脉冲数 4194304/PD15/4，这时 PA15 中设定值为编码器每圈脉冲数（4194304）与输出脉冲值之比，对应伺服每转输出脉冲数是伺服电动机的编码器分辨率除以 PA15 设定值后，再除以 4，如 PA15 设置值为"8"，对应伺服每转输出的脉冲数是 4194304/8/4=131072。

③ PC19 设定为"□□2□"时，输出和指令脉冲一样的脉冲串。这时，PA15 的设定值无效。伺服运行时伺服驱动器上 A-B 相输出的脉冲数与伺服电动机实际旋转一周所需要的指令脉冲数相同，如已知伺服电动机伺服带动丝杠运行，滚珠丝杠的螺距 D=8mm，要求脉冲

当量为 $b=2\mu m$/脉冲，则对应伺服每转输出脉冲数为8000/2=4000。

在使用这几组脉冲信号时，可以将这些信号接到PLC的输入端，然后通过高速计数功能进行计数，但要注意这几组信号是差动信号，如果要将这些信号接到PLC的输入端，对于FX系列PLC不能直接连接，因为FX系列PLC基本单元高速输入口只能接收开路集电极信号，必须在FX系列PLC基本单元上扩展能接收差动信号的高速计数模块FX2N-1HC，或是通过转换电路将差动信号转换成集电极信号再接到FX系列PLC的基本单元输入端。

7.3.3 增益、滤波器调整设定参数

增益、滤波器参数（PB01~PB45）是驱动器对位置、速度调节器的调节特性和滤波器、陷波器等动态调节特性的调节参数设定，所以又称为调节参数。

图7-31为伺服驱动器内部原理框图。由图可见，定位控制由位置环和速度环共同完成。输入位置指令脉冲，而编码器反馈的位置信号也以脉冲形式送入到输入端在偏差计数器进行偏差计数，计数的结果经位置调节器比例放大后，作为速度环的指令速度值送入到速度调节器的输入端。速度控制是由速度环完成的，当速度给定指令输入后，由编码器反馈的电动机速度被送到速度环的输入端，与速度指令进行比较，其偏差经过速度调节器处理后通过电流调节器和矢量控制器电路来调节逆变功率放大电路的输出使电动机的速度趋近指令速度，保持恒定。速度调节器实际上是一个PI（PD）控制器。对P、I（D）控制参数进行整定就能使速度恒定在指令速度上。速度环虽然包含电流环，但这时电流并没有起输出转矩恒定的作用，仅起到输入转矩限制功能作用。

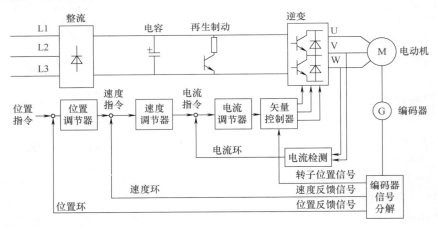

图7-31 伺服驱动器内部原理框图

由以上分析可知，在进行定位控制时，涉及的调节参数有负载和伺服电动机的惯量比PB06、位置调节器增益PG2、速度调节器增益VG2及速度调节器的积分时间VIC。这些参数对电动机的运行有很大影响。特别是PG2与VG2的设定关系到电动机的动态响应特性和稳定性。仅当增益PG2和VG2调至适当时，定位的速度和精度才最好。MR-J4伺服驱动器对应于上述增益的参数是PB07（PG1，模型环增益）、PB08（PG2，位置环增益）、PB09（VG2，速度环增益）和PB10（VIC，速度环积分时间），而通常所讲的自动调谐和手动模式调谐就是对上面几个参数的设定。

对该组参数的调节主要是以上几个增益参数的设定。对各种滤波器参数来说，用户都可

以先按出厂初始值设定，在控制要求较高时，根据对滤波器参数的理解进行适当修改。

一般习惯上都将驱动器的调节参数PA08设为自动调谐功能（PA08=1）。这时，上述调节参数会在线进行自动设定，因此在这种情况下，用户不需要对上述参数进行设定。只有当使用在线自动调谐功能很难获得理想的调节特性及响应特性时，才需要人工对上述参数进行设定。

（1）负载和伺服电动机的惯量比设定功能参数PB06

① 参数设定　设定范围：0~300.0。

② 参数说明　在选择伺服电动机时必须考虑电动机转轴与负载转轴转动惯量的匹配问题，只有二者匹配，伺服系统才会达到最佳工作状态。参数PB06就是对负载电动机转动惯量比进行设定的。设定的目的就是使转动惯量达到匹配。

一般来说，伺服电动机的转动惯量可从生产厂家的手册上查到，手册也给出最大负载电动机转动惯量的比值，但负载的转动惯量计算却非常复杂，涉及负载的结构、材料、运动形式等，非普通工控人员所能掌握，对该参数设置就成了问题。在实际应用中，对 MR-J4伺服驱动器来说参数 PB06 的设置主要是通过自动调谐模式进行在线自动设定的，即使是手动模式下，该参数也是先进行自动调谐，在线自动设定PB06的值后再转入手动模式，然后根据系统运行平稳性的好坏在自动设定值的基础上进行调整。

参数PB06的设定范围较大，在自动调谐模式下，负载电动机惯量比也能达到100，但必须注意，实际值不要超过伺服电动机手册上所规定的最大比值，超过了说明电动机功率选择有问题。

（2）模拟环增益设定功能参数PB07

① 参数设定　设定范围：1~2000。

② 参数说明　所谓模型环是指伺服驱动器的一种模型追踪功能，其理论和原理都比较复杂，不在本书说明范围之内。图7-32是模型追踪原理图。由图可见，模拟环实际上是驱动器内部的一套虚拟的位置速度调节系统，它和实际调节系统一样，同时接收位置控制指令。因为它完全在驱动器内部构成，所以相对于实际调节系统来说，响应较快一点，可以提前预测电动机的速度和位置实现预测控制，用于提高伺服系统的动态响应性能，减小误差。

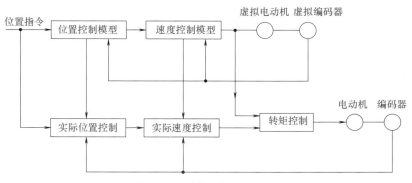

图7-32　模型追踪原理图

模型环增益 PG1为虚拟调节系统的位置调节器增益，此增益决定了位置跟随误差，增大PG1可以提高对位置指令的追踪性，但太大容易发生超调。当伺服驱动器用于"插补控制"时，两个驱动器的模型环增益设定值必须相同。

在自动调谐时，PG1由系统在线自动设定。在手动设定时，PG1的建议值如下式：

$$PG1 \leqslant \frac{VG2}{1 + \text{负载惯量与伺服电动机惯量比}} \times \left(\frac{1}{4} \sim \frac{1}{8}\right)$$

（3）速度环设定功能参数 PB09、PB10

伺服驱动器的速度调节器是一个 PI 调节器，其增益由 PB09 设定，积分时间由 PB10 设定，加入积分时间调节，电动机的稳定速度是一个无静差系统，其速度误差可为 0，但也增加了调节时间，还带来了速度的不稳定性。在实际应用中，如果想去除积分功能，则要通过输入端口 PC 实现，这时速度调节器由 PI 调节器切换至 P 调节器。

（4）调整模式说明

当 PA=0001 或 PA=0002 时，伺服处于自动调整模式。首先采用自动调整模式 1，当模式 1 不能满足控制要求时，则可以将伺服设置成自动调整模式 2 或是手动调整。设置成不同的调整模式，则 PB06、PB10 等参数的设置方式不同，主要区别见表 7-21。

表 7-21　不同调整模式的参数设置方式

增益调整模式	PA08 设定值	负载惯性比设定	自动设定参数	手动设定参数
自动调整参数 1	0001	自动设定	GD2(PB06) PG1(PB07) PG2(PB08) VG2(PB09) VIC(PB10)	PA09
自动调整参数 2	0002	根据固定参数 PB06 值 （用户设定）	PG1(PB07) PG2(PB08) VG2(PB09) VIC(PB10)	GD2(PB06) PA09
手动调整	0003		—	GD2(PB06) PG1(PB07) PG2(PB08) VG2(PB09) VIC(PB10)

7.3.4　扩展设定参数

扩展设定参数（PC01~PC73）主要针对速度控制方式和转矩控制方式下的各种参数设定，有部分参数与定位控制有关。

（1）速度加速时间常数和速度减速时间常数 PC01、PC02

速度加速时间常数 PC01，简称 STA。速度减速时间常数 PC02，简称 STB。其含义如图 7-33

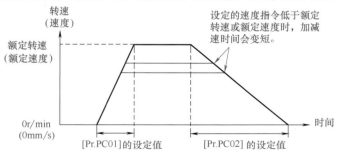

图 7-33　速度加速时间常数、减速时间常数的含义

所示。其设定范围：0~50000ms。只能用于速度和转矩控制模式，而不用于位置控制模式，这个需要注意。

对应模拟速度指令和内部速度指令1~7，设定从0r/min达到额定转动速度的加减速时间。

（2）S字加减速时间常数PC03

S字加减速时间常数PC03简称STC。设定S字加减速时的圆弧部分的时间，可让伺服电机或线性伺服电机的启动、停止顺畅。

其含义如图7-34所示。其设定范围：0~50000ms。只能用于速度和转矩控制模式。

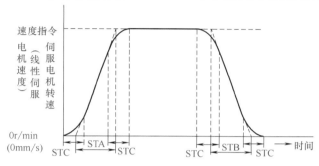

图7-34　S字加减速时间常数的含义

（3）内部速度指令PC05~PC11

伺服系统的内部速度类似于变频器的多段调速。内部速度1~7对应的参数是SC1~SC7，SC1的默认值是100r/min，就是内部速度SC1为100r/min。

内部速度的选择是由数字量输入端子SP1（CN1-41）、SP2（CN1-16）和SP3的组合决定，见表7-22。而CN1-18是正转启动信号，CN1-17是反转启动信号。

表7-22　内部速度的选择

输入信号			速度指令
SP3	SP2	SP1	
0	0	0	VC（模拟量速度指令）
0	0	1	Pr.PC05（内部速度指令1）
0	1	0	Pr.PC06（内部速度指令2）
0	1	1	Pr.PC07（内部速度指令3）
1	0	0	Pr.PC08（内部速度指令4）
1	0	1	Pr.PC09（内部速度指令5）
1	1	0	Pr.PC10（内部速度指令6）
1	1	1	Pr.PC11（内部速度指令7）

（4）模拟速度指令最大转速模拟速度限制（最大转速）PC12

模拟速度指令最大转速模拟速度限制简称VCM，模拟量范围0~10V，10V对应的速度，即最大速度，设定范围是0~5000r/min。如PC12设置为3000，则最大速度限制为3000r/min。

（5）模拟转矩/推力指令最大输出PC13

模拟转矩/推力指令最大输出简称TLC，其数值是百分比。假设额定转矩是10N·m，PC13设定为50.0，那么最大输出转矩就是额定转矩的50%，即5N·m。

（6）零速PC17

① 参数设定　零速简称ZSP，其设定范围：0~10000r/min。

② 参数说明 MR-J4伺服驱动器有一个零速度信号输出端口ZSP，该信号是用于判断电动机是否在正常运转的标志信号。

所谓零速度是指当电动机的运转速度小于PC17所设定的速度值（r/min）时，ZSP为ON。 ZSP信号一旦为ON，必须上升到PC17设定值+20r/min 后才能变为OFF。例如，PC17设定为30r/min ，则当电动机实际速度低于30r/min时，ZSP=ON，而当电动机转速上升到50r/min后才重新变为OFF。20r/min又称为滞留速度。

（7）报警记录清除设定功能参数PC18

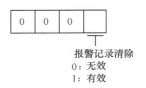

图7-35 PC18参数设定

① 参数设定 参数设定如图7-35。

② 参数说明 MR-J4伺服驱动在运行中发生故障时会对故障进行报警显示，同时还对报警进行历史记录，可以保存当前发生的1个报警信息和过去的5个报警信息。如果要清除报警记录，将参数PC18设定为0001 后在下一次接通电源时会自动消除所有报警记录。当报警记录清除后，参数PC18会自动复位为0000。参数 PC18出厂初始值为0000，一般仅在需要消除报警记录时才在关机前手动设置为0001。

（8）站号设定PC20

对伺服驱动器的1个轴，必须指定一个站号，即RS422和USB通信所使用的伺服驱动器的站号。站号设定参数PC20，简称SNO。其设定范围：0~31。

（9）通信功能选择PC21

① 参数设定 参数设定如图7-36。

② 参数说明 主要用于RS422通信的波特率。

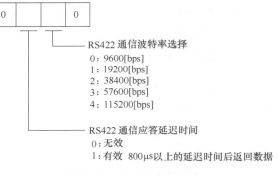

图7-36 PC21参数设定

（10）指令脉冲倍率分子设定功能参数PC32、PC33、PC34

1）参数设定 参数PC32、PC33、PC34分别代表指令脉冲倍率分子2、指令脉冲倍率分子3、指令脉冲倍率分子4。仅在参数PA05设定为0时有效，设定范围为1~16777215。

2）参数说明 这是3个关于电子齿轮比分子CMX的设定参数。在PA 参数组中，当参数PA05设定为0 时，表示电子齿轮比设定有效。这时，驱动器默认的是PA06设定电子齿轮比的分子CMX值，而PA07设定为电子齿轮比分母CDV的值。设定之后，电子齿轮比不再变化，除非重新设定 PA06、PA07的值。但是，在某些控制系统中，因工艺或其他原因，希望同时存在两种或两种以上的电子齿轮比供生产时选用，还希望电子齿轮比的改变也比较方便，例如，通过数字量端口的信号组态不同确定不同的电子齿轮比。参数 PC32、PC33、PC34 就是为此目的而设置的。

参数 PC32、PC33、PC34 的设置生效条件如下。

① 参数PA05设定为0，电子齿轮比设定是有效的。

② 把两个通用数字量端口 DI 设置成信号 CM1 和 CM2 端口 （设定值为 00000024、00000025 ），并外接开关信号。

MR-J4伺服驱动器规定：电子齿轮比的分母 CDV 固定为参数PA07设定值，不能改变，而电子齿轮比的分子则由端口信号CM1和CM2的组合状态决定。组合状态不同，则电子齿轮比分子CMX的选择不同，这样就形成了四种电子齿轮比供用户选择，组合状态选择见表7-23。

表7-23　电子齿轮比的组合选择

CM2	CM1	电子齿轮比的分子CMX	电子齿轮比的分母CDV	电子齿轮比
OFF	OFF	PA06		PA06/PA07
OFF	ON	PC32		PC32/PA07
ON	OFF	PC33	PA07	PC33/PA07
ON	ON	PC34		PC34/PA07

驱动器出厂时初始端口状态并没有指定端口为CM1和CM2的信号端口，因此CM2=CM1=OFF默认电子齿轮比为 PA06/PA07。此时，PC32、PC33、PC34设置无效。设置了端口信号CM1和CM2后，PC32、PC33、PC34的设置才有效。同时，根据表7-23选择不同的电子齿轮比。

（11）通信功能选择PC36

状态显示选择，简称DMD。

① 参数设定　参数设定如图7-37。

控制模式	电源接通时的状态显示
位置	反馈脉冲累积
位置/速度	反馈脉冲累积/伺服电机转速
速度	伺服电机转速
速度/转矩	伺服电机转速/模拟转矩指令电压
转矩	模拟转矩指令电压
转矩/位置	模拟转矩指令电压/反馈脉冲累积

图7-37　PC36参数设定

② 参数说明　参数PC36是与MR-J4伺服驱动器操作面板中状态显示有关的参数。参数PC36的设定是驱动器在接通电源后的状态显示，驱动器可以在状态显示模式下显示32种不同的状态，这32种不同的状态可以通过操作面板上的【UP】/【DOWN】键进行切换显示。

7.3.5 I/O设定参数

参数组PD是驱动器的通用数字量输入/输出端口设定参数，其主要功能是对连接器CN1上的输入/输出端口相关针脚进行信号功能定义。

（1）输入信号自动ON选择设定功能参数PD01

输入信号自动ON选择设定功能参数，简称DIA1。

① 参数设定　参数设定如图7-38。

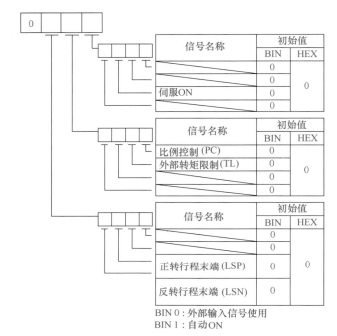

BIN 0：外部输入信号使用
BIN 1：自动ON

图7-38　PD01参数设定

② 参数说明　MR-J4伺服驱动器中有几个输入信号要求其在伺服工作时为常闭型输入（常为ON），且与控制方式无关。这些信号是急停信号（EM2）、伺服ON信号（SON ）、正/反转限位信号（LSP/LSN），而外部转矩限制信号（TL）和速度调节器切换信号（PC）则是在某些控制工况条件下要求为常开型输入。对上述这些保持常闭型输入（常为ON）的信号来说，可以通过内部参数设置使之常为ON ，这样就不需要外接信号开关，既不占用输入端口，又避免了外接信号开关所引起的故障。PD01就是设置这些信号为内部自动常为ON的功能参数。

PD01的设置由4位十六进制数组成，如图7-38所示。其中首位固定为0，其余3位均由4位二进制数组成一个十六进制数。二进制位的顺序是由上到下对应b0~b11。b0~b3为最后一位十六进制数，以此类推。当伺服ON信号（SON）常为ON时，PD01的设定值为"0000000000000100"，即PD01=0004。

（2）输入滤波器设定功能参数PD29

输入滤波器设定功能参数，简称DIF。

① 参数设定　参数设定如图7-39。

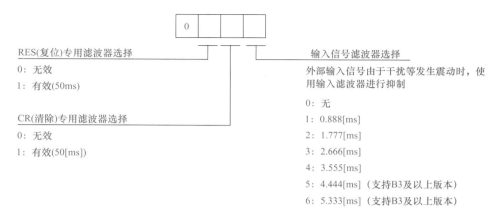

图7-39 PD29参数设定

② 参数说明 当外部信号由于噪声产生波动时，可利用内部输入滤波器进行抑制，滤波效果与滤波时间常数有关，时间常数越大，滤波效果越好，但信号响应也相应变慢。

参数PD29一般保持出厂值不变，当噪声过大时，可调整为5.333ms。

（3）LSP/LSN 停止方式选择设定功能参数 PD30

LSP/LSN停止方式选择设定功能参数，简称DOP1。

1）参数设定 参数设定如图7-40。

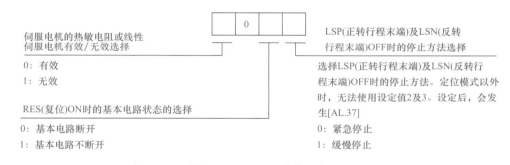

图7-40 PD30参数设定

2）参数说明

① LSP/LSN停止方式。这个功能决定当电动机运行中碰到左/右极限开关LSP/LSN 后的运行停止方式。该位为"1"时，按照参数PB03所设定的减速时间减速停止，该位为"0"时立即停止，并清除滞留脉冲。

② RES为ON，主电路选择。RES为复位信号。如果伺服驱动器发生报警，则故障排除后可用RES信号为ON 50ms以上，使报警信号复位，但有些报警信号不能用RES信号复位。

在不发生报警的情况下，当RES为ON 时，根据PD30的设定决定驱动器主电路是否关断 实际上是决定是否关闭主电路的速变管输出。该位设定为"0"时，关闭速变管输出，伺服为OFF 该位为"1"时，不关闭速变管输出，伺服仍保持为ON。

（4）到达范围参数 PD31

到达范围参数功能参数，简称INP。

参数设定如图7-41。

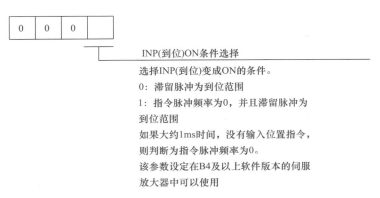

INP(到位)ON条件选择

选择INP(到位)变成ON的条件。

0：滞留脉冲为到位范围

1：指令脉冲频率为0，并且滞留脉冲为
到位范围

如果大约1ms时间，没有输入位置指令，
则判断为指令脉冲频率为0。

该参数设定在B4及以上软件版本的伺服
放大器中可以使用

图7-41　PD31参数设定

（5）CR（清除）选择参数PD32

到达范围参数功能参数，简称CR。

① 参数设定　参数设定如图7-42。

② 参数说明　如MR-J4伺服驱动器的偏差计数器内滞留脉冲是通过输入端CR 信号来清除的。参数PD32 用来设置清零信号的有效时间。设定为"0"时，滞留脉冲在CR信号的上升沿消除，这时要求CR信号的宽度必须大于20ms。设定为"1"时，则在CR为ON期间一直被清除。

（6）转矩限制设为有效的旋转方向选择参数PD33

① 参数设定　参数设定如图7-43。

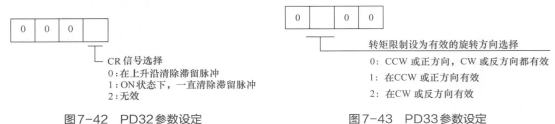

图7-42　PD32参数设定　　　　　　　　图7-43　PD33参数设定

② 参数说明　如MR-J4伺服驱动器的转矩限制设为有效的旋转方向选择参数，设定启用正方向、反方向或者正反方向转矩限制。例如仅需要对正方向转矩限制则设置PD33 为1H0100。

（7）报警代码输出和ALM状态选择设定功能参数PD34

报警代码输出和报警状态选择设定功能参数，简称ALM。

1）参数设定　参数设定如图7-44。

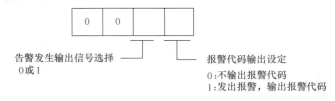

图7-44　PD34参数设定

2）参数说明　参数 PD34 是与告警输出相关的I/O设定参数，它由两部分设定内容组成，如表7-24所示，当MR-J4 伺服驱动器发生告警时，可以从通用输出端口 ALM 和 WNG 对外发生告警信号，同时还可以在显示面板及通过输出端口 CN1-22、CN1-23 和 CN1-24 的端口状态组合给出报警代码，参数PD34可以对报警代码及告警信号进行相应设定。

① 报警代码输出的设定　通用输出端口 CN1-22、CN1-23 和 CN1-24 在出厂时被分配为 INP、ZSP 和 SA 信号输出，但当PD34的报警代码设定位被设定为1时，这3个输出端口的组态可以输出报警代码。这个报警代码只能大致指出报警的内容而不能准确告诉具体编号，这3个端口告警时输出的组态及相应表示告警的内容见表7-24。

表7-24　输出组态及相应告警内容

CN1-22	CN1-23	CN1-24	报警显示	名称
			888888	监视中
			AL12	存储器异常1
			AL13	时钟异常
			AL15	存储器异常2
0	0	0	AL17	基板异常
			AL19	存储器异常3
			AL37	参数异常
			AL8A	串行通信超时异常
			AL8E	串行通信异常
0	0	1	AL30	再生异常
			AL33	过电压
0	1	0	AL10	电压不足
			AL45	主电路元件过热
			AL46	伺服电动机过热
0	1	1	AL47	冷却风扇异常
			AL50	过载1
			AL51	过载2
1	0	0	AL24	主电路异常
			AL32	过电流
			AL31	过速度
1	0	1	AL35	指令脉冲频率异常
			AL52	完成过大
			AL16	编码器异常1
1	1	0	AL1A	电动机组合异常
			AL20	编码器异常2
			AL25	绝对位置丢失

当PD34设定为输出报警代码时，这3个端口不能再定义为其他信号端口，也不能把伺服系统选作为绝对定位方式。实际上，发生告警时会从面板显示器上显示具体的告警编号。因此，一般不会用来定义输出告警代码，保持其出厂初始值为0。

② 报警发生输出信号选择　MR-J4伺服驱动器有两个涉及故障报警的输出：ALM 和 WNG，其中 ALM 为故障报警信号，出厂时已被固定定义为CN1-48端口输出，而 WNG 报警警告信号则在出厂时没有被定义，因此如需要该信号必须分配一个通用输出端口定义为

WNG信号才行，参数PD24可以对这两个告警信号输出状态进行选择。

由于ALM信号固定定义为CN1-48，且发生报警时都会从显示面板上显示报警编号。因此很少有再另外定义WNG信号的情况，一般保持默认出厂初始值"0"

7.4 MR-J4/MR-JE伺服系统的参数设置

7.4.1 用操作单元设置三菱伺服系统参数

（1）伺服驱动器的操作与调试

0702-MR-J4/MR-JE伺服驱动系统的参数设置

1）操作单元简介　通用伺服驱动器是一种可以独立使用的控制装置，为了对驱动器进行设置、调试和监控，伺服驱动器一般都配有简单的操作单元，如图7-45所示。利用伺服驱动器正面的显示部分（5位7段LED），可以进行状态显示和参数设置等。可在运行前设定参数、诊断异常时的故障、确认外部程序、确认运行期间状态。操作单元上4个按键，其作用如下。

MODE：每次按下此按键，在操作/显示之间转换。

UP：数字增加/显示转换键。

DOWN：数字减少/显示转换键。

SET：数据设置键。

2）状态显示　MR-J4的驱动器可选择

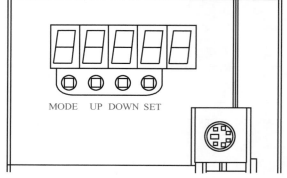

图7-45　MR-J4操作显示单元

状态显示、诊断显示、报警显示和参数显示，共4种显示模式，显示模式由"MODE"按键切换。MR-J4的驱动器的状态显示举例，见表7-25。

表7-25　MR-J4的驱动器的状态显示举例

显示类别	显示状态	显示内容	其他说明
状态显示	C	反馈累积脉冲	
诊断显示	rd-oF	准备未完成	
	rd-on	准备完成	
报警显示	AL---	没有报警	
	AL33.1	发生AL33.1号报警	主电路电压异常
参数显示	P A01	基本参数	

显示类别	显示状态	显示内容	其他说明
参数显示	P b01	输入输出设定参数	
	P C01	扩展参数	
	P d01	输入输出设定参数	
	P E01	扩展参数1	

3）参数的设定　参数的设定流程如图7-46所示。

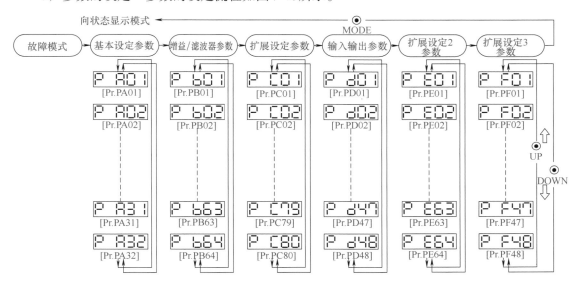

图7-46　参数的设定流程

【例7-5】请设置电子齿轮的分子为2。

【解】　电子齿轮比的分子是PA06，也就是要将PA06=2。方法如下。

① 首先给伺服驱动器通电，再按模式选择键"MODE"，到数码管上显示"0"，按"MODE"按键第1次，显示"AUTO"，按"MODE"按键第2次，显示"rd-on"，按"MODE"按键第3次，显示"AL--.-"，按"MODE"按键第4次，显示"P A01"。

② 按向上加按键"UP"6次，到数码管上显示"PA06"为止。

③ 按设置按键"SET"，数码管显示的数字为"01"，因为电子齿轮比的分子是PA06＞默认数值是1。

④ 按向上加按键"UP"1次，到数码管上显示"02"为止，此时数码管上显示"02"是闪烁的，表明数值没有设定完成。

⑤ 按设置按键"SET"，设置完成，这一步的作用实际就是起到"确定"（回车）的作用。

⑥ 断电后，重新上电，参数设置起作用。

【关键点】
带“*”的参数断电后，重新上电，参数设置起作用。这一点容易被初学者忽略。

7.4.2 用MR Configurator2软件设置三菱伺服系统参数

图7-47　在MR Configurator2新建调试

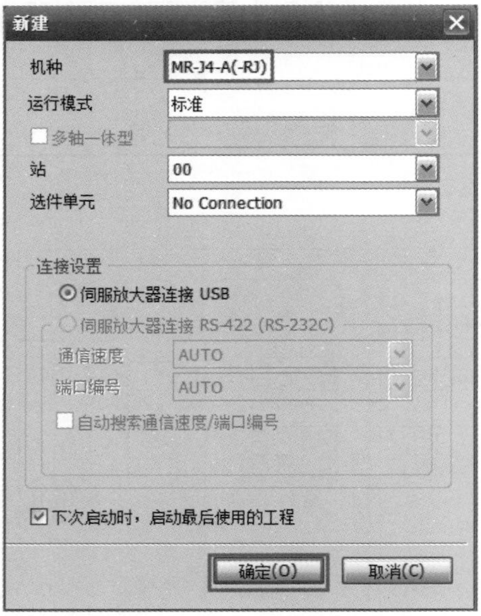

MR Configurator2是三菱公司为伺服驱动系统开发的专用软件，可以设置参数以及调试伺服驱动系统。此软件可以在三菱电机的上下载，如读者安装“GX Works3”软件，MR Configurator2软件也会安装在读者的电脑里，以下简要介绍设置参数的过程。

① 首先打开MR Configurator2软件，单击工具栏中的“新建”按钮，弹出如图7-47所示的界面，选择伺服驱动器机种，本例为“MR-J4-A”，单击“确定”按钮。

② 单击工具栏中的“连接”按钮，将MR Configurator2软件与伺服驱动器连接在一起。

如图7-48所示，选中“参数”→“参数设置”→“列表显示”，在表格中（标记④处）输入需要修改的参数，单击“轴写入”按钮。之后断电重启伺服驱动器。

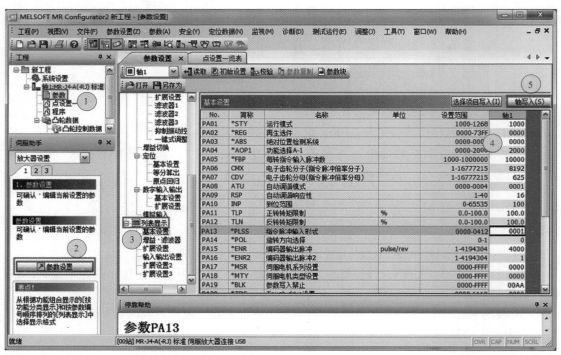

图7-48　设置参数

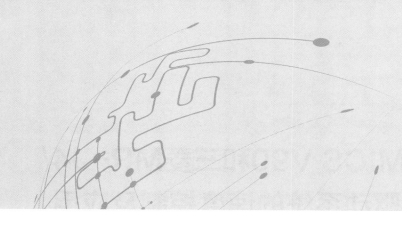

≪≪≪ 第 3 篇 ≫≫≫

西门子、三菱伺服驱动系统工程应用

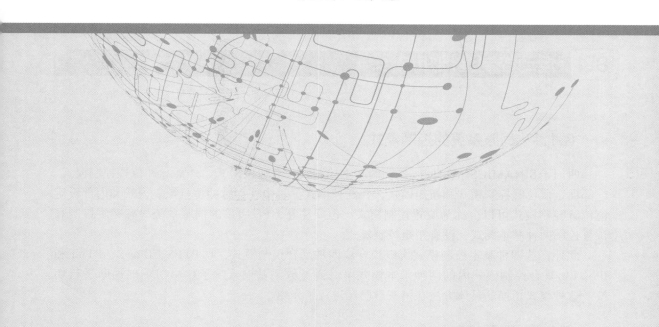

第 8 章

西门子SINAMICS V90和三菱MR-J4/MR-JE伺服驱动系统的速度控制及应用

伺服系统有三种基本控制模式，即速度控制模式、位置控制模式和转矩（扭矩）控制模式。其中速度控制模式相对简单，主要有数字量输入端子的速度控制、模拟量输入端子速度控制和通信速度控制，类似于变频器的速度控制。

在工程实践中，速度控制模式不如位置控制模式常用，但高精度的速度控制和节能场合常用到伺服驱动系统的速度控制模式，本章的内容读者应重点掌握。

8.1 运动控制基础知识

8.1.1 伺服系统的控制模式

西门子SINAMICS V90伺服系统的基本控制模式有速度模式、外部脉冲位置控制模式、内部设定值位置控制模式和扭矩模式，共四种模式，其中外部脉冲位置控制模式和内部设定值位置控制模式可以合称为位置控制模式。但要注意，PN版本的伺服系统只有速度控制和位置控制两种基本模式，没有扭矩控制模式。

此外，这四种基本控制模式可以组合成四种复合控制模式，即PTI/S、IPos/S、PTI/T和IPos/T。复合控制模式内的两种基本模式可以通过数字量输入端子C-MODE的通断进行切换。这种模式切换的具体方法在第三章已经进行了介绍。

8.1.2 三环控制

（1）三环控制介绍

SINAMICS V90伺服驱动由三个控制环（也称为控制器）组成，即电流环、速度环和位置环，如图8-1所示，其中速度环有速度前馈和电流环还有转矩前馈输入，注意前馈是正信号。

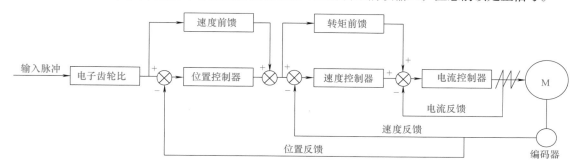

图8-1　SINAMICS V90伺服驱动三个控制环

① 位置环　位置环的输入就是外部的脉冲（直接写数据到驱动器地址的伺服除外，如PN版本伺服），外部的脉冲经过平滑滤波处理和电子齿轮计算后作为位置环的设定，设定和来自编码器反馈的脉冲信号经过偏差计数器的计算后的数值再经过位置环的PID调节（比例增益调节，无积分微分环节）后输出和位置给定的前馈信号的合值就构成了上面讲的速度环的给定。位置环的反馈来自于编码器。位置环位于三环的最外侧。

位置环增益直接影响位置环的响应等级。如机械系统未振动或产生噪声，可增加位置环增益以提高响应等级并缩短定位时间。

② 速度环　速度环位于电流环的外侧，位置环的内侧。速度环的输入就是位置环PID调节后的输出以及位置设定的前馈值，即"速度设定值"，"速度设定值"和"速度环的反馈"值进行比较后的差值在速度环做PID调节（主要是比例增益和积分处理）后输出就是"电流环的给定"，速度环的反馈来自于编码器的反馈后的值经过"速度运算器"得到。

速度环增益直接影响速度环的响应等级。如机械系统未振动或产生噪声，可增加速度环增益的值以提高响应等级。

通过将积分分量加入速度环，伺服驱动可高效消除速度的稳态误差并响应速度的微小更改。

一般情况下，如机械系统未振动或产生噪声，可增加速度环积分增益从而增加系统刚性。

③ 电流环　电流环是三环的内环，有时也称为转矩环。电流环的输入是速度环PID调节后的输出，称为"电流环给定"，"电流环给定"和"电流反馈"两者的值进行比较后的差值在电流环内做PID调节，"电流环的输出"就是电动机每相的相电流，"电流环反馈"不是由编码器反馈的，而是在驱动器内部安装在每相上的霍尔元件（磁场感应变为电流电压信号）的反馈信号。

由于SINAMICS V90伺服驱动器的电流环已有完美的频宽，因此通常只需调整速度环增益和位置环增益。实际工作中调整的参数应多于两个。

(2) SINAMICS V90伺服驱动器的报文与三环的关系

① 报文3与三环的关系　当S7-1200/1500 PLC与SINAMICS V90 PN通信，进行位置控制，使用通信报文3，其控制原理如图8-2所示。从前述的报文说明可知，报文3是速度报文，那么为什么SINAMICS V90 PN使用速度控制的报文3能进行位置控制呢？从图8-2可以看出，三环控制中的"位置环"在控制器（如S7-1200/1500）中，而"速度环"和"电流环"（未绘制）在驱动器（SINAMICS V90 PN）中。报文105也是速度报文，也可以进行位置控制，原理是类似的。

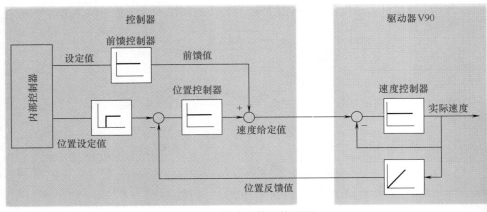

图8-2 报文3的通信原理

② 报文111与三环的关系 当S7-1200/1500PLC与SINAMICS V90 PN通信进行位置控制，使用基本定位通信报文111时，三环都在 SINAMICS V90 PN中，S7-1200/1500 PLC只要把位置、速度等信息发送给驱动器即可。

8.2 基于数字量输入端子实现MR-J4/MR-JE速度控制

利用数字量输入端子实现MR-J4/MR-JE速度控制类似于变频器的多段调速，以下用两个例子详细介绍实施的过程。

【例8-1】有一套MR-J4/MR-JE伺服系统，控制要求如下：压下按钮，伺服电动机能以100r/min、300r/min和-300r/min的转速运转，要求设计电气原理图。

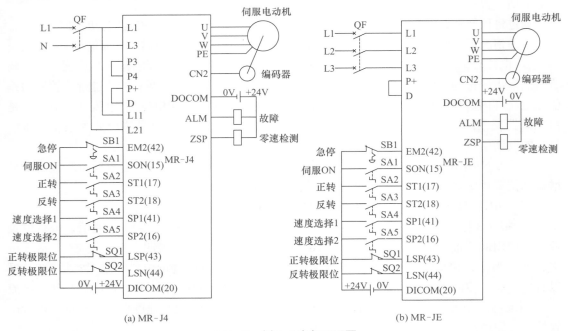

(a) MR-J4　　　　　　　　　　　　　　(b) MR-JE

图8-3 例8-1电气原理图

【解】 对于MR-J4伺服驱动器设计电气原理图如图8-3（a）所示，数字量输入端是NPN（也称漏型，低电平信号有效）输入，数字量输出端是NPN输出，这是默认接线方式。注意单相交流电源的输入电压是200~240V，接线端子不是L1、L2。

对于MR-JE伺服驱动器设计电气原理图如图8-3（b）所示，数字量输入公共端子DICOM与0V连接，则数字量输入是PNP（也称源型，高电平信号有效）输入。注意三相交流电源的输入电压是200~240V，不是380V。

【例8-2】 有一套MR-J4伺服系统，控制要求如下：压下启动按钮，伺服电动机先后以100r/min、300r/min、0r/min和–300r/min的转速各运转5s后停机，任何时候压下停止按钮，伺服电动机停转。

【解】 这是基于数字量输入端子实现MR-J4速度控制的典型应用，只需要使用MR-J4的数字量输入端子即可实现。

（1）设计电气原理图

设计电气原理图如图8-4所示。由于CPU ST40是PNP输出，所以MR-J4数字量端子必须是PNP输入，DICOM接电源的0V。

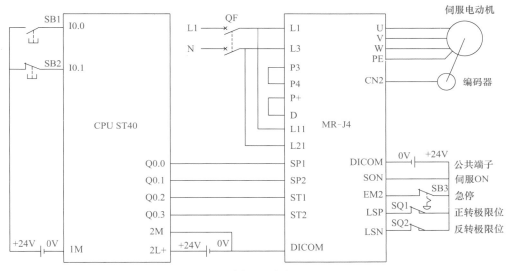

图8-4 例8-2电气原理图

设计此图要注意如下几点。

① LSP是顺时针超行程限制（正限位），LSN是逆时针超行程限制（负限位），应和数字量输入端电源0V短接，如不短接伺服电动机不运行，除非参数中设置了内部短接。

② EM2与急停按钮常闭触点连接，应和数字量输入端电源0V短接，如不短接伺服电动机不运行，除非参数中设置了内部短接。

③ SON也应和数字量输入端电源0V短接。

④ 例如，要将SON、正限位、负限位和急停都强制，则设置参数PD01=16#0C04，那么SON、正限位、负限位和急停都类似于已经与数字量输入公共端的电源短接了，减少接线的工作量。

（2）设置伺服驱动器的参数

① 外部输入信号 外部输入信号与速度的对应关系见表8-1。

② 伺服驱动器的参数设置 设置伺服驱动器的参数见表8-2。

表8-1 外部输入信号与速度的对应关系

外部输入信号					速度指令
ST1	ST2	SP1	SP2	SP3	
0	0	0	0	0	电动机停止
1	0	1	0	0	速度1（PC05=100）
1	0	0	1	0	速度2（PC06=200）
0	1	1	1	0	速度3（PC07=300）

表8-2 伺服驱动器的参数

参数	名称	出厂值	设定值	说明
PA01	控制模式选择	1000	1002	设置成速度控制模式
PC01	加速时间常数	0	1000	100ms
PC02	减速时间常数	0	1000	100ms
PC05	内部速度1	100	50	100r/min
PC06	内部速度2	500	100	200r/min
PC07	内部速度3	1000	200	300r/min
PD01	用于设定SON、LSP、LSN的自动置ON	0000	0C04	SON、LSP、LSN内部自动置ON

（3）编写程序

编写程序如图8-5所示。

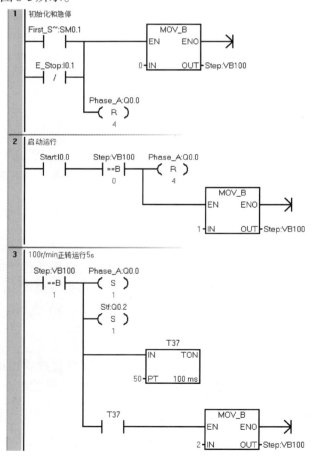

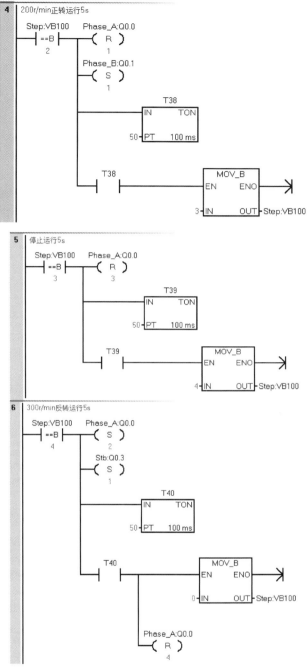

图8-5 例8-2梯形图

8.3 基于模拟量输入端子实现 MR-J4/MR-JE 速度控制

利用模拟量输入端子实现 MR-J4/MR-JE 速度控制类似于变频器的模拟量速度给定，以下用两个例子详细介绍实施的过程。

【例8-3】有一台MR-J4/MR-JE伺服系统，要求实现对MR-J4/MR-JE伺服系统模拟量速度给定，并能实现正反转（不使用PLC），要求设计其原理图。

【解】 对于MR-J4伺服驱动器设计电气原理图如图8-6（a）所示，数字量输入端是NPN（也称漏型，低电平信号有效）输入，数字量输出端是NPN输出，这是默认接线方式。1号端子提供直流电，2号端子是速度模拟量信号输入端子，改变其电压大小即可调速，此电源也可以用外供电。注意单相交流电源的输入电压是200~240V，接线端子不是L1、L2。

对于MR-JE伺服驱动器设计电气原理图如图8-6（b）所示，数字量输入公共端子DICOM与0V连接，则数字量输入是PNP（也称源型，高电平信号有效）输入。2号端子是速度模拟量信号输入端子，改变其电压大小即可调速，此电源只能用外供电。注意三相交流电源的输入电压是200~240V，不是380V。

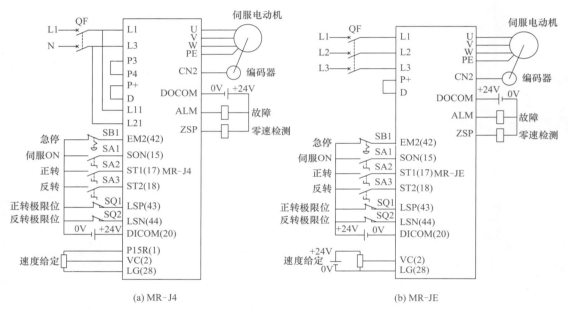

图8-6　例8-3电气原理图

【例8-4】有一台S7-200 SMART PLC和MR-J4伺服系统，要求实现S7-200 SMART PLC对MR-J4伺服系统模拟量速度给定，并能实现正反转。

【解】 （1）设计电气原理图

设计电气原理图如图8-7所示，电动机的正反转由Q0.0和Q0.1确定，转速的大小由SB1232输出的模拟量给定。本例MR-J4伺服系统的+24V使用了一台电源，PLC的输出端电源和伺服系统的电源0V要短接，否则不能形成回路。

（2）设置伺服驱动系统的参数

设置伺服驱动系统参数，见表8-3。

（3）编写程序

编写梯形图程序如图8-8所示。

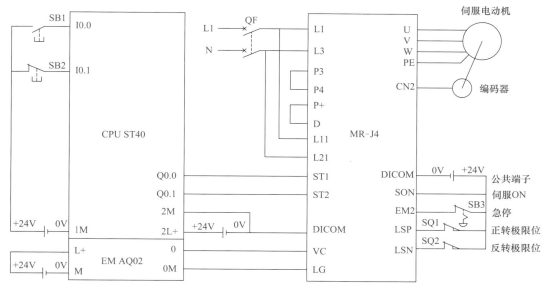

图8-7 例8-4电气原理图

表8-3 设置伺服驱动系统参数

参数	名称	出厂值	设定值	说明
PA01	控制模式选择	1000	1002	设置成速度控制模式
PC01	加速时间常数	0	1000	100ms
PC02	减速时间常数	0	1000	100ms
PC12	模拟速度指令最大转速	0	3000	3000r/min
PD01	用于设定SON、LSP、LSN的自动置ON	0000	0C04	SON、LSP、LSN内部自动置ON

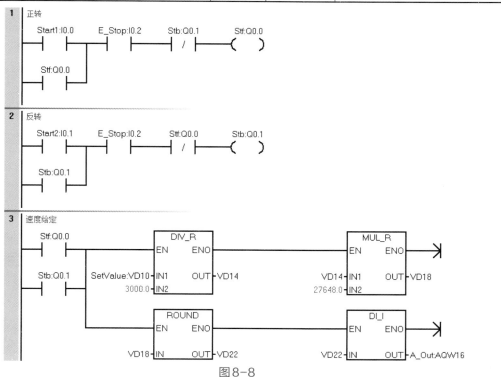

图8-8

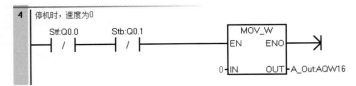

图8-8　例8-4梯形图

<h1>8.4　S7-200 SMART PLC通过现场总线与SINAMICS V90通信实现速度控制</h1>

PLC与SINAMICS V90通信实现速度控制，减少了硬接线控制信号线，这种方案越来越多地被工程实践采用。其中脉冲版本只支持MODBUS和USS通信，而PN版本只支持PROFINET通信。由于USS通信实时性不佳，而且未开放PZD，不能使用TIA Portal软件中的USS库，在SINAMICS V90工程实践中较少采用，因此本书不讲解。

8.4.1　PROFIdrive通信介绍

PROFIdrive是西门子PROFIBUS与PROFINET两种通信方式，针对驱动与自动化控制应用的一种协议框架，也可以称作"行规"，PROFIdrive使得用户可以更快捷方便地实现对驱动的控制。其主要由三部分组成。

① 控制器（controller），包括一类PROFIBUS主站与PROFINET I/O控制器。

② 监控器（supervisor），包括二类PROFIBUS主站与PROFINET I/O管理器。

③ 执行器（drive unit），包括PROFIBUS从站与PROFINET I/O装置。

PROFIdrive定义了基于PROFIBUS与PROFINET的驱动器功能。

① 周期数据交换。

② 非周期数据交换。

③ 报警机制。

④ 时钟同步操作。

8.4.2　SINAMICS通信报文类型

在SINAMCIS系列产品报文中，取消了PKW数据区，参数的访问通过非周期性通信来实现。

PROFIdrive根据具体产品的功能特点，制定了特殊的报文结构，每一个报文结构都与驱动器的功能一一对应，因此在进行硬件配置的过程中，要根据所要实现的控制功能来选择相应的报文结构。

对于SIMOTION与SINAMICS系列产品，其报文有标准报文和制造商报文。标准报文根据PROFIdrive协议构建。制造商专用报文根据公司内部定义创建。过程数据驱动内部互联根据设置的报文编号在Starter中自动进行。标准报文和制造商专用报文见表8-4和表8-5。

表8-4　标准报文

报文名称	描述	应用范围
标准报文1	16位转速设定值	基本速度控制
标准报文2	32位转速设定值	基本速度控制
标准报文3	32位转速设定值，一个位置编码器	支持等时模式的速度或位置控制
标准报文4	32位转速设定值，两个位置编码器	支持等时模式的速度或位置控制，双编码器
标准报文5	32位转速设定值，一个位置编码器和DSC	支持等时模式的位置控制
标准报文6	32位转速设定值，两个位置编码器和DSC	支持等时模式的速度或位置控制，双编码器
标准报文7	基本定位器功能	仅有程序块选择（EPOS）
标准报文9	直接给定的基本定位器	简化功能的EPOS报文（减少使用）
标准报文20	16位转速设定值，状态信息和附加信息符合VIK-NAMUR标准定义	VIK-NAMUR标准定义
标准报文81	一个编码器通道	编码器报文
标准报文82	一个编码器通道+16位速度设定值	扩展编码器报文
标准报文83	一个编码器通道+32位速度设定值	扩展编码器报文

注：表中粗体字的报文是常用报文。

表8-5　制造商专用报文

报文名称	描述	应用范围
制造商报文102	32位转速设定值，一个位置编码器和转矩降低	SIMODRIVE 611 U定位轴
制造商报文103	32位转速设定值，两个位置编码器和转矩降低	早期的报文
制造商报文105	32位转速设定值，一个位置编码器、转矩降低和DSC	S120用于轴控制标准报文（SIMOTION和T CPU）
制造商报文106	32位转速设定值，两个位置编码器、转矩降低和DSC	S120用于轴控制标准报文（SIMOTION和T CPU）
制造商报文110	基本定位器、MDI和XIST_A	早期的定位报文
制造商报文111	MDI运行方式中的基本定位器	S120 EPOS基本定位器功能的标准报文
自由报文999	自由报文	原有报文连接不变，并可以对它进行修改

注：表中粗体字的报文是常用报文。

8.4.3　SINAMICS通信报文解析

（1）报文的结构

标准报文1、2、3、5对应的结构见表8-6。

表8-6　常用的标准报文结构（1）

	报文	PZD1	PZD2	PZD3	PZD4	PZD5	PZD6	PZD7	PZD8	PZD9
1	16位转速设定值	STW1	NSOLL			→ 把报文发送到总线上				
		ZSW1	NIST			← 接收来自总线上的报文				
2	32位转速设定值	STW1	NSOLL	STW2						
		ZSW1	NIST	ZSW2						
3	32位转速设定值，一个位置编码器	STW1	NSOLL	STW2	G1_STW					
		ZSW1	NIST	ZSW2	G1_ZSW	G1_XIST1			G1_XIST2	

报文		PZD1	PZD2	PZD3	PZD4	PZD5	PZD6	PZD7	PZD8	PZD9
5	32位转速设定值，一个位置编码器和DSC	STW1	NSOLL		STW2	G1_STW	XERR		KPC	
		ZSW1	NIST		ZSW2	G1_ZSW	G1_XIST1		G1_XIST2	

注：表中关键字的含义：

STW1：控制字1	STW2：控制字2	G1_STW：编码器控制字
NSOLL：速度设定值	ZSW2：状态字2	G1_ZSW：编码器状态字
ZSW1：状态字1	XERR：位置差	G1_XIST1：编码器实际值1
NIST：实际速度	KPC：位置闭环增益	G1_XIST2：编码器实际值2

标准报文105、111对应的结构见表8-7。

表8-7　常用的标准报文结构（2）

报文		PZD1	PZD2	PZD3	PZD4	PZD5	PZD6	PZD7	PZD8	PZD9	PZD10	PZD11	PZD12
105	32位转速设定值，一个位置编码器、转矩降低和DSC	STW1	NSOLL		STW2	MOM RED	G1_STW	XERR		KPC			
		ZSW1	NIST		ZSW2	MEL DW	G1_ZSW	G1_XIST1		G1_XIST2			
111	MDI运行方式中的基本定位器	STW1	POS_STW1	POS_STW2	STW2	OVER RIDE	MDI_TARPOS		MDI_VELOCITY		MDI_ACC	MDI_DEC	USER
		ZSW1	POS_ZSW1	POS_ZSW2	ZSW2	MEL DW	XIST_A		NIST_B		FAULT_CODE	WARN_CODE	USER

注：表中关键字的含义：

STW1：控制字1	STW2：控制字2	G1_STW：编码器控制字	POS_STW1：位置控制字
NSOLL：速度设定值	ZSW2：状态字2	G1_ZSW：编码器状态字	POS_ZSW：位置状态字
ZSW1：状态字1	XERR：位置差	G1_XIST1：编码器实际值1	MOMRED：转矩降低
NIST：实际速度	KPC：位置闭环增益	G1_XIST2：编码器实际值2	MOMRED：消息字

XIST_A：MDI位置实际值　MDI_TARPOS：MDI位置设定值　MDI_VELOCITY：MDI速度设定值　MDI_ACC：MDI加速度倍率

MDI_DEC：MDI减速度倍率　FAULT_CODE：故障代码　WARN_CODE：报警代码　OVERRIDE：速度倍率

（2）标准报文1的解析

标准报文适用于SINAMICS、MICROMASTER和SIMODRIVE 611变频器的速度控制。标准报文1只有2个字，写报文时，第一个字是控制字（STW1），第二个字是主设定值；读报文时，第一个字是状态字（ZSW1），第二个字是主监控值。

① 控制字　当p2038等于0时，STW1的内容符合SINAMICS和MICROMASTER系列变频器；当p2038等于1时，STW1的内容符合 SIMODRIVE 611系列变频器的标准。

当p2038等于0时，标准报文1的控制字（STW1）的各位的含义见表8-8。

表8-8　标准报文1的控制字（STW1）的各位的含义

信号	含义	关联参数	说明
STW1.0	上升沿：ON（使能） 0：OFF1（停机）	p840[0]=r2090.0	设置指令"ON/OFF（OFF1）"的信号
STW1.1	0：OFF2 1：NO OFF2	p844[0]=r2090.1	缓慢停转/无缓慢停转
STW1.2	0：OFF3（快速停止） 1：NO OFF3（无快速停止）	p848[0]=r2090.2	快速停止/无快速停止

信号	含义	关联参数	说明
STW1.3	0:禁止运行 1:使能运行	p852[0]=r2090.3	使能运行/禁止运行
STW1.4	0:禁止斜坡函数发生器 1:使能斜坡函数发生器	p1140[0]=r2090.4	使能斜坡函数发生器/禁止斜坡函数发生器
STW1.5	0:禁止继续斜坡函数发生器 1:使能继续斜坡函数发生器	p1141[0]=r2090.5	继续斜坡函数发生器/冻结斜坡函数发生器
STW1.6	0:使能设定值 1:禁止设定值	p1142[0]=r2090.6	使能设定值/禁止设定值
STW1.7	上升沿确认故障	p2103[0]=r2090.7	应答故障
STW1.8	保留	—	—
STW1.9	保留	—	—
STW1.10	1:通过PLC控制	p854[0]=r2090.10	通过PLC控制/不通PLC控制
STW1.11	1:设定值取反	p1113[0]=r2090.11	设置设定值取反的信号源
STW1.12	保留	—	—
STW1.13	1:设置使能零脉冲	p1035[0]=r2090.13	设置使能零脉冲的信号源
STW1.14	1:设置持续降低电动电位器设定值	p1036[0]=r2090.14	设置持续降低电动电位器设定值的信号源
STW1.15	保留	—	—

读懂表8-8是非常重要的，控制字的第0位STW1.0与启停参数p840关联，且为上升沿有效，这点要特别注意。当控制字STW1由16#47E变成16#47F（第0位是上升沿信号）时，向变频器发出正转启动信号；当控制字STW1由16#47E变成16#C7F时，向变频器发出反转启动信号；当控制字STW1为16#47E时，向变频器发出停止信号；当控制字STW1为16#4FE时，向变频器发出故障确认信号（也可以在面板上确认）；以上几个特殊的数据读者应该记住。

② 主设定值 主设定值是一个字，用十六进制格式表示，最大数值是16#4000，对应变频器的额定频率或者转速。例如V90伺服驱动器的同步转速一般是3000r/min。以下用一个例题介绍主设定值的计算。

【例8-5】变频器通信时，需要对转速进行标准化，计算2400r/min对应的标准化数值。

【解】 因为3000r/min对应的16#4000，而16#4000对应的十进制是16384，所以2400r/min对应的十进制是：

$$n = \frac{2400}{3000} \times 16384 = 13107.2$$

而13107对应的十六进制是16#3333，所以设置时，应设置数值是16#3333。初学者容易用16#4000×0.8=16#3200，这是不对的。

8.4.4 S7-200 SMART PLC 通过 IO 地址控制 SINAMICS V90 实现速度控制

S7-200 SMART PLC通过PROFINET现场总线与SINAMICS V90通信实现速度控制有两种方案，分别是：

① S7-200 SMART PLC通过IO地址控制SINAMICS V90实现速度控制；

② S7-200 SMART PLC通过函数块控制SINAMICS V90实现速度控制。

0802-S7-200 SMART PLC通过I/O地址控制SINAMICS V90实现速度控制

先介绍S7-200 SMART PLC通过IO地址控制SINAMICS V90实现速度控制。

【例8-6】用一台HMI和CPU ST40对SINAMICS V90伺服系统通过PROFINET进行无级调速和正反转控制。要求设计解决方案，并编写控制程序。

【解】 (1) 软硬件配置

① 1套STEP 7-Micro/WIN SMART V2.6。

② 1套SINAMICS V90 PN伺服驱动系统。

③ 1台CPU ST40和TP700。

④ 1根屏蔽双绞线。

原理图如图8-9所示，CPU ST40的PN接口与SINAMICS V90伺服驱动器PN接口之间用专用的以太网屏蔽电缆连接。

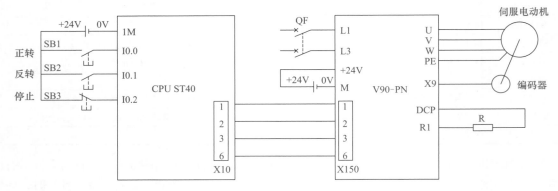

图8-9 原理图

(2) 硬件组态

① 新建项目"PN-Speed"，如图8-10所示。

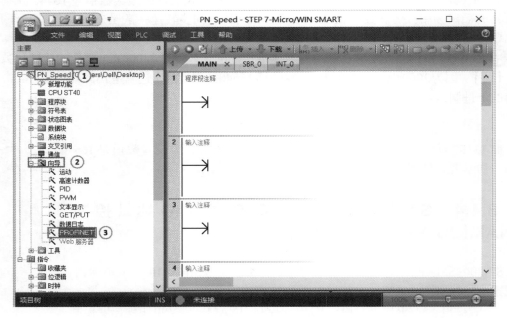

图8-10 新建项目

② 配置PROFINET接口。如图8-10所示，选中"向导"→"PROFINET"，弹出如图8-11所示的界面，先勾选"控制器"，选择PLC的角色；再设置PLC的IP地址、子网掩码和站名。要注意在同一网段中，站名和IP地址是唯一的，而且此处组态的IP地址和站名，必须与实际PLC的IP地址和站名相同，否则运行PLC是会出现通信报错。单击"下一步"按钮。

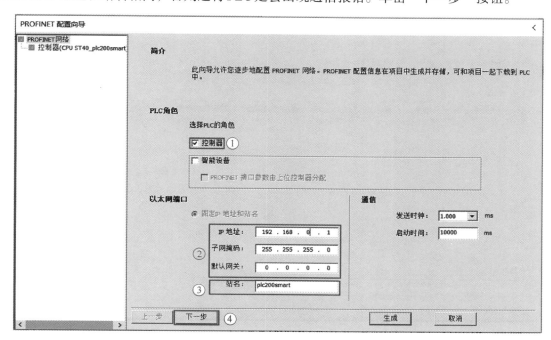

图8-11　配置PROFINET接口

③ 安装GSD文件。一般STEP 7-Micro/WIN SMART V2.6软件中没有安装GSD文件时，无法组态SINAMICS V90伺服驱动器，因此在组态伺服驱动器之前，需要安装GSDML文件（之前安装了GSDML文件，则忽略此步骤）。在图8-12中，单击菜单栏的"文件"→"GSDML管理"，弹出安装GSDML文件的界面如图8-13所示，选择SINAMICS V90伺服驱动器的GSD文件"GSDML-V2.32…"，单击"确定"按钮即可，安装完成后，软件自动更新硬件目录。

图8-12　安装GSDML文件（1）

④ 配置SINAMICS V90伺服驱动器。展开右侧的硬件目录，选中"PROFINET IO"→"Drives"→"SIEMENS AG"→"SINAMICS"→"SINAMICS V90"，拖拽"SINAMICS

V90"到如图8-14所示的界面。用鼠标左键选中标记"①"处的绿色标记（即PROFINET接口）按住不放，拖拽到标记"②"处松开鼠标。设置"SINAMICS V90"的设备名称和IP地址，此处组态的IP地址和站名，必须与实际V90的IP地址和站名相同，否则运行PLC会出现通信报错。单击"下一步"按钮。

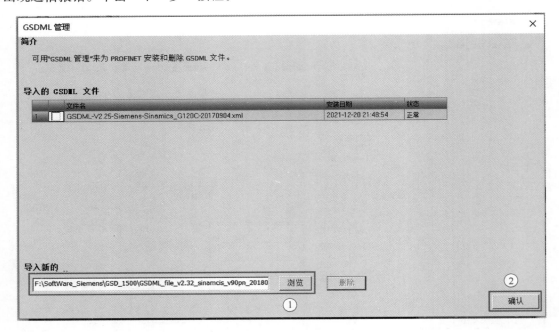

图8-13　安装GSDML文件（2）

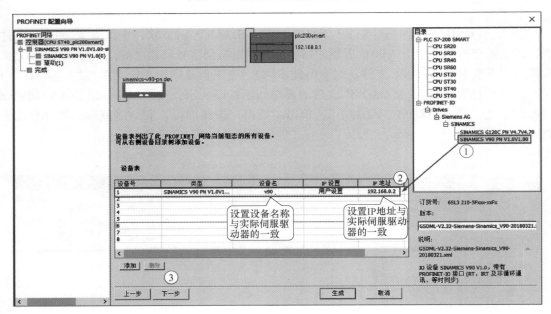

图8-14　配置SINAMICS V90

⑤ 配置通信报文。选中"西门子报文1 PZD 2/2"，并拖拽到图8-15所示的位置。注意：PLC侧选择通信报文1，那么伺服驱动器侧也要选择报文1，这一点要特别注意。报文

的控制字是QW128, 主设定值是QW130, 详见标记"②"处。单击"下一步"按钮, 弹出图8-16所示的界面, 单击"生成"按钮即可。

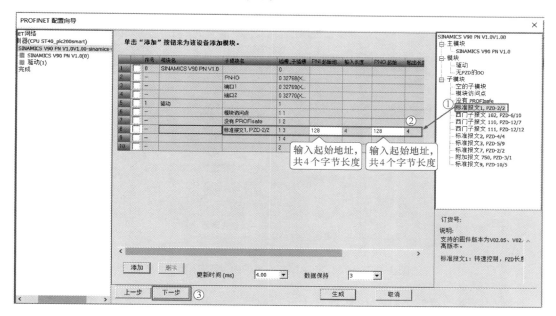

图8-15　配置SINAMICS V90

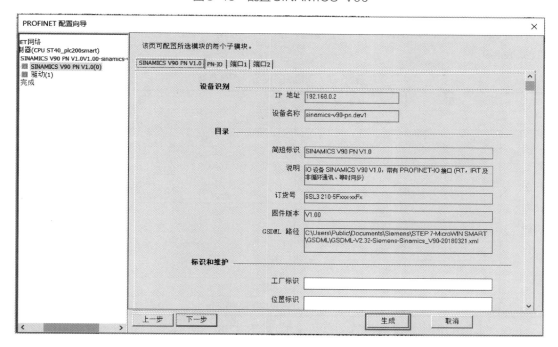

图8-16　配置通信报文

(3) 分配 SINAMICS V90 的名称和 IP 地址

如果使用V-ASSISTANT软件调试, 分配SINAMICS V90的名称和IP地址可以在V-ASSISTANT软件中进行, 如图8-17所示, 确保STEP 7-Micro/WIN SMART V2.6软件中组

态时的SINAMICS V90的名称和IP地址与实际的一致。当然还可以用TIA Portal软件、PRONETA软件分配。使用BOP面板，可根据表8-9设置参数。

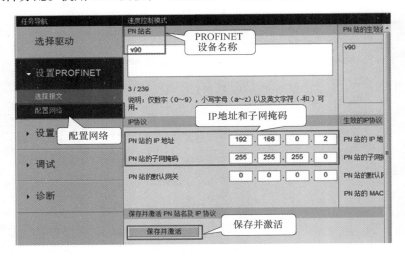

图8-17　分配SINAMICS V90的名称和IP地址

分配伺服驱动器的名称和IP地址对于成功通信是至关重要的，初学者往往会忽略这一步从而造成通信不成功。

（4）设置SINAMICS V90的参数

设置SINAMICS V90的参数十分关键，否则通信是不能正确建立的。SINAMICS V90参数见表8-9。

表8-9　SINAMICS V90参数

序号	参数	参数值	说明
1	p922	1	西门子报文1
2	p8921(0)	192	IP地址192.168.0.2
	p8921(1)	168	
	p8921(2)	0	
	p8921(3)	2	
3	p8923(0)	255	子网掩码：255.255.255.0
	p8923(1)	255	
	p8923(2)	255	
	p8923(3)	0	
4	p1120	1	斜坡上升时间1s
5	p1121	1	斜坡下降时间1s

注意：本例的伺服驱动器设置的是报文1，与S7-200 SMART PLC组态时选用的报文是一致的（必须一致），否则不能建立通信。

（5）编写程序

编写控制程序如图8-18所示。由于本例中，伺服电动机处于运行时状态字的位I129.1和I129.2为1，所以无论伺服电动机正转还是反转运行时，常闭触点I129.2处于断开状态。I129.2的常闭触点切断对设定值VD10=100.0或者−100.0的固定赋值，可以用触摸屏等对伺服系统速度赋任意值。

注意：编写程序时，控制字（QW128）和主设定值（QW130）要与图8-15中组态的一致。

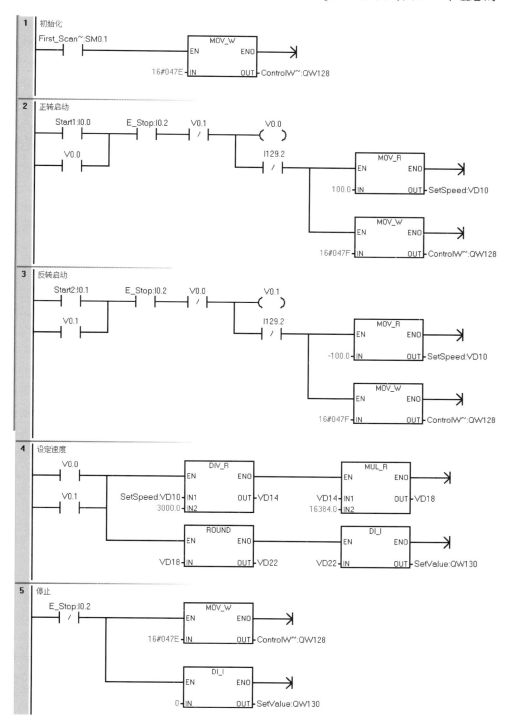

图8-18 例8-6 OB1中的程序

8.4.5　S7-200 SMART通过指令SINA_SPEED控制SINAMICS V90实现速度控制

S7-200 SMART PLC通过指令SINA_SPEED控制SINAMICS V90 PN实现调速，使用的是报文1。使用的指令SINA_SPEED，可完成速度控制，而且使用比较简便。以下用一个例子介绍。

【例8-7】用一台HMI和CPU ST40对SINAMICS V90伺服系统通过PROFINET进行无级调速和正反转控制。要求设计解决方案，并编写控制程序。

0803-S7-200 SMART通过指令SINA_ SPEED控制 SINAMICS V90实现速度 控制

【解】（1）软硬件配置

① 1套STEP 7-Micro/WIN SMART V2.6。

② 1套SINAMICS V90 PN伺服驱动系统。

③ 1台CPU ST40和TP700。

④ 1根屏蔽双绞线。

（2）设计电气原理图

原理图和硬件组态与例8-3相同。

（3）指令SINA_SPEED介绍

指令SINA_SPEED说明见表8-10。理解此指令对编写程序至关重要。

表8-10　指令SINA_SPEED说明

序号	信号	类型	含义		
输入					
1	EnableAxis	BOOL	=1，驱动使能		
2	AckError	BOOL	驱动故障应答		
3	SpeedSp	REAL	转速设定值[r/min]		
4	RefSpeed	REAL	驱动的参考转速[r/min]，对应于驱动器中的p2000 参数		
5	ConfigAxis	WORD	默认赋值为 16#003F，详细说明如下		
			位	默认值	含义
			位 0	1	OFF2
			位 1	1	OFF3
			位 2	1	驱动器使能
			位 3	1	使能/禁止斜坡函数发生器使能
			位 4	1	继续/冻结斜坡函数发生器使能
			位 5	1	转速设定值使能
			位 6	0	打开抱闸
			位 7	0	速度设定值反向
			位 8	0	电动电位计升速
			位 9	0	电动电位计降速
6	Starting_I_add	WORD	PROFINET IO 的I存储区起始地址的指针		
7	Starting_Q_add	WORD	PROFINET IO 的Q存储区起始地址的指针		
输出					
1	AxisEnabled	BOOL	驱动已使能		
2	LockOut	BOOL	驱动处于禁止接通状态		
3	ActVelocity	REAL	实际速度[r/min]		
4	Error	BOOL	1=存在错误		

（4）设置伺服驱动器的参数

设置伺服驱动器的参数见表8-9。

（5）编写控制程序

编写控制程序如图8-19所示。当伺服处于正常运行时，V200.0=1（驱动已使能），V200.0的常闭触点切断对设定值VD10=100.0或者-100.0的固定赋值，可以用触摸屏等对伺服系统速度赋任意值。

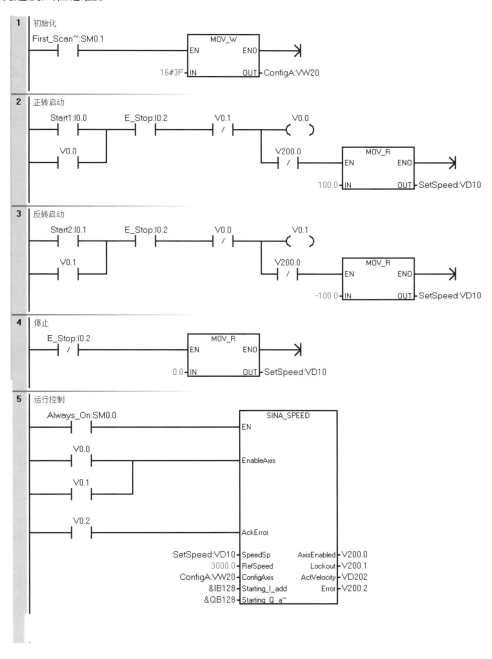

图8-19　例8-7 OB1中的程序

第9章 >>>>

西门子SINAMICS V90和三菱MR-J4/MR-JE伺服驱动系统的位置控制及应用

伺服系统的位置控制是伺服系统三种基本控制模式中使用最多的控制模式。西门子SINAMICS V90伺服系统的位置控制模式的实现方式比较丰富，例如PTI模式（外部脉冲）、IPos模式和EPOS模式（基本定位）等，本书仅讲解PN版本支持的模式，如EPOS模式。

三菱的MR-J4/MR-JE则仅介绍脉冲版本，不介绍通信版本，本章的内容读者应重点掌握。

9.1 S7-200 SMART PLC的原点回归及指令应用

原点也称为参考点，原点回归（回原点）也称为寻找参考点，回原点目的就是把机械原点与电气原点关联起来（把轴实际的机械位置和S7-200 SMART程序中轴的位置坐标统一，以进行绝对位置定位）。伺服电动机自带增量式编码器，控制器中使用绝对位移指令定位时，应先回原点，而使用相对位移指令时，不需要回原点。

本节的指令都使用图9-1所示的原理图，有几个关键点说明如下。

① 本例驱动器的24V外接电源是同一个电源，所有0V短接在一起。

② RD是MR-J4/MR-JE伺服准备好的信号，PNP型输出，送到CPU ST40的输入端，这个信号可以不使用。

③ OP是编码器的零脉冲信号，当回参考点（原点）需要此信号时，可以接入到CPU ST40的输入端，但要注意LG必须与输入端的0V（1M）短接，否则不能形成回路，此信号也可以不使用。由于要测量高速脉冲，所以OP只能与I0.0~I0.3连接。

④ RES是故障复位信号输入。

⑤ 由于本例MR-J4/MR-JE采用的是PNP数字量输入，所以DICOM、PP2和NP2与0V短接；采用的是PNP数字量输出，所以DOCOM与+24V短接。

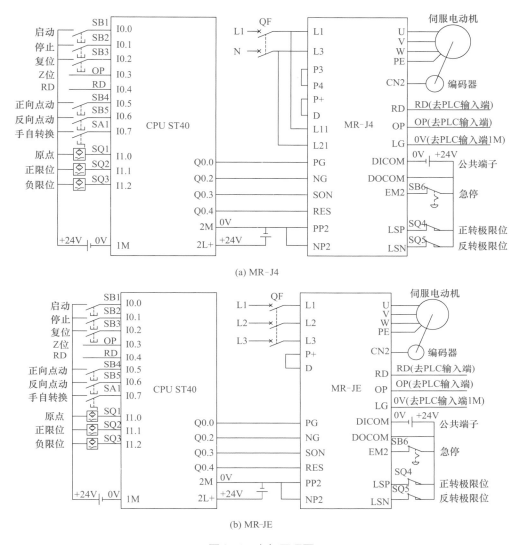

(a) MR-J4

(b) MR-JE

图9-1　电气原理图

9.1.1　脉冲当量和电子齿轮比

(1) 电子齿轮比有关的概念

① 编码器分辨率　编码器分辨率即为伺服电动机的编码器的分辨率，也就是伺服电动机旋转一圈，编码器所能产生的反馈脉冲数。编码器分辨率是一个固定的常数，伺服电动机选好后，编码器分辨率也就固定了。

② 丝杠螺距　丝杠即为螺纹式的螺杆，电动机旋转时，带动丝杠旋转，丝杠旋转后，可带动滑块做前进或后退的动作。如图9-2所示。

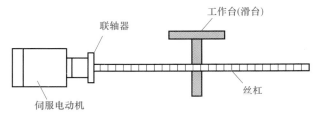

图9-2　伺服电动机带动丝杠示意图

丝杠的螺距即为相邻的螺纹之间的距离。实际上丝杠的螺距即丝杠旋转一周工作台所能移动的距离。螺距是丝杠的固有参数，是一个常量。

③ 脉冲当量　脉冲当量即为上位机（PLC）发出一个脉冲，实际工作台所能移动的距离。因此脉冲当量也就是伺服系统的精度。

比如说脉冲当量规定为1μm，则表示上位机（PLC）发出一个脉冲，实际工作台可以移动1μm。因为PLC最少只能发一个脉冲，因此伺服系统的精度就是脉冲当量的精度，也就是1μm。

（2）电子齿轮比的计算

电子齿轮比（简称齿轮比）实际上是一个脉冲放大倍率（通常PLC的脉冲频率一般不高于200kHz，而伺服系统编码器的脉冲频率则高得多，如MR-J4每秒转一圈，其脉冲频率就是4194304Hz，明显高于PLC的脉冲频率）。实际上，上位机所发的脉冲经电子齿轮比放大后再送入偏差计数器，因此上位机所发的脉冲，不一定就是偏差计数器所接收到的脉冲。

计算公式：上位机发出的脉冲数×电子齿轮比=偏差计数器接收的脉冲

偏差计数器接收的脉冲数=编码器反馈的脉冲数

【例9-1】 如图9-2所示，伺服编码器分辨率为131072（17位，即2^{17}=131072），丝杠螺距为10mm，脉冲当量为10μm，计算电子齿轮比是多少？

【解】　脉冲当量为10μm，表示PLC发一个脉冲工作台可以移动10μm，那么要让工作台移动一个螺距（10mm），则PLC需要发出1000个脉冲，相当于PLC发出1000个脉冲，工作台可以移动一个螺距。那工作台移动一个螺距，丝杠需要转一圈，伺服电动机也需要转一圈，伺服电动机转一圈，编码器能产生131072个脉冲。

根据：PLC发的脉冲数×电子齿轮比=编码器反馈的脉冲数

1000×电子齿轮比=131072

电子齿轮比=131072/1000

9.1.2　运动控制中的指令向导法硬件配置

对于脉冲型版本的伺服驱动器，运行控制硬件和工艺组态都类似，因此本节所有指令都使用以下组态。

已知丝杠的螺距是10mm，伺服电动机编码器的分辨率是2500pps，由于是四倍频，所以编码器每转的反馈是10000脉冲，要求脉冲当量是1LU，即一个脉冲对应1μm，具体步骤如下。

（1）新建项目

本例为"RSEEK"，选择"向导"→"运动"，如图9-3所示。

（2）选择要配置的轴

如图9-4所示，选择"轴0"，单击"下一个"按钮。

（3）输入测量系统

如图9-5所示，选择"测量系统"为"工程单位"，1000个脉冲，电动机转1转，这个数值不能选得太大或者太小，如选得太大，则限制了电动机的转速，选得太小精度又不够。例如CPU ST40的最大脉冲频率是10^6Hz，如1000脉冲电动机转一圈，则最大脉冲频率10^6Hz对应的最大转速是6000r/min，通常伺服电动机的最大转速是3000~6000r/min，所以这里的参数设为1000~2000是合适的。测量单位可以根据实际情况选择。最后单击"下一个"按钮。

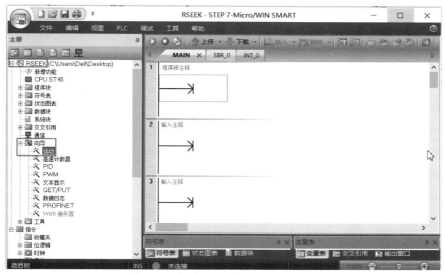

图9-3　新建项目，并打开指令向导

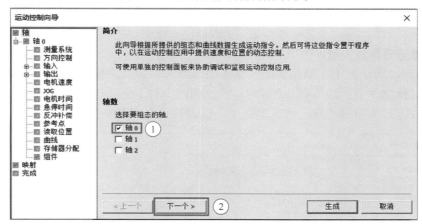

图9-4　选择要配置的轴

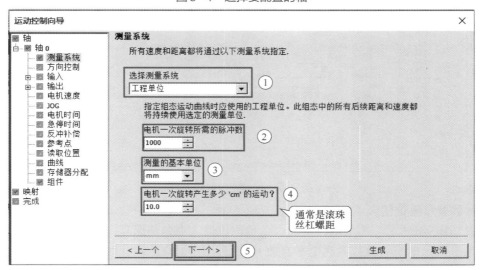

图9-5　输入测量系统

（4）设置脉冲方向输出

如图9-6所示。①设置有几路脉冲输出（单相：1路、双向：2路、正交：2路）。②设置脉冲输出极性和控制方向。③最后单击"下一个"按钮。

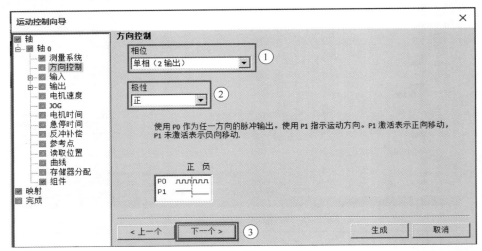

图9-6　设置脉冲方向输出

（5）配置正限位输入点

设置如图9-7所示。①正限位使能。②正限位输入点，与原理图要对应。③指定输入信号有效电平（低电平有效或者高电平有效），原理图中I1.1是常开触点，无论此接近开关是NPN还是PNP型，常开触点闭合视作高电平。④最后单击"下一个"按钮。

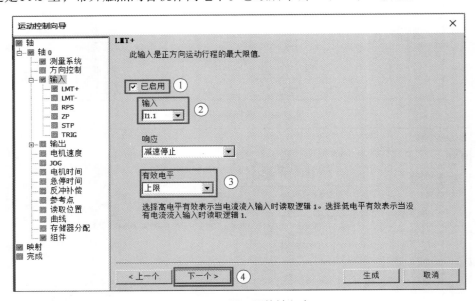

图9-7　配置正限位输入点

（6）配置负限位输入点

设置如图9-8所示。①负限位使能。②负限位输入点，与原理图要对应。③指定输入信号有效电平（低电平有效或者高电平有效），原理图中I1.2是常开触点，无论此接近开关是NPN还是PNP型，常开触点闭合视作高电平。④最后单击"下一个"按钮。

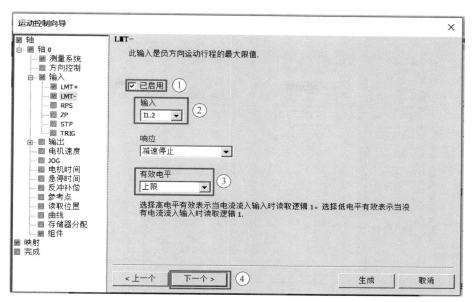

图9-8　配置负限位输入点

（7）配置参考点

设置如图9-9所示。①使能参考点。②指定参考点输入点。③指定输入信号有效电平（低电平有效或者高电平有效），原理图中I1.0是常开触点，无论此接近开关是NPN还是PNP型，常开触点闭合视作高电平。④最后单击"下一个"按钮。

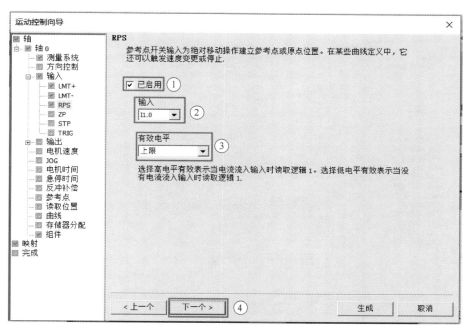

图9-9　配置参考点

（8）配置零脉冲

设置如图9-10所示。①使能零脉冲。②零脉冲输入点，由于是高速输入，所以只能是I0.0~I0.3，回参考点模式3和4才需要配置零脉冲。③最后单击"下一个"按钮。

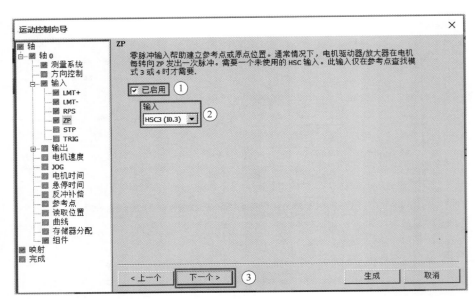

图9-10 配置零脉冲

(9) 配置停止点

配置如图9-11。①使能停止点。②选择停止输入点，必须原理图一致。③定输入信号的触发方式，可以选择电平触发或者边沿触发。④指定输入信号有效电平（低电平有效或者高电平有效）。⑤最后单击"下一个"按钮。

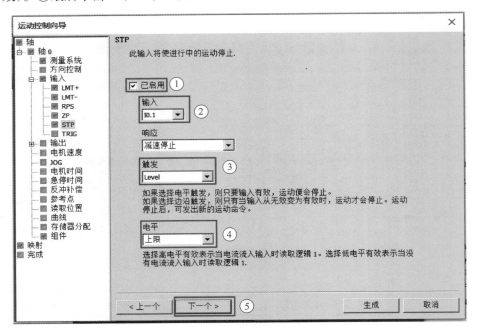

图9-11 配置停止点

(10) 定义电机的速度

配置如图9-12所示。①定义电机运动的最大速度"MAX_SPEED"。本例的最大速度是以电动机的最大转速为3000r/min计算得到。根据定义的最大速度，在运动曲线中可以指定最小速度。②定义电机运动的启动/停止速度"SS_SPEED"。③最后单击"下一个"按钮。

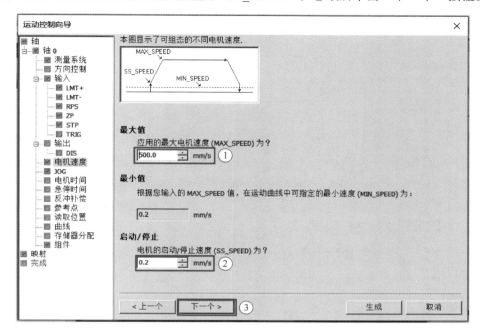

图9-12　定义电机的速度

（11）定义点动参数

配置如图9-13所示。①定义点动速度"JOG_SPEED"（电机的点动速度是点动命令有效时能够得到的最大速度）。②单击"下一个"按钮。如无点动，这一步可以不配置。

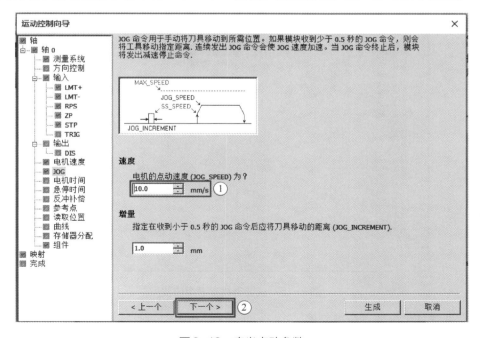

图9-13　定义点动参数

（12）加/减速时间设置

配置如图9-14所示。①设置从启动/停止速度"SS_SPEED"到最大速度"MAX_SPEED"的加速时间"ACCEL_TIME"。②设置从最大速度"MAX_SPEED"到启动/停止速度"SS_SPEED"的减速时间"DECEL_TIME"。③最后单击"下一个"按钮。

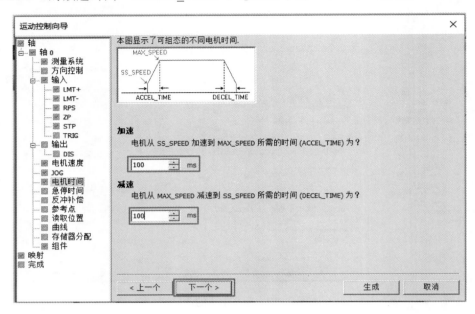

图9-14　加/减速时间设置

（13）使能寻找参考点位置

配置如图9-15所示，然后单击"下一个"按钮。

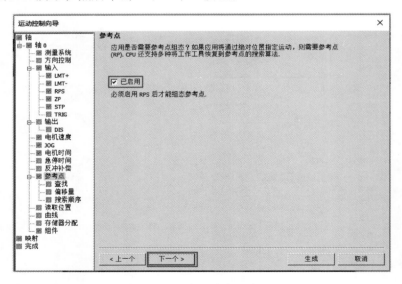

图9-15　使能寻找参考点位置

（14）设置寻找参考点位置参数

配置如图9-16所示。

① 定义快速寻找速度"RP_FAST"。快速寻找速度是模块执行RP寻找命令的初始速度，通常RP_FAST是MAX_SPEED的2/3左右。

② 定义慢速寻找速度"RP_SLOW"。慢速寻找速度是接近RP的最终速度，通常使用一个较慢的速度去接近RP以免错过，RP_SLOW的典型值为SS_SPEED。

③ 定义初始寻找方向"RP_SEEK_DIR"。初始寻找方向是RP寻找操作的初始方向。通常，这个方向是从工作区到RP附近。限位开关在确定RP的寻找区域时扮演重要角色。当执行RP寻找操作时，遇到限位开关会引起方向反转，使寻找能够继续下去，默认方向=反向。

④ 定义最终参考点接近方向"RP_APPR_DIR"。最终参考点接近方向是为了减小反冲和提供更高的精度，应该按照从RP移动到工作区所使用的方向来接近参考点，默认方向=正向。使能停止点。

⑤ 最后单击"下一个"按钮。

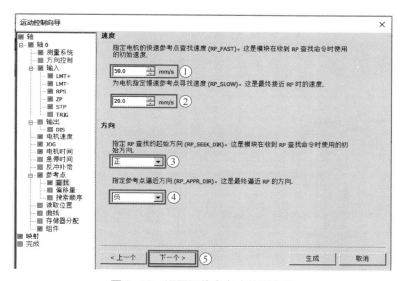

图9-16　设置寻找参考点位置参数

（15）设置参考点偏移量

配置如图9-17所示。可以根据实际情况选择，很多情况选为"0"。最后单击"下一个"按钮。

（16）设置寻找参考点顺序

配置如图9-18所示。S7-200 SMART 提供4种寻找参考点顺序模式，每种模式定义如下。

RP寻找模式1：RP位于RPS输入有效区接近工作区的一边开始有效的位置上。

RP寻找模式2：RP位于RPS输入有效区的中央。

RP寻找模式3：RP位于RPS输入有效区之外，需要指定在RPS失效之后应接收多少个ZP（零脉冲）输入。

RP寻找模式4：RP通常位于RPS输入的有效区内，需要指定在RPS激活后应接收多少个ZP（零脉冲）输入。

（17）新建运动曲线并命名

配置如图9-19所示。单击"添加"按钮添加移动曲线并命名。最后单击"下一个"按钮。

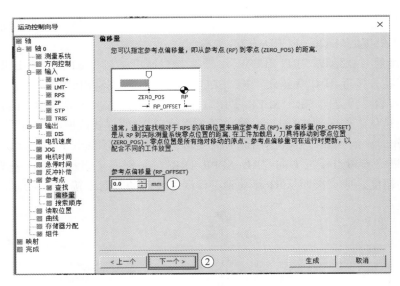

图9-17 设置参考点偏移量

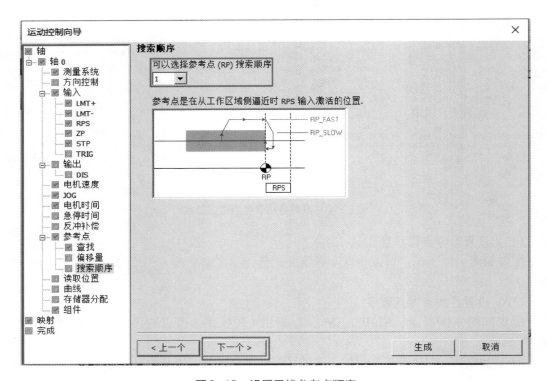

图9-18 设置寻找参考点顺序

（18）定义运动曲线

配置如图9-20所示。①选择移动曲线的操作模式（支持4种操作模式：绝对位置、相对位置、单速连续旋转、两速连续转动）。②单击"添加"按钮。③定义该移动曲线每一段的速度和位置（S7-200 SMART 每组移动曲线支持最多16步，且速度只能为同一方向）。④最后单击"下一个"按钮。

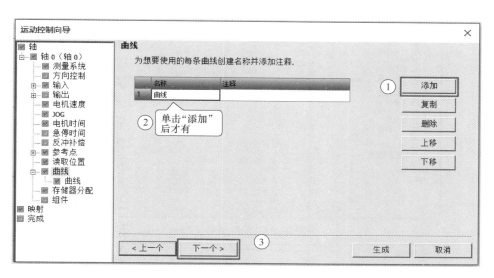

图9-19　新建运动曲线并命名

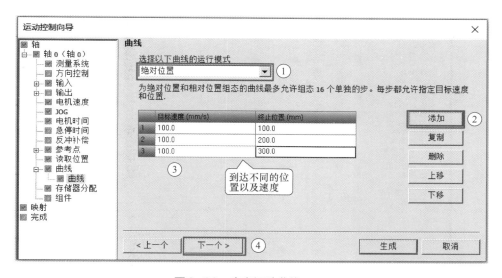

图9-20　定义运动曲线

（19）为配置分配存储区

配置如图9-21所示。分配区的V地址是系统使用，不可与程序中的地址冲突。

①使能停止点。②选择停止输入点，必须与原理图一致。③指定输入信号的触发方式，可以选择电平触发或者边沿触发。④指定输入信号有效电平（低电平有效或者高电平有效）。⑤最后单击"下一个"按钮。

（20）完成组态

完成组态如图9-22所示。最后单击"下一个"按钮。

（21）查看输入输出点分配

查看输入输出点分配如图9-23所示。最后单击"生成"按钮，完成指令向导。

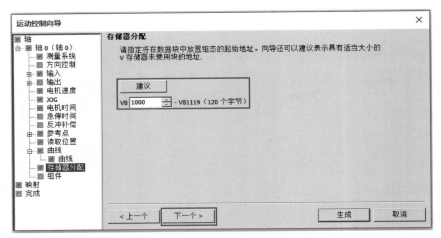

图9-21 为配置分配存储区

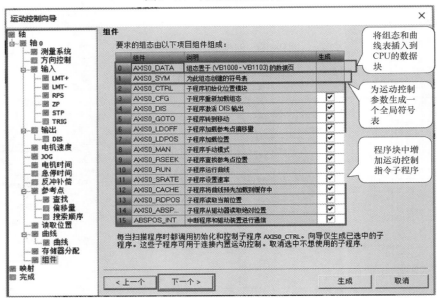

图9-22 完成组态

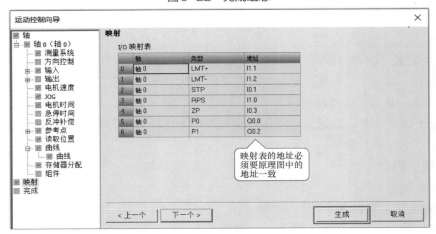

图9-23 查看输入输出点分配

9.1.3 原点回归指令 AXISx_LDPOS 和 AXISx_RSEEK 的应用

在使用运动控制指令之前，必须要启用轴，因此必须使用 AXISx_CTRL，该指令的作用是启用和初始化运动轴，方法是自动命令运动轴每次 CPU 更改为 RUN 模式时加载组态/曲线表。并确保程序会在每次扫描时调用此指令。

（1）AXISx_CTRL 指令介绍

轴在运动之前，必须运行此指令，其具体参数说明见表 9-1。

表9-1　AXISx_CTRL 指令的参数

LAD	输入/输出	参数的含义
AXIS0_CTRL —EN —MOD_EN 　Done— 　Error— 　C_Pos— 　C_Speed— 　C_Dir—	EN	使能
	MOD_EN	参数必须开启，才能启用其他运动控制指令向运动轴发送命令
	Done	运动轴完成任何一个指令时，此参数会开启
	Error	产生的错误代码。0—无错误，1—被用户中止，2—组态错误，3—命令非法……
	C_Pos	运动轴的当前位置
	C_Speed	运动轴的当前速度
	C_Dir	参数表示电机的当前方向： • 信号状态，0=正向 • 信号状态，1=反向错误 ID 码

（2）AXISx_LDPOS 当加载位置指令介绍

AXISx_LDPOS 指令（加载位置）将运动轴中的当前位置值更改为新值。可以使用本指令为任何绝对移动命令建立一个新的零位置，即可以把当前位置作为参考点。加载位置指令具体参数说明见表 9-2。

表9-2　AXISx_LDPOS 加载位置指令的参数

LAD	输入/输出	参数的含义
AXIS0_LDPOS —EN —START —New_Pos　Done— 　　　　　Error— 　　　　　C_Pos—	EN	使能
	START	执行的每次扫描，该子例程向运动轴发送一个 LDPOS 命令，用上升沿触发
	New_Pos	用于取代运动轴报告和用于绝对移动的当前位置值
	Done	1：任务完成
	Error	产生的错误代码。0—无错误，1—被用户中止，2—组态错误，3—命令非法……
	C_Pos	运动轴的当前位置

（3）AXISx_RSEEK 搜索参考点位置指令介绍

AXISx_RSEEK 指令（搜索参考点位置）使用组态/曲线表中的搜索方法启动参考点搜索操作。运动轴找到参考点且运动停止后，运动轴将 RP_OFFSET（多数情况该值为0）参数值作为当前位置。搜索参考点位置指令具体参数说明见表9-3。

表9-3　AXISx_RSEEK搜索参考点位置指令的参数

LAD	输入/输出	参数的含义
AXIS0_RSEEK EN START Done Error	EN	使能
	START	执行的每次扫描,该子例程向运动轴发送一个 RSEEK命令,用上升沿触发
	Done	1:任务完成
	Error	产生的错误代码。0—无错误,1—被用户中止,2—组态错误,3—命令非法……

AXISx_RSEEK搜索参考点位置指令的参考点寻找模式Mode有四种模式,具体介绍如下。

1)参考点(RP)寻找模式1　参考点位于RPS输入有效区接近工作区的一边开始有效的位置上。搜索模式1示意图如图9-24所示。

2)参考点(RP)寻找模式2　参考点位于RPS输入有效区的中央。搜索模式2示意图如图9-25所示。

3)参考点(RP)寻找模式3　参考点位于RPS输入有效区之外,需要指定在RPS失效之后应接收多少个ZP(零脉冲)输入。搜索模式3示意图如图9-26所示。

4)参考点(RP)寻找模式4　参考点通常位于RPS输入的有效区内,需要指定在RPS激活后应接收多少个ZP(零脉冲)输入。搜索模式4示意图如图9-27所示。

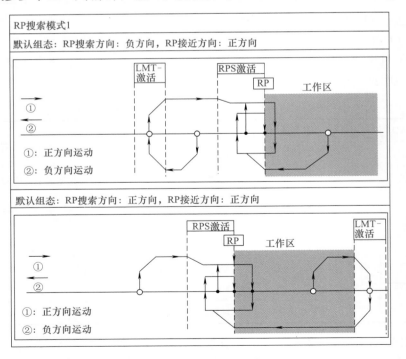

图9-24　搜索模式1示意图

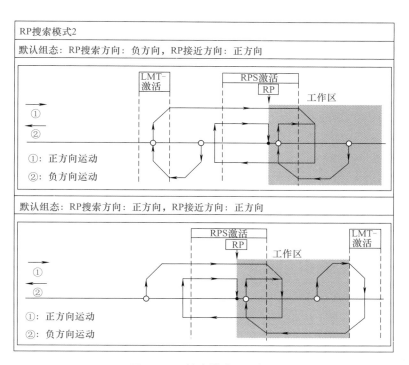

图9-25　搜索模式2示意图

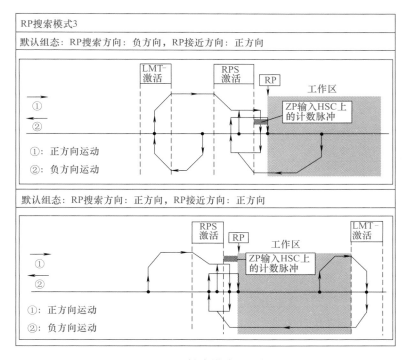

图9-26　搜索模式3示意图

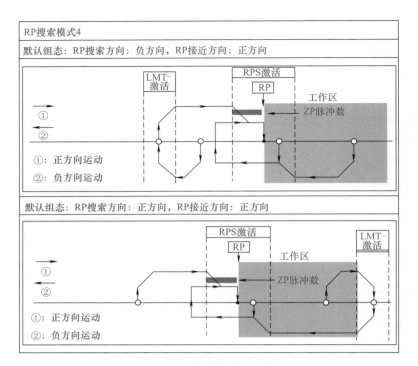

图9-27　搜索模式4示意图

(4) 回参考点指令应用举例

【例9-2】原理图如图9-1所示，当压下SB3按钮，伺服系统开始回原点，回原点成功后，将一个标志位置位。

【解】　① 伺服驱动器的参数设置。设置伺服驱动器的参数见表9-4。

表9-4　伺服驱动器的参数

参数	名称	出厂值	设定值	说明
PA01	控制模式选择	1000	1000	设置成位置控制模式
PA06	电子齿轮比分子	1	524288	设置成上位机（PLC）发出1000个脉冲电动机转一圈
PA07	电子齿轮比分母	1	125	
PA13	指令脉冲选择	0000	0001	选择脉冲串输入信号波形，正逻辑，设定脉冲加方向控制
PD01	用于设定SON、LSP、LSN的自动置ON	0000	0C04	SON、LSP、LSN内部自动置ON

② 方法。本例可用两种方法，常用的方法是AXISx_RSEEK，梯形图如图9-28所示。也可以用AXISx_LDPOS指令，梯形图如图9-29所示，这种方法实际就是以当前点为参考点。

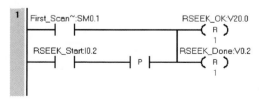

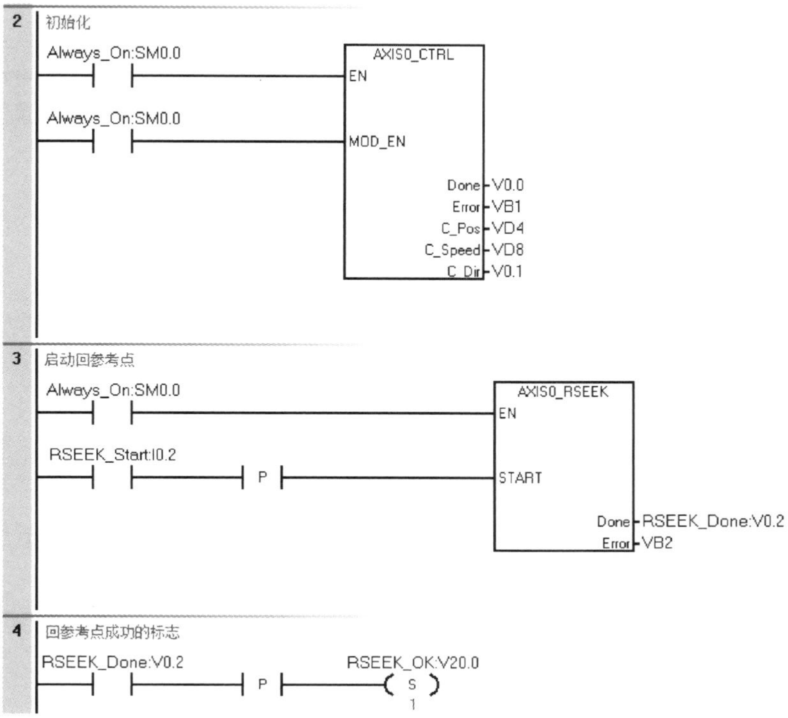

图9-28 使用AXISx_RSEEK指令的梯形图

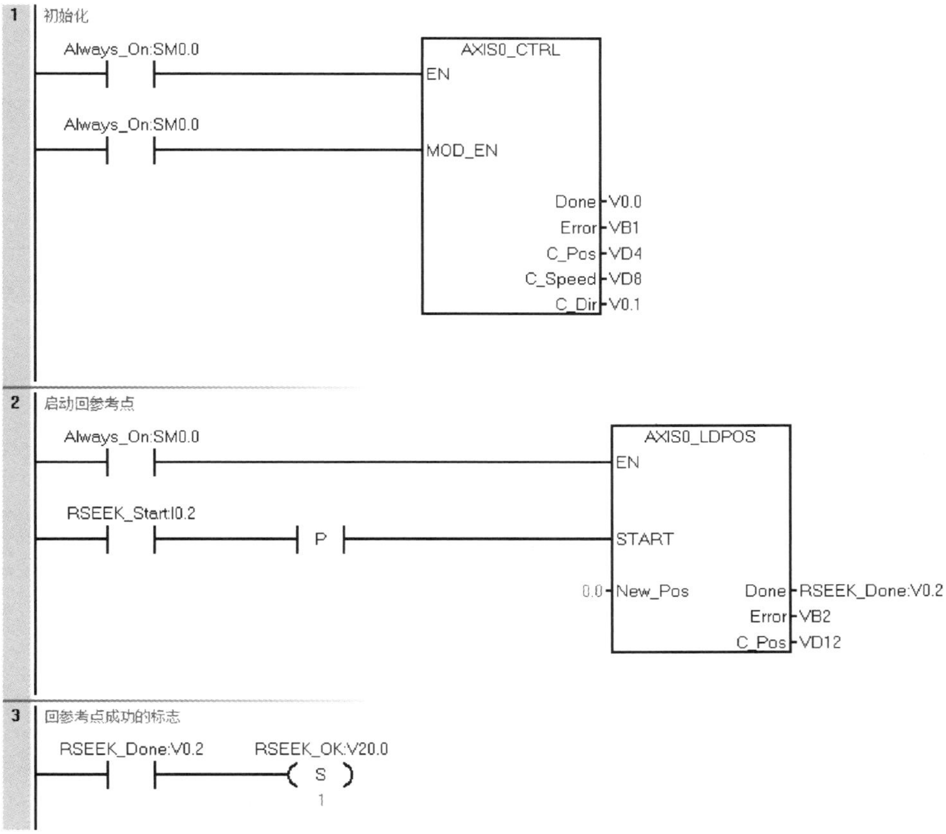

图9-29 使用AXISx_LDPOS指令的梯形图

9.2.1 点动轴指令AXISx_MAN的应用

AXISx_MAN点动轴指令将运动轴置为手动模式。允许电动机按不同的速度运行，以及沿正向或负向慢进。点动轴指令具体参数说明见表9-5。

表9-5 AXISx_MAN点动轴指令的参数

LAD	输入/输出	参数的含义
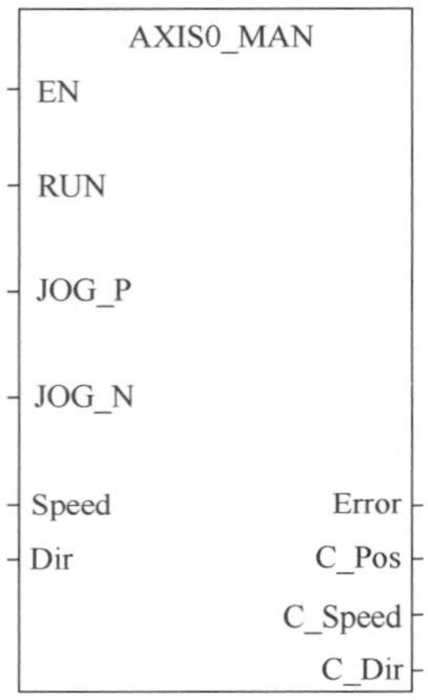	EN	使能
AXIS0_MAN	RUN	运动轴加速至指定的速度（Speed参数）和方向（Dir参数）
EN	JOG_P	点动正向旋转
RUN	JOG_N	点动反向旋转
JOG_P	Speed	启用RUN时的速度
JOG_N	Dir	当RUN启用时移动的方向
Speed Error	Error	产生的错误代码。0—无错误，1—被用户中止，2—组态错误，3—命令非法……
Dir C_Pos	C_Pos	运动轴的当前位置
C_Speed	C_Speed	运动轴的当前速度
C_Dir	C_Dir	电动机的当前方向 信号状态：0=正向 信号状态：1=反向

【例9-3】原理图如图9-1所示，当压下SB4按钮，伺服系统的电动机正向点动，当压下SB5按钮，伺服系统的电动机反向点动。

【解】 梯形图如图9-30所示。注意当V30.0闭合时，系统的运行速度是50.0mm/s；当I0.5或者I0.6闭合时，系统的运行速度是硬件组态时的点动速度。

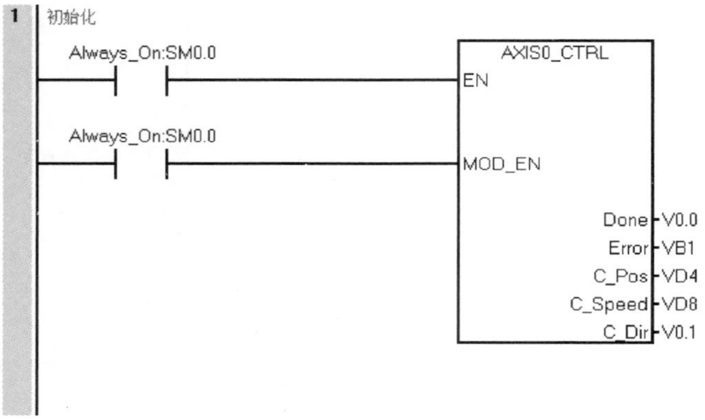

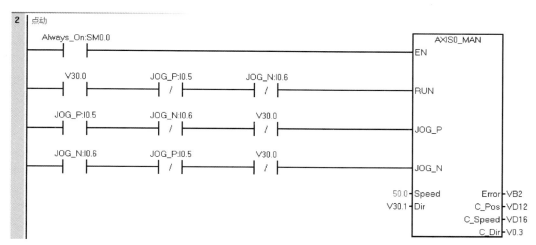

图9-30　例9-3梯形图

9.2.2　运动轴转到所需位置指令AXISx_GOTO的应用

AXISx_GOTO运动轴转到所需位置指令有4种模式：绝对位置、相对位置、单速连续正向旋转和单速连续反向旋转，其中绝对位置最常用，后两种模式实际就是速度模式。AXISx_GOTO运动轴转到所需位置指令的参数说明见表9-6。

表9-6　AXISx_GOTO运动轴转到所需位置指令的参数

LAD	输入/输出	参数的含义
	EN	使能
	START	向运动轴发出 GOTO 命令,通常用上升沿激发
	Pos	指示要移动的位置(绝对移动)或要移动的距离(相对移动)
AXIS0_GOTO EN START Pos　　　Done Speed　　Error Mode　　C_Pos Abort　　C_Speed	Speed	该移动的最高速度
	Mode	参数选择移动的类型： 0:绝对位置 1:相对位置 2:单速连续正向旋转 3:单速连续反向旋转
	Abort	参数会命令运动轴停止执行此命令并减速,直至电机停止
	Done	当运动轴完成此子例程时,Done 参数会开启
	Error	产生的错误代码。0—无错误,1—被用户中止,2—组态错误,3—命令非法……
	C_Pos	运动轴的当前位置
	C_ Speed	运动轴的当前速度

【例9-4】原理图如图9-1所示，当压下SB1按钮，伺服系统的电动机正向移动100mm，再次压下SB1按钮，伺服系统做同样的运动。要求编写控制程序。

【解】 很显然，本例采用相对位移模式，即Mode=1，此模式运行时，无需回参考点，这种运行模式在工程中使用相对较少，梯形图如图9-31所示。伺服驱动器的参数设置见表9-4。

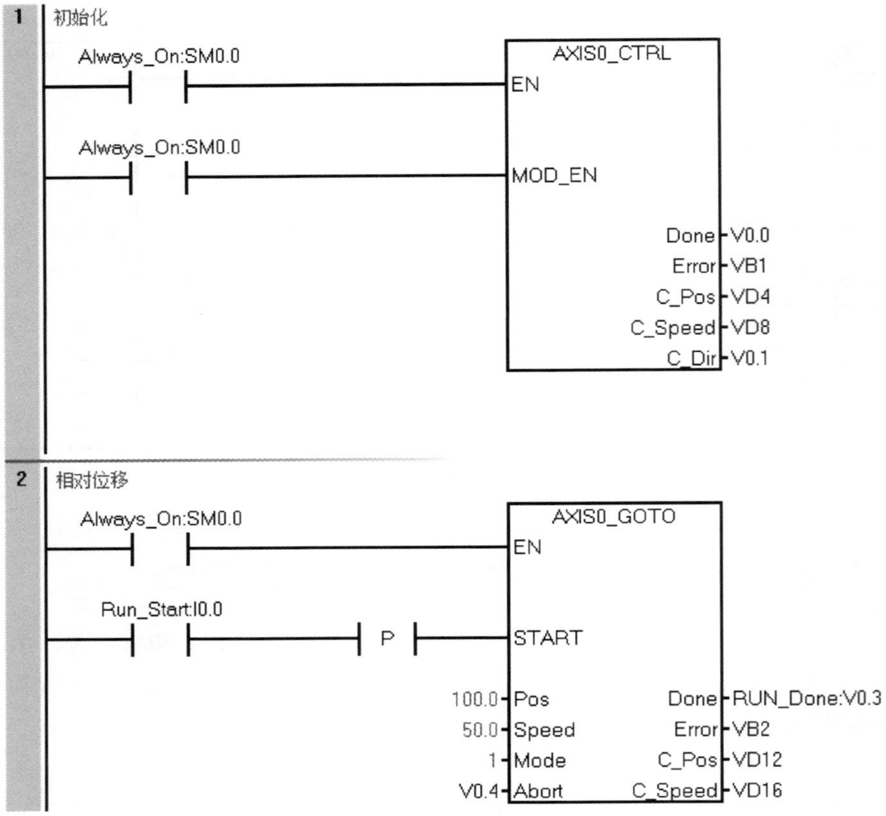

图9-31 例9-4梯形图

【例9-5】原理图如图9-1所示，当压下SB3按钮，伺服系统的电动机回参考点，当压下SB1按钮，伺服系统的电动机正向移动200mm，再次压下SB1按钮，伺服系统停止运行。要求编写控制程序。

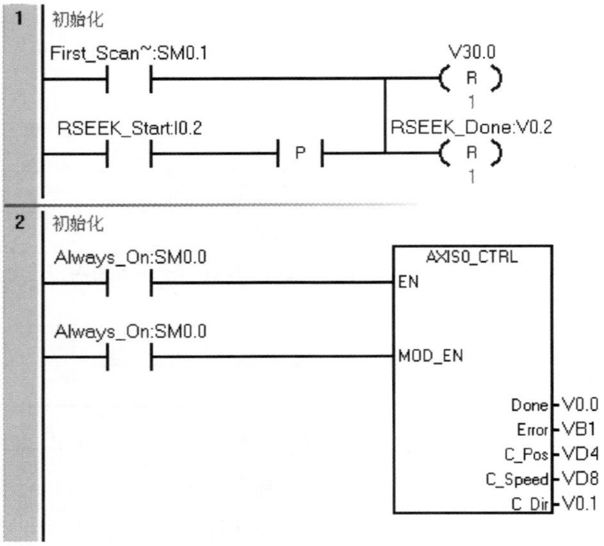

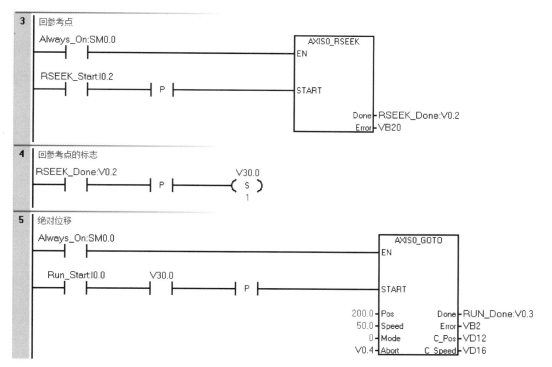

图9-32 例9-5梯形图

【解】 很显然，本例采用绝对位移模式，即Mode=0，伺服电动机带增量式编码器时，绝对位移模式运行，需要回参考点，这种运行模式在工程中应用较为常见，梯形图如图9-32所示。伺服驱动器的参数设置见表9-4。

9.3 S7-200 SMART PLC对MR-J4/MR-JE伺服系统的外部脉冲位置控制应用

在9.1和9.2中已经介绍了外部脉冲位置控制的硬件组态、回参考点和常用指令应用。本节将用一个实例介绍外部脉冲位置控制应用。掌握了此实例标志着读者初步掌握外部脉冲位置控制应用，就可以完成一些不复杂的运动控制项目了。

【例9-6】已知控制器为CPU ST40，伺服系统的驱动器是MR-JE，编码器的分辨率是131072，工作台螺距是10mm。当压下按钮后行走300mm，停2s，再行走300mm，停2s，返回初始位置，具备回零功能，设计此方案并编写程序。

【解】 设计电气原理图，如图9-33所示。伺服驱动器的参数设置见表9-4。

梯形图如图9-34所示，梯形图程序的解读如下。

程序段1：初始化，回到初始状态。

程序段2：运动轴的初始化。

程序段3：回参考点。绝对位移时，要回参考点。

程序段4：轴的运行。

0901-S7-200 SMART PLC 对MR-J4/ MR-JE伺服系统的外部脉冲位置控制

程序段 5：停止轴的运行。

程序段 6：回参考点成功的标志。

程序段 7：开始轴的运行。

程序段 8：VB500=1 运行到 300 位置，延时 2s；VB500=2 运行到 600 位置，延时 2s；VB500=3 运行到 0 位置。

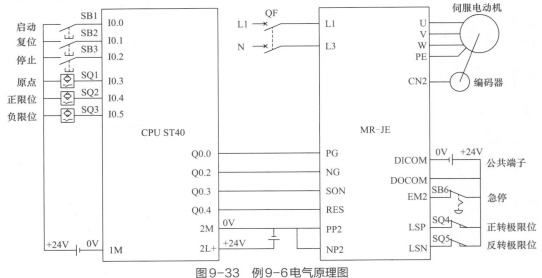

图 9-33　例 9-6 电气原理图

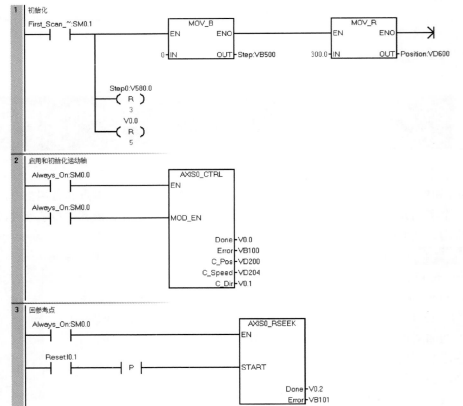

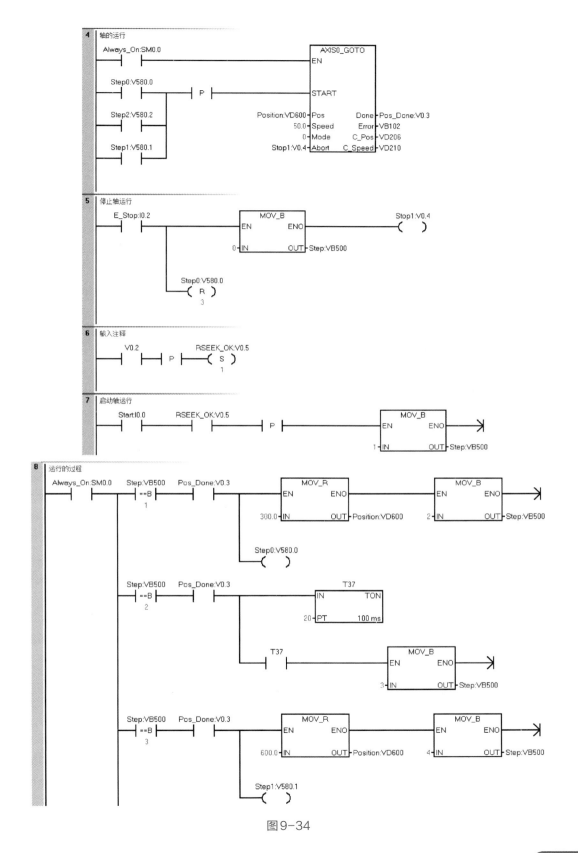

图9-34

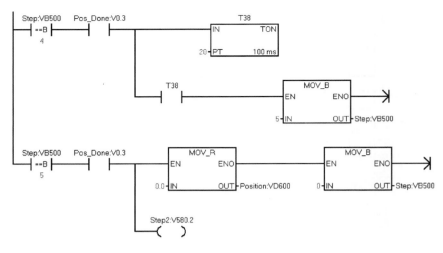

图9-34 例9-6梯形图

9.4 通信在SINAMICS V90位置控制中的应用

与使用高速脉冲进行定位控制相比，利用通信对伺服系统进行定位（位置）控制，所需的控制硬接线明显要少，一台PLC可以控制的伺服系统的台套数也要多，安装、调试和维修都方便，是目前主流的定位控制方式。

9.4.1 S7-200 SMART PLC通信控制SINAMICS V90 PN实现回参考点

S7-200 SMART PLC通过库指令SINA_POS控制SINAMICS V90 PN实现定位，使用的是报文111。

使用库指令，可完成回参考点、定位控制、点动控制、MDI、速度控制和修改参数等功能，而且使用比较简便。以下用一个例子介绍回参考点。

【例9-7】已知控制器为S7-200 SMART PLC，伺服系统的驱动器是SINAMICS V90 PN，编码器的分辨率是2500脉冲/s，工作台螺距是10mm。要求采用PROFINET通信实现定位，要求编写程序实现回零功能，设计此方案并编写程序。

【解】（1）设计电气原理图

电气原理图如图9-35所示。

（2）硬件组态

① 新建项目"PN-RSEEK"，如图9-36所示。

② 配置PROFINET接口。如图9-36所示，选中"向导"→"PROFINET"，弹出如图9-37所示的界面，先勾选"控制器"，选择PLC的角色；再设置PLC的IP地址、子网掩码和站名。要注意在同一网段中，站名和IP地址是唯一的，而且此处组态的IP地址和站名，必须与实际PLC的IP地址和站名相同，否则运行PLC会出现通信报错。单击"下一步"按钮。

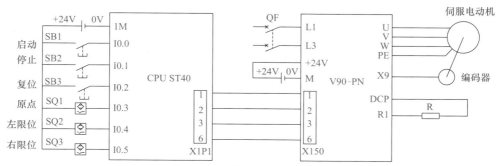

图9-35 例9-7电气原理图

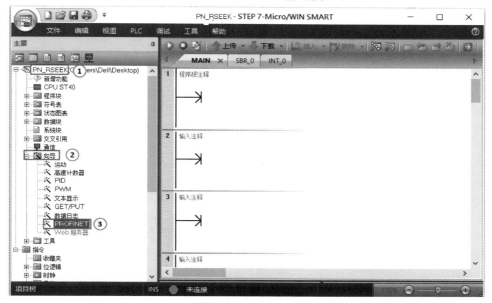

图9-36 新建项目

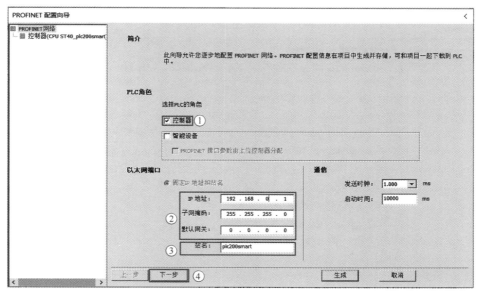

图9-37 配置PROFINET接口

③ 配置SINAMICS V90伺服驱动器。展开右侧的硬件目录，选中"PROFINET IO"→"Drives"→"SIEMENS AG"→"SINAMICS"→"SINAMICS V90"，拖拽"SINAMICS V90"到如图9-38所示的界面。用鼠标左键选中标记"①"处的绿色标记（即PROFINET接口）按住不放，拖拽到标记"②"处松开鼠标。设置"SINAMICS V90"的设备名称和IP地址，此处组态的IP地址和站名，必须与实际V90的IP地址和站名相同，否则运行PLC是会出现通信报错。单击"下一步"按钮。

④ 配置通信报文。选中"西门子报文1 PZD 12/12"，并拖拽到如图9-39所示的位置。注意：PLC侧选择通信报文111，那么伺服驱动器侧也要选择报文111，这一点要特别注意。报文的控制字是QW128，主设定值是QW130，详见标记"②"处。单击"下一步"按钮，弹出如图9-40所示的界面，单击"生成"按钮即可。

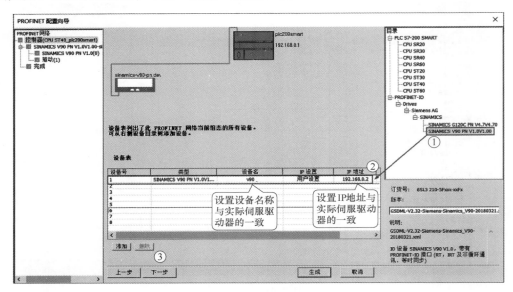

图9-38 配置SINAMICS V90（1）

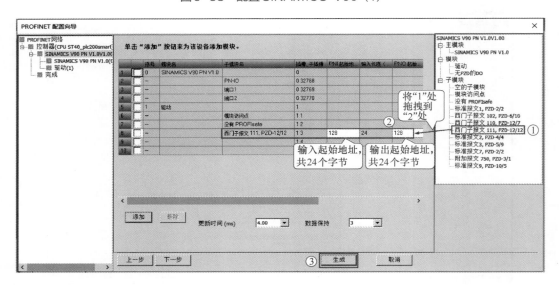

图9-39 配置SINAMICS V90（2）

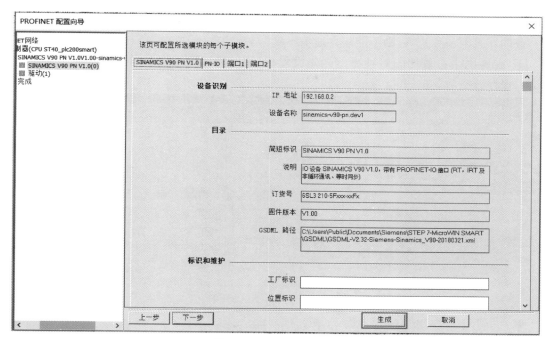

图9-40 配置通信报文

(3) 设置SINAMICS V90的参数

设置SINAMICS V90的参数十分关键，否则通信是不能正确建立的。SINAMICS V90
参数见表9-7。

表9-7 SINAMICS V90参数

序号	参数	参数值	说明
1	P922	111	西门子报文111
2	p8921(0)	192	IP地址192.168.0.2
	p8921(1)	168	
	p8921(2)	0	
	p8921(3)	2	
3	p8923(0)	255	子网掩码：255.255.255.0
	p8923(1)	255	
	p8923(2)	255	
	p8923(3)	0	
4	p29247	10000	机械齿轮，单位LU
5	p2544	40	定位完成窗口：40LU
	p2546	1000	动态跟随误差监控公差：1000LU
6	p2585	−300	EPOS JOG1的速度，单位1000LU/min
	p2586	300	EPOS JOG2的速度，单位1000LU/min
	p2587	1000	EPOS JOG1的运行行程，单位LU
	p2588	1000	EPOS JOG2的运行行程，单位LU
7	p2605	5000	EPOS 搜索参考点挡块速度，单位1000LU/min
	p2611	300	EPOS 接近参考点速度，单位1000LU/min
	p2608	300	EPOS 搜索零脉冲速度，单位1000LU/min
	p2599	0	EPOS 参考点坐标，单位LU

注意：本例的伺服驱动器设置的是报文111，与S7-200 SMART PLC组态时选用的报文是一致的（必须一致），否则不能建立通信。

① 配置网络参数如图9-41所示。先设置PN网站名、IP地址和子网掩码等参数，最后单击"保存并激活"按钮。

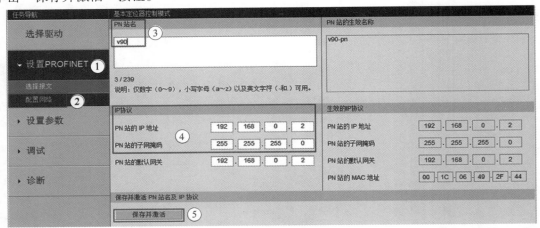

图9-41　配置网络参数

② 配置网络参数。配置机械齿轮参数如图9-42所示。这个参数与机械结构、减速器的减速比以及期望的分辨率相关。

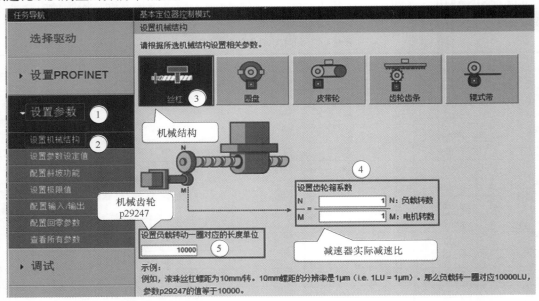

图9-42　配置机械齿轮参数

③ 配置回零参数。回零参数不易理解。但配置回零参数参考图9-43所示的画面进行就很直观了。

（4）编写程序

① 库指令SINA_POS介绍。定位控制时要用到库指令SINA_POS，其输入输出引脚的含义见表9-8。

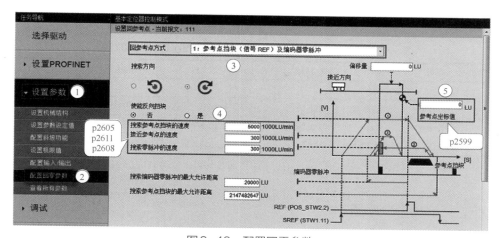

图9-43 配置回零参数

表9-8 库指令SINA_POS输入输出引脚的含义

引脚	数据类型	默认值	描述
输入			
ModePos	INT	0	运行模式： 1=相对定位 2=绝对定位 3=连续位置运行 4=主动回零操作 5=设置回零位置 6=运行位置块 0~16 7=点动 jog 8=点动增量
EnableAxis	BOOL	0	伺服运行命令： 0=OFF1 1=ON
CancelTransing	BOOL	1	0=拒绝激活的运行任务 1=不拒绝
IntermediateStop	BOOL	1	中间停止： 0=中间停止运行任务 1=不停止
St_I_add	DWORD	0	PROFINET IO I 存储区起始地址的指针，例如 &IB128
St_Q_add	DWORD	0	PROFINET IO Q 存储区起始地址的指针，例如 &QB128
Control_table	DWORD	0	起始地址的指针，例如&VB8000
Status_table	DWORD	0	起始地址的指针，例如&VB9000
Execute	BOOL	0	激活运行任务/设定值接受/激活参考函数
Position	DINT	0[LU]	对于运行模式，直接设定位置值[LU]/MDI或运行的块号
Velocity	DINT	0[LU/min]	MDI 运行模式时的速度设置[LU/min]
输出			
Done	BOOL	0	操作模式为相对运动或绝对运动时达到目标位置
ActVelocity	DINT	0[LU/min]	当前速度(LU/min)
ActPosition	DINT	0[LU/min]	当前位置 LU
ActWarn	WORD	0	当前的报警代码
ActFault	WORD	0	当前的故障代码

库指令SINA_POS输入参数Control_table的含义见表9-9。

表9-9　库指令SINA_POS输入参数Control_table的含义

字节偏移	参数	数据类型	默认值	描述
0~1	保留			
2~3	OverV	INT	100[%]	所有运行模式下的速度倍率 0~199%
4~5	OverAcc	INT	100[%]	直接设定值/MDI 模式下的加速度倍率0~100%
6~7	OverDec	INT	100[%]	直接设定值/MDI 模式下的减速度倍率0~100%
8~11	ConfigE-POS	DWORD	0	可以通过此引脚传输111报文的STW1、STW2、EPosSTW1和EPosSTW2中的位,传输位的对应关系如下表所示: 见下表 可通过此方式传输硬件限位使能、回零开关信号等给V90。注意:如果程序里对此引脚进行了变量分配,则必须保证ConfigE-Pos.%X0和ConfigEPos.%X1都为1时驱动器才能运行。

ConfigEPos 位	111 报文位
ConfigEPos.%X0	STW1.%X1
ConfigEPos.%X1	STW1.%X2
ConfigEPos.%X2	EPosSTW2.%X14
ConfigEPos.%X3	EPosSTW2.%X15
ConfigEPos.%X4	EPosSTW2.%X11
ConfigEPos.%X5	EPosSTW2.%X10
ConfigEPos.%X6	EPosSTW2.%X2
ConfigEPos.%X7	STW1.%X13
ConfigEPos.%X8	EPosSTW1.%X12
ConfigEPos.%X9	STW2.X0
ConfigEPos.%X10	STW2.%X1
ConfigEPos.%X11	STW2.%X2
ConfigEPos.%X12	STW2.%X3
ConfigEPos.%X13	STW2.%X4
ConfigEPos.%X14	STW2.%X7
ConfigEPos.%X15	STW1.%X14
ConfigEPos.%X16	STW1.%X15
ConfigEPos.%X17	EPosSTW1.%X6
ConfigEPos.%X18	EPosSTW1.%X7
ConfigEPos.%X19	EPosSTW1.%X11
ConfigEPos.%X20	EPosSTW1.%X13
ConfigEPos.%X21	EPosSTW2.%X3
ConfigEPos.%X22	EPosSTW2.%X4
ConfigEPos.%X23	EPosSTW2.%X6
ConfigEPos.%X24	EPosSTW2.%X7
ConfigEPos.%X25	EPosSTW2.%X12
ConfigEPos.%X26	EPosSTW2.%X13
ConfigEPos.%X27	STW2.%X5
ConfigEPos.%X28	STW2.%X6
ConfigEPos.%X29	STW2.%X8
ConfigEPos.%X30	STW2.%X9

② 编写回原点程序，如图9-44所示。解读程序要认真阅读表9-8和表9-9，具体说明如下。

程序段1：由于库指令SINA_POS输入参数Control_table的起始地址是VB8000，所以VW8002=100，代表倍率是100%；VW8004=VW8806=100代表加速度和减速度的倍率为100%；VD8008=3，即V8011.0=V8011.1=1表示伺服系统处于可以运行的状态；Mode=4即ModePos=4表示主动回零操作。

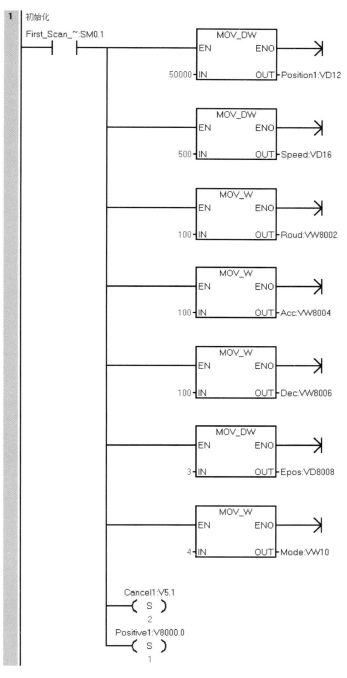

图9-44

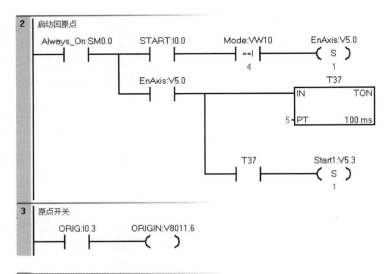

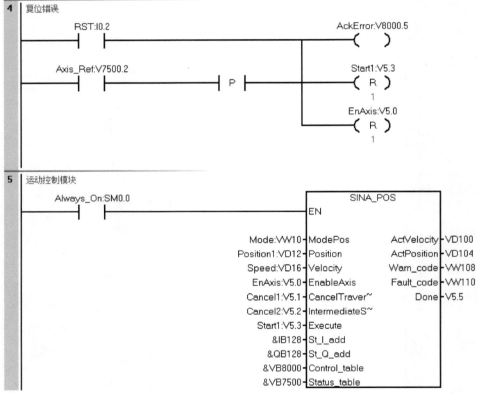

图9-44 例9-7程序

程序段2：I0.0闭合，激活伺服使能，延时0.5s后，启动回参考点。

程序段3：使用库指令SINA_POS回原点，有几个关键参数要再次强调，ModePos=4表示主动回零操作；ConfigEPOS的ConfigEPos.%X0 表示OFF2停止，应设置为1才能运行；ConfigEPOS的ConfigEPos.%X1 表示OFF3停止，应设置为1才能运行；ConfigEPOS的ConfigEPos.%X6是零点开关信号。在本例中，I0.3是零点信号赋值给V8011.6，就是ConfigEPOS的ConfigEPos.%X6。VW10=4表示主动回零操作。VD16和VD12无需设置。

V8011.0=V8011.1=1表示伺服系统处于可以运行的状态。

程序段4：如伺服系统有故障，I0.2闭合时，进行伺服系统复位，即故障确认。

程序段5：运动控制块程序。

9.4.2　S7-200 SMART PLC通信控制SINAMICS V90 PN 实现定位

【例9-8】已知控制器为S7-200 SMART PLC，伺服系统的驱动器是SINAMICS V90 PN，编码器的分辨率是2500脉冲/s，滚珠丝杠的螺距是10mm。要求采用PROFINET通信实现定位，要求编写程序实现回零功能，之后压下启动按钮伺服系统行走50mm，设计此方案并编写程序。

【解】　① 设计电气原理图。电气原理图如图9-35所示。

② 硬件组态和伺服参数设置。硬件组态和伺服参数设置与例9-7相同。

③ 编写程序。编写程序如图9-45所示。解读程序要认真阅读表9-7和表9-8，具体说明如下。

程序段1：由于库指令SINA_POS输入参数Control_table的起始地址是VB8000，所以VW8002=100，代表倍率是100%；VW8004=VW8806=100代表加速度和减速度的倍率为100%；VD8008=3，即V8011.0=V8011.1=1表示伺服系统处于可以运行的状态；Mode=4即ModePos=4表示主动回零操作。

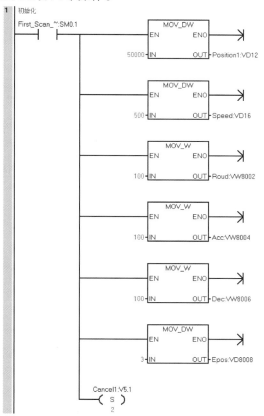

图9-45

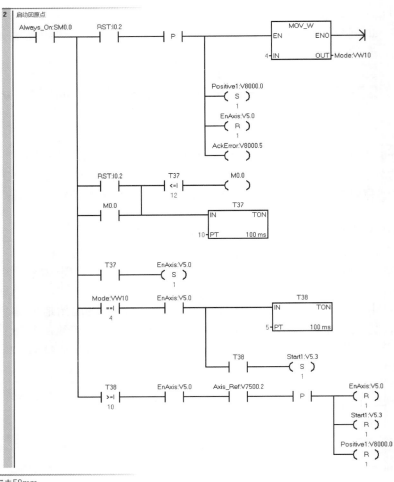

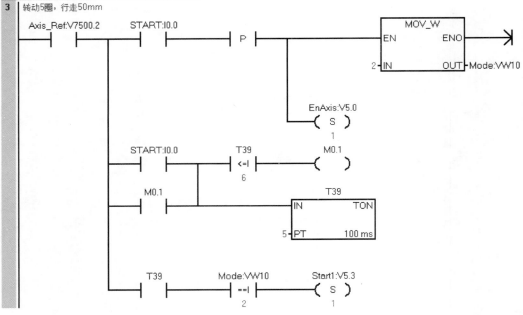

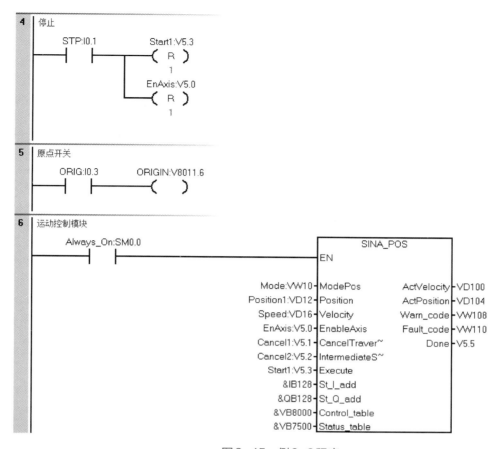

图9-45 例9-8程序

程序段2：如伺服系统有故障，I0.2闭合时，进行伺服系统复位，即故障确认。1s后，激活伺服使能，延时0.5s后，启动回参考点。

程序段3：当伺服系统回参考点后，压下启动按钮I0.0闭合，ModePos=2表示绝对位移操作；激活伺服系统，延时0.5s后，伺服电动机开始旋转，转5圈，即50mm。

程序段4：停止伺服系统运行。

程序段5：使用库指令SINA_POS回原点，有几个关键参数要再次强调，ModePos=4表示主动回零操作；ConfigEPOS的ConfigEPos.%X0 表示OFF2停止，应设置为1才能运行；ConfigEPOS的ConfigEPos.%X1 表示OFF3停止，应设置为1才能运行；ConfigEPOS的ConfigEPos.%X6是零点开关信号。在本例中，I0.3是零点信号赋值给V8011.6，就是ConfigEPOS的ConfigEPos.% X6。VW10=4表示主动回零操作。VD16和VD12无需设置。V8011.0= V8011.1=1表示伺服系统处于可以运行的状态。

程序段6：运动控制块程序。

第10章

伺服驱动系统的转矩控制及参数读写

三菱 MR-J4/MR-JE 伺服系统有三种基本控制模式：速度模式、位置模式和转矩模式。转矩模式其实就是能量控制模式。SINAMIC V90 PN 版本没有转矩控制功能，因此本章将介绍其通信参数读取方法。伺服系统参数的读写在工程中有实用价值，可以监视伺服系统的转矩、速度、位置、电流和电压等参数。

10.1 MR-J4/MR-JE 伺服系统转矩控制

1001-MR-J4/
MR-JE 伺服系
统转矩控制

10.1.1 MR-J4/MR-JE 伺服系统的转矩控制方式的接线

MR-J4/MR-JE 伺服系统的转矩设定依靠外部模拟量来完成，即外部模拟量输入2。数字量输入端子RS1、RS2和模拟量的正负共同决定转矩的方向及启停。

（1）转矩的方向及启停

转矩的方向及启停选择见表10-1。

表10-1　转矩的方向及启停选择

数字量输入信号		旋转方向		
		模拟量转矩设定值（模拟量输入 2）		
RS2	RS1	+极性	0V	-极性
0	0	不输出转矩	不发生转矩	不输出转矩
0	1	CCW（正转）		CW（反转）
1	0	CW（反转）		CCW（正转）
1	1	不输出转矩		不输出转矩

对表10-1进行解读：

① 当外部数字量RS1和RS2没有输入时，无转矩输出。

② 当外部模拟量2的输入为0V时，不发生转矩。

286　第3篇　西门子、三菱伺服驱动系统工程应用 ▷▷▷▷

③ 当外部数字量RS1有输入和RS2没有输入时，模拟量输入为正极性（转矩信号电压为正），正向旋转，模拟量输入为负极性，反向旋转。

④ 当外部数字量RS2有输入和RS1没有输入时，模拟量输入为正极性（转矩信号电压为正），负向旋转，模拟量输入为负极性，正向旋转。

⑤ 当外部数字量RS2有输入和RS1有输入时，不输出转矩。

（2）转矩控制模式时伺服系统的接线

转矩控制模式时伺服系统的接线参照原理图，如图10-1（a）所示为MR-JE伺服系统，其转矩控制的电源只能使用外部电源，由于MR-JE并没有默认的速度给定的端子，因此本例中的SP1使用CN1-38（因为CN1-38引脚可分配任意的输入软元件），该引脚对应的参数PD46设定20H即可。如图10-1（b）所示为MR-J4伺服系统，其转矩控制的电源使用内部电源，由于MR-J4有默认的速度给定的端子，因此本例中的SP1使用CN1-41，该引脚对应的参数用默认参数即可。

如要使伺服系统正常工作，还需要对伺服系统设置参数。MR-JE伺服系统转矩模式时的参数设置见表10-2。

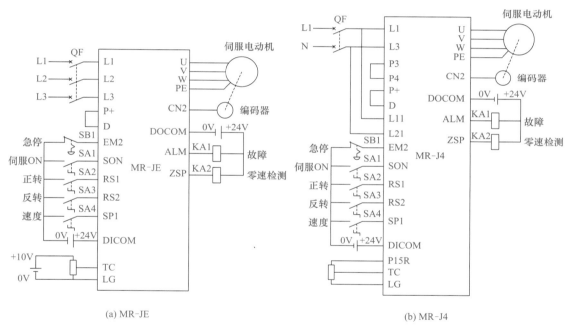

(a) MR-JE   (b) MR-J4

图10-1　转矩控制模式的原理图

表10-2　转矩模式时的参数设置

序号	参数名称	设置值	对应的引脚	端子含义
1	Pr.PA01	04H	—	运行模式设置-转矩模式
2	Pr.PD04	02H	CN1-15	SON
3	Pr.PD12	07H	CN1-19	RS2
4	Pr.PD14	08H	CN1-41	RS1
5	—		CN1-42	EM2
6	—		CN1-28	LG
7			CN1-27	TC（模拟量转矩指令）
8	Pr.PD46	20H	CN1-38	SP1

表10-2中，参数Pr.PD12默认数值是07H，对应的端子是CN1-19，端子的定义是RS1，表示正转，图10-1中，当SA2闭合时，如果模拟量输入为正信号，则电动机正转。当然，Pr.PD12也可以修改为其他数值，例如修改为08H，则对应的端子是CN1-19，端子的定义是RS2，表示反转。

CN1-42端子对应的含义是EM2表示急停，此端子是固定的，无需设置参数。此端子必须与数字量输入公共端子的电源相连，且应接常闭触点。

10.1.2　MR-J4/MR-JE伺服系统的转矩控制应用举例

如图10-1所示，当按钮SA2和SA3同时断开或者同时闭合时，停止转动。当SA2闭合，给定的是正极性电压，则为正转，给定的是负极性电压则为反转。当SA3闭合，给定的是正极性电压，则为反转，给定的是负极性电压则为正转。

【例10-1】用一台CPU ST40对MR-J4伺服系统进行转矩和正反转控制，在HMI中输入转矩的百分比，MR-J4输出对应的转矩。要求设计解决方案，并编写控制程序。

【解】　(1) 软硬件配置

① 1套STEP 7-MicroWIN SMART V2.6。

② 1套MR-J4伺服驱动系统。

③ 1台CPU ST40和EM AQ02。

(2) 设计电气原理图

设计电原理图如图10-2所示。由于CPU ST40的数字量输出是PNP输出，所以MR-J4的数字量输入是PNP输入，其公共端子DICOM接0V，且MR-J4的DICOM公共端子电源的0V和CPU ST40输出端电源的0V短接或者公用同一电源。

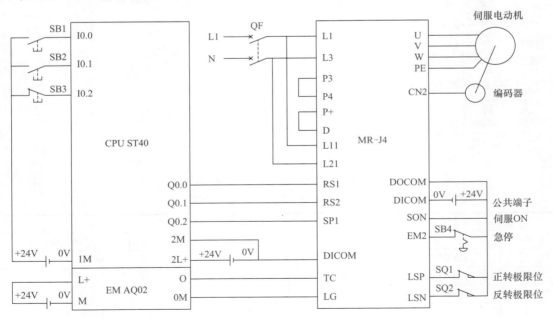

图10-2　例10-1电气原理图

编写程序如图10-3所示。

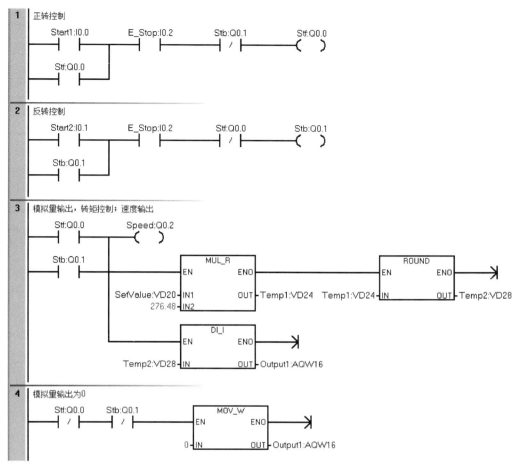

图10-3 例10-1程序

在许多实际应用中，不仅需要对轴进行位置及速度控制，有时还需要对电动机的转矩进行限制，比如在收放卷的应用中采用速度环饱和加转矩限幅的控制方式。

（1）转矩限制信号源

MR-J4总共有2个信号源可用于转矩限制，外部转矩限制和内部转矩限制。可通过数字量输入信号TL1（内部转矩选择）和TL（外部转矩选择）组合，选择其中一种。转矩限制信号源见表10-3。

表10-3 转矩限制信号源

数字量输入		转矩限制值状态	有效的转矩限制值	
TL1	TL		正转驱动CCW	反转驱动CW
0	0	—	Pr.PA11	Pr.PA12
0	1	TLA > Pr.PA11 和 Pr.PA12	Pr.PA11	Pr.PA12
		TLA < Pr.PA11 和 Pr.PA12	TLA	TLA

数字量输入		转矩限制值状态	有效的转矩限制值	
TL1	TL		正转驱动CCW	反转驱动CW
1	0	Pr.PC35 > Pr.PA11 和 Pr.PA12	Pr.PA11	Pr.PA12
		Pr.PC35 < Pr.PA11 和 Pr.PA12	Pr.PC35	Pr.PC35
1	1	TLA > Pr.PC35	Pr.PC35	Pr.PC35
		TLA < Pr.PC35	TLA	TLA

（2）转矩限制接线与参数设置

伺服系统的速度模式和位置控制模式，都可以使用转矩限制，图10-4所示为位置控制模式时转矩限制的原理图实例。其参数设置见表10-4。

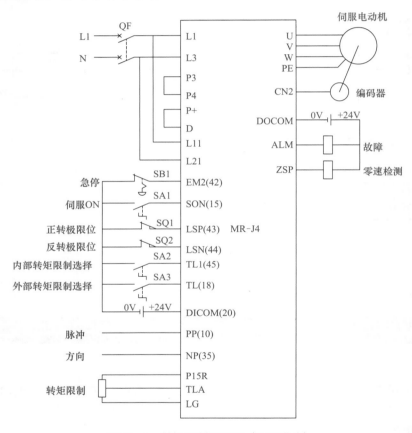

图10-4　转矩限制原理图（位置模式）

表10-4　转矩限制时的参数设置

序号	参数名称	设置值	对应的引脚	端子含义
1	Pr.PA01	1000H	—	运行模式设置——位置模式
2	Pr.PD04	02H	CN1-15	SON
3	Pr.PD12	07H	CN1-45	TL1（内部转矩选择）
4	Pr.PD14	08H	CN1-18	TL（外部转矩选择）
5	—	—	CN1-42	EM2
6	—	—	CN1-28	LG

序号	参数名称	设置值	对应的引脚	端子含义
7	—	—	CN1-27	TLA（模拟量转矩限制）
8	Pr.PD17	0AH	CN1-43	LSP（正限位）
9	Pr.PD19	0BH	CN1-44	LSN（负限位）

图10-4中，当SA3闭合，为外部转矩选择，当外部模拟量TLA>Pr.PA11和Pr.PA12时，正向转矩限制值为Pr.PA11的数值，反向转矩限制值为Pr.PA12的数值；当外部模拟量TLA<Pr.PA11和Pr.PA12时，正向和反向转矩限制值为TLA。

10.3 S7-200 SMART PLC读写SINAMICS V90 轴参数及应用

实时读取和写入参数是非常重要的。实时读取的参数，比如位移和速度不仅用于监视，而且还用于程序的控制，严格地讲，轴参数的读写都要借助通信报文。

10.3.1 直接用通信报文读写参数

（1）用报文1中的控制字和状态字读写参数

原理图和硬件组态参考8.4.3节。其网络组态如图10-5所示，通信报文是"标准报文1"。

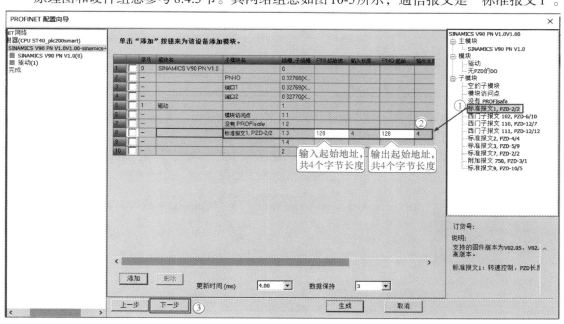

图10-5 配置通信报文

很明显，QW128是控制字，QW130是主设定值，修改QW130就可以改变伺服电动机的转速。IW128是状态字，从IW128的数值可以监控电动机的启动、停止、点动和正反转等状态，IW130是速度监控值，从IW130的数值可以监控电动机的实时速度。一个控制字/状态字读写参数实例如图10-6所示。

其他的报文控制字和状态字也能读写参数。

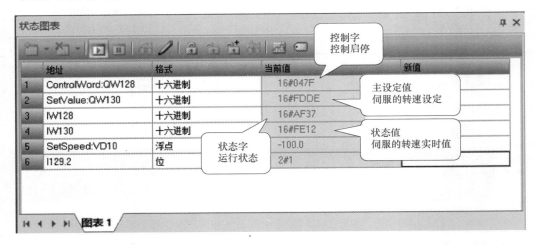

图10-6　控制字/状态字读写参数实例

（2）用报文111读取实时转矩值或电流值

报文111的结构见表10-5，报文111的控制和状态字都有12个字长，前11个字都有具体含义，第12个字（PZD12）的含义可以由用户定义，例如状态字的第12个字可以定义为实际电流值或实际转矩值。

表10-5　报文111的结构

报文111	PZD1	PZD2	PZD3	PZD4	PZD5	PZD6	PZD7	PZD8	PZD9	PZD10	PZD111	PZD12
MDI运行方式中的基本定位器（EPOS）	STW1	POS_STW1	POS_STW2	STW2	OVER RIDE	MDI_TARPOS		MDI_VELOCITY		MDI_ACC	MDI_DEC	USER
	ZSW1	POS_ZSW1	POS_ZSW2	ZSW2	MELDW	XIST_A		NIST_B		FAULT_CODE	WARN_CODE	USER

打开V-ASSITANT软件，使V90伺服系统处于在线状态，先选择"设置PROFINET"，然后选择"111西门子报文111 PDZ-12/12"，如图10-7所示。

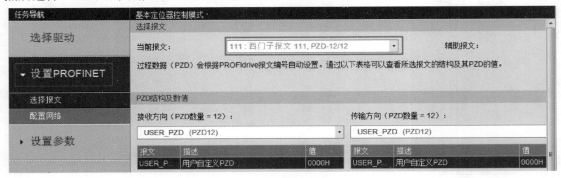

图10-7　选择通信报文111

修改参数p29151的方法如图10-8所示。参数修改完成后，通信报文111的状态字的第12个字定义为"实际转矩"，这样监控第12个字就可以监控实际转矩了。

监控报文111的第12个字有两种方法。第一种方法最简单，只要打开V-ASSISTANT软件，并使V90处于在线状态，如图10-9所示，USER_PDZ中显示的就是实时转矩。

图10-8　修改参数p29151

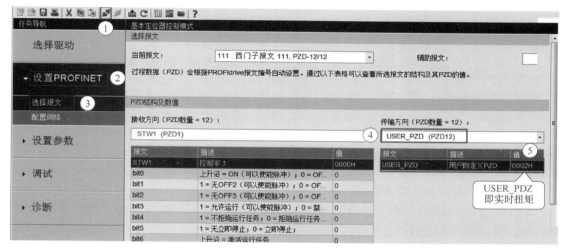

图10-9　V-ASSISTANT软件中显示实时转矩

另一种方法就是在STEP 7-Micro/WIN SMART V2.6中的监控表里监控。首先要知道报文111中的第12字的地址（如图10-10所示），然后在监控表里监控即可（如图10-11所示）。

		序号	模块名	子模块名	插槽_子插槽	PNI 起始…	输入长度（	PNQ 起始…
1		0	SINAMICS V90 PN V1.0		0			
2		—		PN-IO	0 32768			
3		—		端口1	0 32769			
4		—		端口2	0 32770			
5		1	驱动		1			
6		—		模块访问点	1 1			
7		—		没有 PROFIsafe	1 2			
8		—		西门子报文 111, PZD-12/12	1 3	128	24	128
9		—			1 4			
10		—			2			

图10-10　报文111中的第12字的地址

图10-11 状态图表里监控转矩

10.3.2 用指令块读写参数

由于伺服系统是闭环系统，光电编码器向伺服驱动器反馈当前的位置和速度，所以指令块可以非常方便地读写伺服系统的实时速度和位置等参数。以下将介绍两条读位置参数的指令AXISx_RDPOS（返回当前运动轴位置）和AXISx_ABSPOS（读取绝对位置）。

（1）返回当前运动轴位置指令AXISx_RDPOS介绍

AXISx_RDPOS用于返回当前运动轴位置。返回当前运动轴位置指令AXISx_RDPOS的说明见表10-6。

表10-6 返回当前运动轴位置指令AXISx_RDPOS的参数

LAD	各输入/输出	参数的含义
AXIS0_RDPOS —EN 错误— I_pos—	EN	使能
	错误（ERROR）	发生错误的代码
	I_Pos	轴当前的实际位置

（2）读取绝对位置指令AXISx_ABSPOS介绍

AXISx_ABSPOS指令用于通过特定的西门子伺服驱动器（例如V90）读取绝对位置。读取绝对位置指令AXISx_ABSPOS具体参数说明见表10-7。

表10-7 读取绝对位置指令AXISx_ABSPOS的参数

LAD	各输入/输出	参数的含义
AXIS0_ABSPOS —EN —START —RDY —INP —Res 完成— —驱动器 错误— —端口 D_Pos—	EN	使能
	START	启动信号
	INP	参数指示电机处于静止状态,而该状态通常通过驱动器的数字输出信号提供。仅当该参数开启时,此例程才会通过驱动器读取绝对位置
	RDY	指示伺服驱动器处于就绪状态,而该状态通常通过驱动器的数字输出信号提供。仅当该参数开启时,此例程才会通过驱动器读取绝对位置
	Res	伺服电机相连的绝对编码器的分辨率
	驱动器（Drive）	伺服驱动器的RS485地址
	端口（Port）	伺服驱动器通信的CPU端口: 0:板载RS485端口（端口 0） 1:RS485/RS232信号板（如存在,端口 1）
	完成（Done）	1:读取完成
	错误（ERROR）	发生错误的代码
	D_Pos	当前绝对位置

【例10-2】原理图如图9-1所示，要求编写控制程序读取伺服系统的当前位置数值。

【解】 编写梯形图程序如图10-12所示。VD10和VD22中都是当前位置值，但两者数值大小可能不同，因为AXIS0_CTRL中的位置数值与扫描周期有关。

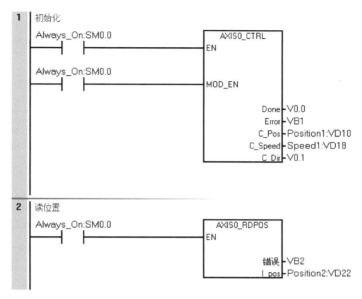

图10-12　例10-2程序

10.3.3　用库指令SINA_PARA_S读写参数

使用库指令SINA_PARA_S读写参数的前提有两个：一是STEP 7-Micro/WIN SMART使用V2.4以后的版本，最好是最新版本，二是STEP 7-Micro/WIN SMART软件中必须安装V90 PN的GSDML文件。

SINA_PARA_S指令可实现驱动器参数的读/写操作，用户只需要指定参数号、参数下标以及将要写入的参数值（仅对于写操作），在执行程序块后，相应的读写操作将自动地执行。以下仅介绍此指令。

（1）参数说明

Start：在参数操作过程中start的上升沿会启动参数操作任务。

ReadWrite：参数=0表示读取操作，如果等于1对应写入操作。

Parameter：需要读写的参数号。

Index：参数下标。

ValueWrite1：此处写实型的参数值。

ValueWrite2：此处写整型的参数值。

DeviceNo：驱动编号。

Device_Parameter："Device_Parameter"起始地址的指针。"Device_Parameter"指PROFINET从站的参数。当Device_Parameter的指针为VB110时，则参数表的具体含义见表10-8。

Status：当前操作状态。

ErrorID：返回值。

表10-8　Device_Parameter参数表的具体含义

字节偏移	说明	举例	
0	轴编号：对于V90驱动器，选择 2。对于其他驱动器，参见相关手册	VB110	2
2~5	API编号，后续组态中有其含义	VD112	14848
6~7	插槽编号	VW116	1
8~9	子插槽编号	VW118	3

Status_bit：状态表，状态表的各位含义见表10-9。

表10-9　状态表Status_bit的各位含义

字节偏移	位 3	位 2	位 1	位 0
0	错误（Error）	已完成（Done）	繁忙（Busy）	就绪（Ready）

例如指令SINA_PARA_S的Status_bit的参数为VB100，则V100.0表示就绪，V100.1表示繁忙，V100.2表示已完成，V100.3表示错误。

ValueRead1：此处读实型的参数值。

ValueRead2：此处读整型的参数值。

Format：所读参数的格式，实际就是参数的数据类型，具体含义见表10-10。

表10-10　Format所读参数的格式

ID	说明	ID	说明
02	整型8	08	浮点
03	整型16	10	八进制字符串 8（16 位）
04	整型32	13	时间差（32 位）
05	无符号8	41	字节
06	无符号16	42	字
07	无符号32	43	双字

例如要读取的参数是16位的整数，那么指令SINA_PARA_S的Format赋值为"03"，其他的参数数据类型参考表10-10。

ErroNo：错误代码。

PN_Error_Code：PROFINET 协议的错误代码。

（2）应用举例

【例10-3】编写控制程序，实现读取参数p1120。

【解】1）硬件配置

① 新建项目"Parameter"，如图10-13所示。

② 配置PROFINET接口。如图10-13所示，选中"向导"→"PROFINET"，弹出如图10-14所示的界面，先勾选"控制器"，选择PLC角色；再设置PLC的IP地址、子网掩码和站名。要注意在同一网段中，站名和IP地址是唯一的，而且此处组态的IP地址和站名，必须与实际PLC的IP地址和站名相同，否则运行PLC会出现通信报错。单击"下一步"按钮。

③ 配置SINAMICS V90伺服驱动器。展开右侧的硬件目录，选中"PROFINET IO"→"Drives"→"SIEMENS AG"→"SINAMICS"→"SINAMICS V90"，拖拽"SINAMICS V90"到如图10-15所示的界面。用鼠标左键选中图中标记"①"处的绿色标记（即PROFINET接口）按住不放，拖拽到图中标记"②"处松开鼠标。设置"SINAMICS V90"

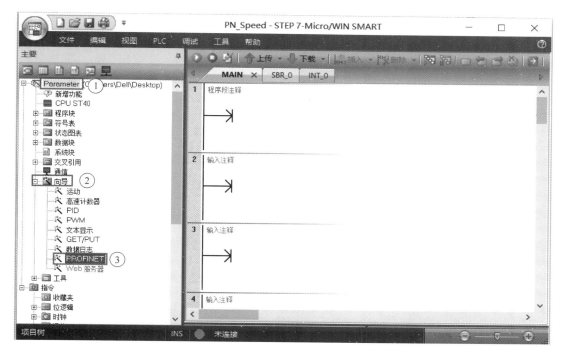

图10-13 新建项目

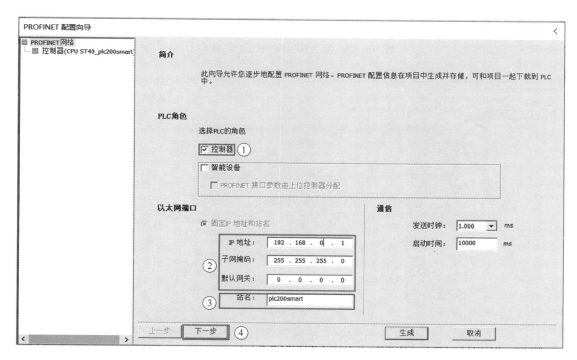

图10-14 配置PROFINET接口

的设备名称和IP地址，此处组态的IP地址和站名，必须与实际V90的IP地址和站名相同，否则运行PLC会出现通信报错。单击"下一步"按钮。

④ 配置通信报文。选中"西门子报文 1 PZD 2/2",并拖拽到如图 10-16 所示的位置。注意:PLC 侧选择通信报文 1,那么伺服驱动器侧也要选择报文 1,这一点要特别注意。报文的控制字是 QW128,主设定值是 QW130,详见图中标记"②"处。单击"下一步"按钮。

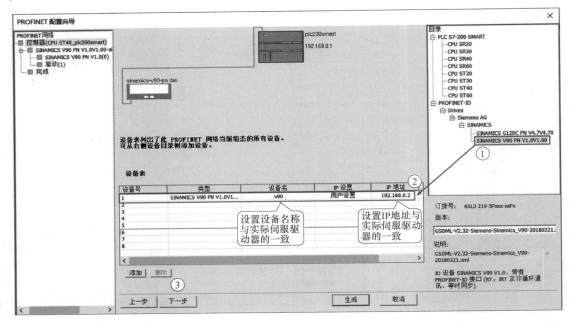

图10-15　配置SINAMICS V90（1）

图10-16　配置SINAMICS V90（2）

⑤ 如图 10-17 所示的界面,单击"生成"按钮即可。API 编号、插槽号和子插槽号在编写程序时要用到。

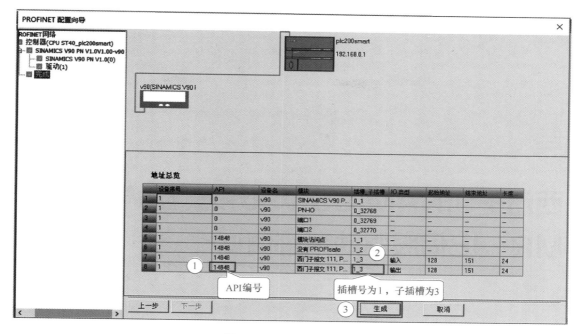

图 10-17　配置通信报文

2）编写程序　编写程序如图 10-18 所示。p1120 是斜坡上升时间。当将 V20.0 修改为 "TRUE" 和 VW30 修改为 1120 时，p1120 的值读取到 VD48 中，本例为 1.0。

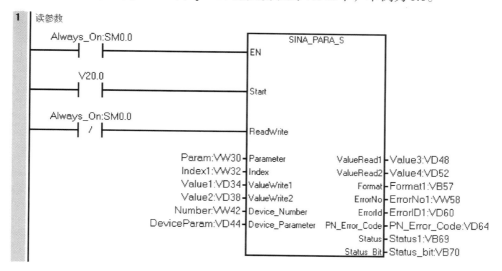

图 10-18　例 10-3 程序

第11章

西门子SINAMICS V90和三菱MR-J4/MR-JE伺服驱动系统调试

伺服系统在正式投入使用之前，调试工作是必不可少，调试的主要目的是验证伺服系统的配置、安装和参数设置等是否满足设计要求，优化伺服系统的功能，因此调试工作非常重要。

11.1 SINAMICS V90伺服系统的调试

调试SINAMICS V90伺服系统可以用三种方法，即BOP基本操作面板、V-ASSITANT软件和TIA Portal软件，以下仅讲解前两种。

11.1.1 用BOP调试SINAMICS V90伺服系统

BOP基本操作面板内置于SINAMICS V90伺服系统上，BOP可以设置伺服系统的参数，也可以对伺服系统进行调试。以下介绍BOP基本操作面板，在 JOG 模式下调试SINAMICS V90伺服系统。

(1) 调试的目的

当驱动首次上电时，可以通过 BOP 或工程工具SINAMICS V-ASSISTANT 进行试运行，以检查：

- 主电源是否已正确连接；
- DC 24V电源是否已正确连接；
- 伺服驱动与伺服电动机之间的电缆（电动机动力电缆、编码器电缆、抱闸电缆）是否已正确连接；
- 电动机速度和转动方向是否正确。

(2) 调试的步骤

调试的步骤见表11-1。

表11-1　调试的步骤

步骤	描述	备注
①	连接必要的设备并且检查接线	必须连接以下电缆： • 电动机动力电缆 • 编码器电缆 • 抱闸电缆 • 主电源电缆 • DC 24V电缆 检查： • 设备或电缆是否有损坏 • 连接的电缆是否受到较大的压力、负载或拉力 • 连接的电缆是否紧靠锋利的边缘 • 电源输入是否在允许的范围内 • 所有的端子是否均已正确连接并固定 • 所有已连接的系统组件是否已良好接地
②	打开DC 24V电源	
③	检查伺服电动机类型 • 如果伺服电动机带有增量式编码器,输入电动机ID(p29000) • 如果伺服电动机带有绝对值编码器,伺服驱动可以自动识别伺服电动机	如未识别到伺服电动机,则会发生故障F52984。 电动机ID可参见电动机铭牌
④	检查电动机旋转方向 默认运行方向为CW(顺时针)。如有必要,可通过设置参数p29001更改运行方向	p29001=0:CW p29001=1:CCW
⑤	检查JOG速度 默认JOG速度为100r/min。可通过设置参数p1058更改显示	为使能JOG功能,必须将参数p29108的位0置为1,而后保存参数设置并重启驱动;否则,该功能的相关参数p1058被禁止访问
⑥	通过BOP保存参数	
⑦	打开主电源	
⑧	清除故障和报警	
⑨	使用 BOP,进入JOG菜单功能,按向上或向下键运行伺服电动机 如使用工程工具,则使用JOG功能运行伺服电动机	

具体操作参考编者制作的视频。

11.1.2　用V-ASSISTANT软件调试SINAMICS V90伺服系统

用V-ASSISTANT软件调试SINAMICS V90伺服系统,以下用速度模式为例讲解,调试过程与11.1.1类似,只是采用的工具不同而已,以下将详细说明。

步骤①、②和11.1.1相同,以下从步骤③开始。

③打开V-ASSISTANT软件,将伺服驱动器的mini-USB接口与计算机的USB接口连接起来,如果是首次连接计算机会自动安装USB驱动程序。V-ASSISTANT软件自动连接V90

伺服驱动器，连接完成后，单击"确定"按钮，在弹出的如图11-1所示的界面中，选中"任务导航"→"设置参数"→"查看所有的参数"，查看参数p29000的参数值是否与电动机铭牌上的ID值一致，如不一致则按照电动机的铭牌修改，此参数是立即生效的参数。

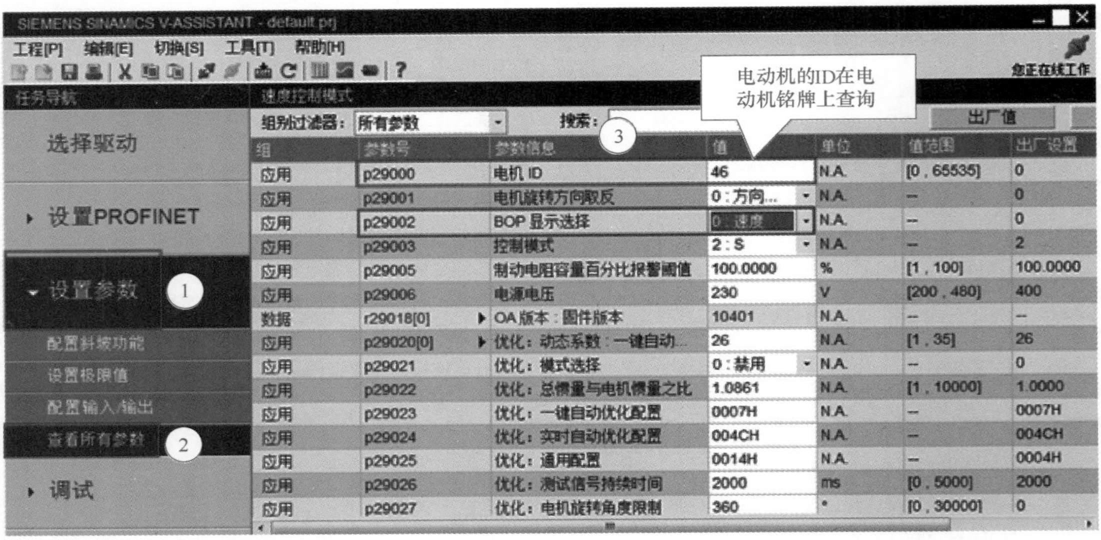

图11-1 设置电动机的ID

④ 设置PROFINET网络参数。如图11-2所示，选中"任务导航"→"设置PROFINET"→"配置网络"，设置PN站名，本例为"V90"，设置PN站IP地址，本例为"192.168.0.2"，设置子网掩码，本例为"255.255.255.0"，注意PN站名和PN站IP地址必须与PLC中组态的

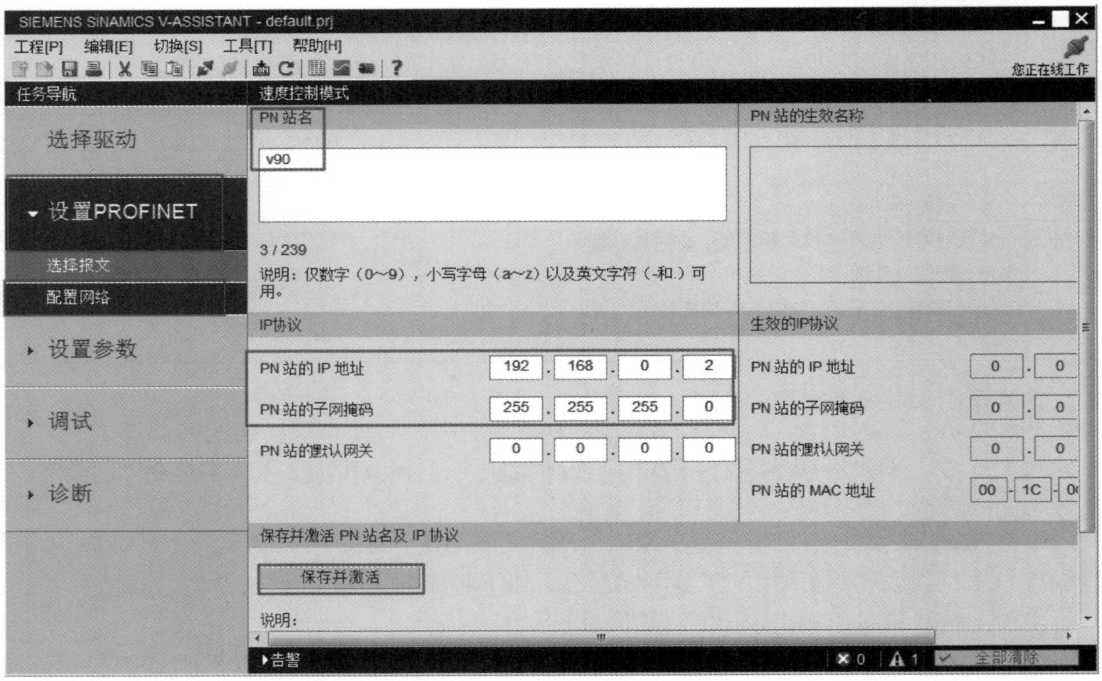

图11-2 设置PROFINET网络参数

完全一致，否则通信不能建立。之后单击"保存并激活"按钮，这些参数是需要重启驱动器才能生效。

PROFINET网络参数也可以在参数列表中修改。

⑤ 设置扭矩限值和转速限值。如图11-3所示，选中"任务导航"→"参数设置"→"设置极限值"，在此界面中可以设置扭矩限制和最大速度限制。

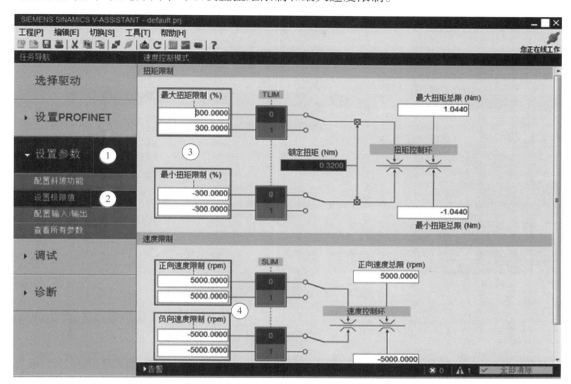

图11-3　设置扭矩限值和转速限值

⑥ 设置数字量输入输出端子。PN版的伺服驱动器的X8接口的端子相比脉冲版本的要少很多，这些数字量输入和输出端子有默认的设置功能，也可以自定义功能。如图11-4所示，

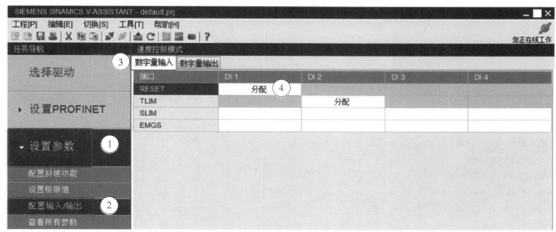

图11-4　设置数字量输入输出端子

选中"任务导航"→"参数设置"→"配置输入/输出" →"数字量输入",例如默认将DI1端子的功能分配为RESET,其实也可以将DI1端子的功能分配为SLIM(速度限制)。

也可以在参数列表中修改p29301~p29304的参数,即设置数字量输入端子DI1~DI4的功能。

如图11-5所示为设置数字量输出端子界面,其设置方法与设置数字量输入的方法类似。

也可以在参数列表中修改p29330和p29331的参数,即设置数字量输出端子DO1和DO2的功能。

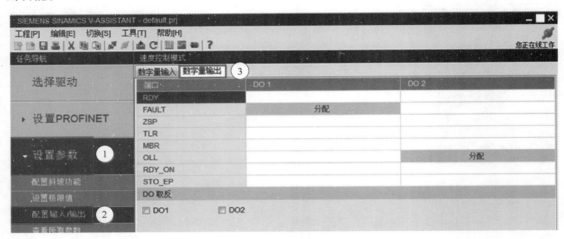

图11-5　设置数字量输出端子

⑦ 测试电动机。如图11-6所示,选中"任务导航"→"调试",单击"伺服使能"(图中已经使能,所以变为"伺服关使能")按钮,在转速中输入合适的数值,单击正向或者反向点动,本例为反向点动,可以看到实时速度为–102.7707r/min。如电动机不旋转说明有接

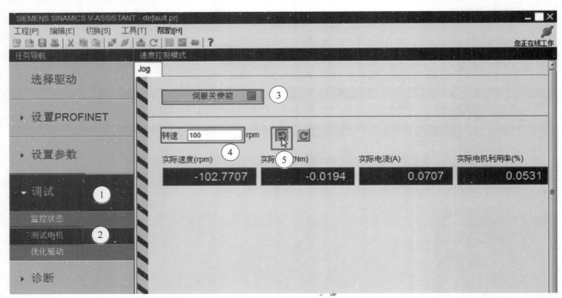

图11-6　测试电动机

线或者参数设置错误，则还需要检查。如电动机已经旋转则要查看正转或者反转的方向是否与所需的方向一致，如不一致则可修改图11-1中的电动机的方向参数p29001，将其修改为1。

11.1.3 SINAMICS V90伺服系统的一键优化

（1）一键自动优化的概念

SINAMICS V90 PN提供两种自动优化模式：一键自动优化和实时自动优化。自动优化功能可以通过机械负载惯量比（p29022）自动优化控制参数，并设置合适的电流滤波器参数来抑制机械的机械谐振。可以通过设置不同的动态因子来改变系统的动态性能。

一键自动优化通过内部运动指令估算机械的负载惯量和机械特性。为达到期望的性能，在使用上位机控制驱动运行之前，可以多次执行一键自动优化。特别是初学者，对伺服系统的参数不熟悉，使用一键优化具有很大的优势。

（2）一键自动优化的前提条件

• 机械负载惯量比未知，需要进行估算，但负载的惯量变化不大，例如伺服系统驱动的是装载小车，那么小车中装载的货物的重量变化不能太大。

• 电动机在顺时针和逆时针方向上均可旋转，因为一键优化过程中，伺服电动机要正向和反向旋转。有的系统只能单向旋转，那么就不能采用一键优化方案了。

• 电动机旋转位置（p29027定义一圈为360°）在机械允许的范围之内，在一键优化时，最好将电动机驱动负载（如小车），置于运行轨迹的中间位置，以防止一键优化测试时，电动机运行超程。

　－对于带绝对值编码器的电动机：位置限制由p29027决定。

　－对于带增量式编码器的电动机：在优化开始时必须允许电动机有两圈的自由旋转。

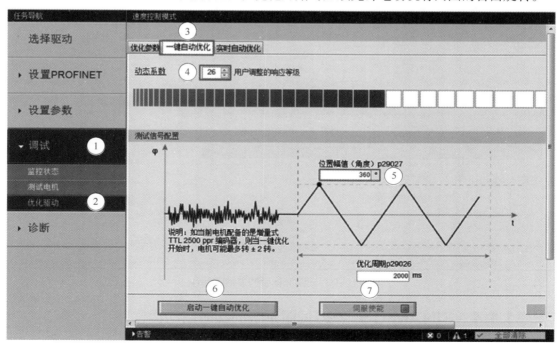

图11-7　启动一键优化

（3）一键自动优化的实现

一键自动优化有三种实现方法：通过BOP基本操作面板设置参数操作、通过博途软件中的驱动调试进行操作和通过V-ASSISTANT调试软件操作。以下介绍最后一种方法。

① 首先在伺服系统驱动的负载（如小车）移动到运行轨迹的中间位置，以防止一键优化过程中，负载碰到限位开关，即超程。

② 打开V-ASSISTANT调试软件，使V90伺服驱动系统处于在线状态（方法已经在前面介绍过）。如图11-7所示，选中"任务导航"→"调试"→"优化驱动"→"一键自动优化"，选择"用户调整响应等级"为"26"，即为中级；选择"位置幅度"为"360°"，也就是电动机可以正转和反转1圈，也可以适当调整大一点；单击"启动一键自动优化"和"伺服使能"按钮，自动一键优化开始。一键优化过程中，伺服系统要正向和反向移动，而且有振动，这都是正常现象。

③ 当自动一键优化结束后，V-ASSISTANT调试软件自动弹出如图11-8所示的界面，如果不需要调整参数，单击"接受"按钮，之后保存参数如图11-9所示。自动一键优化完成。

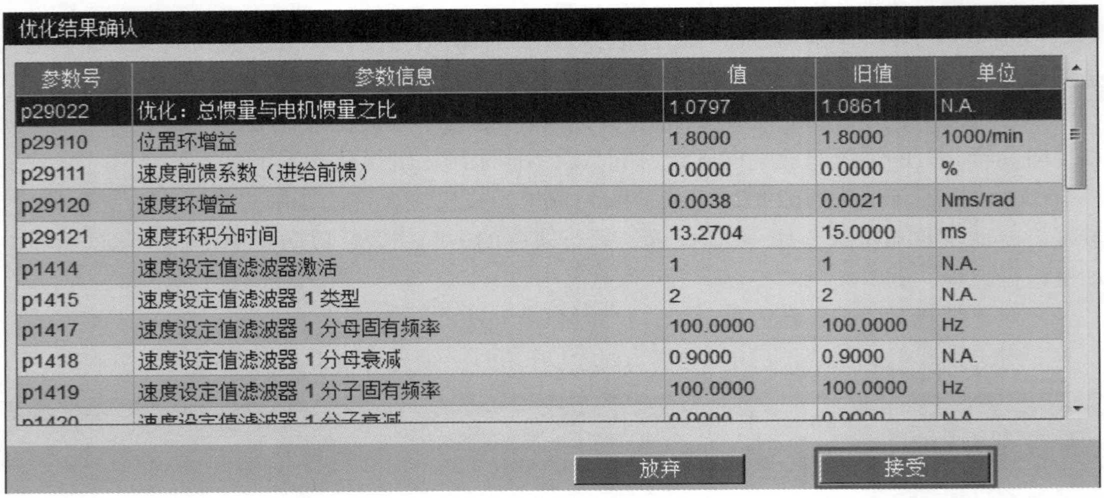

参数号	参数信息	值	旧值	单位
p29022	优化：总惯量与电机惯量之比	1.0797	1.0861	N.A.
p29110	位置环增益	1.8000	1.8000	1000/min
p29111	速度前馈系数（进给前馈）	0.0000	0.0000	%
p29120	速度环增益	0.0038	0.0021	Nms/rad
p29121	速度环积分时间	13.2704	15.0000	ms
p1414	速度设定值滤波器激活	1	1	N.A.
p1415	速度设定值滤波器1类型	2	2	N.A.
p1417	速度设定值滤波器1分母固有频率	100.0000	100.0000	Hz
p1418	速度设定值滤波器1分母衰减	0.9000	0.9000	N.A.
p1419	速度设定值滤波器1分子固有频率	100.0000	100.0000	Hz
p1420	速度设定值滤波器1分子衰减	0.9000		N.A.

放弃　　　接受

图11-8　一键优化后的参数列表

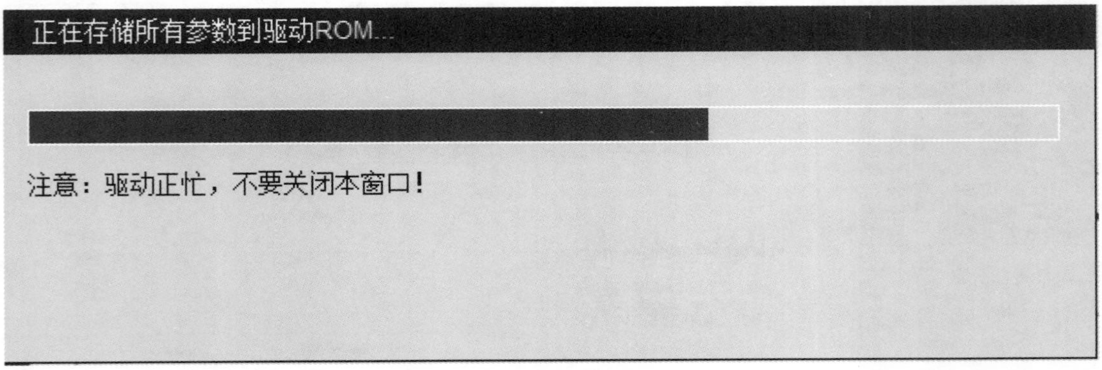

正在存储所有参数到驱动ROM...

注意：驱动正忙，不要关闭本窗口！

图11-9　一键优化后的参数的保存

11.1.4　SINAMICS V90伺服系统的实时自动优化

实时自动优化可以在上位机控制驱动运行时自动估算机械负载惯量，并据此实时设置最优控制参数。在电动机伺服使能后，实时自动优化功能一直有效。若不需要持续估算负载惯量，可以在系统性能结束后禁用该功能。

（1）使用实时自动优化的前提条件

· 伺服驱动器必须由上位机控制。

· 当机械移动至不同位置时，机械实际负载惯量不同。

· 确保电动机有多次加速和减速，推荐使用阶跃式指令。

· 机械在运行时，机械谐振频率会发生变化。

（2）实时自动优化的实现

① 首先将伺服系统驱动的负载（如小车）移动到运行轨迹的中间位置，以防止实时自动优化过程中，负载碰到限位开关，即超程。

② 打开 V-ASSISTANT 调试软件，使 V90 伺服驱动系统处于在线状态（方法已经在前面介绍过）。如图 11-10 所示，选中"任务导航"→"调试"→"优化驱动"→"实时自动优化"，选择"用户调整响应等级"为"26"，即为中级；单击"启动实时自动优化"按钮，实时自动优化开始。

实时自动优化完成后，接受和保存参数即可。

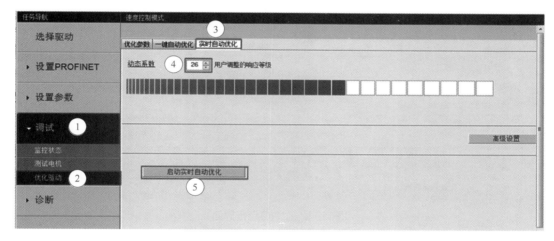

图 11-10　启动实时自动优化

11.2　MR-J4/MR-JE 伺服系统的调试

对于 MR-J4/MR-JE 伺服系统的调试基本类似，本书仅以 MR-J4 伺服系统为例，用"MR Configurator2 软件"软件进行调试讲解。

11.2.1　MR-J4/MR-JE 伺服系统的测试运行

MR-J4/MR-JE 伺服系统的测试运行主要包括点动、定位移动和 DO 强制输出等，通过测试运行可以判断伺服系统接线是否正确、参数设置是否正确和系统本身是否存在故障等，以下分别进行介绍。

（1）伺服系统的点动测试运行

首先运行MR Configurator2软件，使软件与伺服系统建立连接。单击菜单栏的"测试运行"→"JOG运行"，如图11-11所示，弹出如图11-12所示的JOG运行界面，接着"输入电机速度，本例为200"→勾选"LSP，LSN自动ON"，最后单击"正转CCW"或者"反转CW"按钮，如电动机正转或者反转，则说明，电动机的运行方向正确、伺服系统无故障、供电电缆、电动机动力电缆和编码器电缆的接线都是正确的。

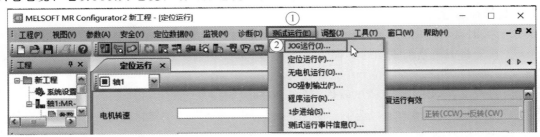

图11-11　打开JOG运行界面

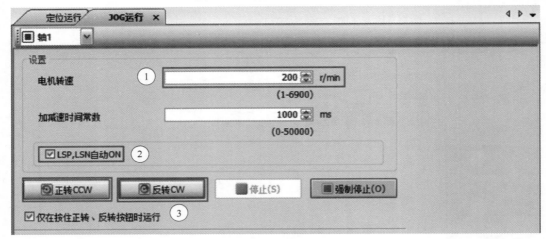

图11-12　JOG运行界面

（2）伺服系统的定位测试运行

单击菜单栏的"测试运行"→"定位运行"，如图11-13所示，弹出如图11-14所示的定位运行界面，接着输入"电机速度，本例为200"→输入"移动量，本例为2000"→勾选"LSP，LSN自动ON"，最后单击"正转CCW"或者"反转CW"按钮，如电动机正转或者反转，则说明，电动机的运行方向正确、伺服系统无故障、供电电缆、电动机动力电缆和编码器电缆的接线都是正确的。如本例的齿轮比设置时，设置1000脉冲转1圈，单击一次"正

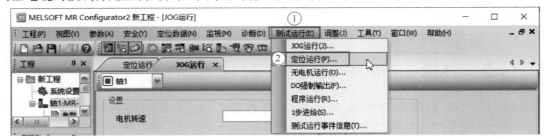

图11-13　打开定位运行界面

转CCW"或者"反转CW"按钮，转2圈，则说明齿轮比设置正确。

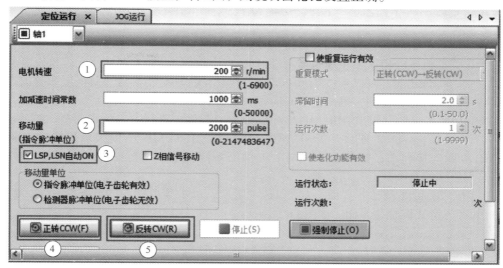

图11-14 定位运行界面

（3）伺服系统的DO强制输出测试运行

单击菜单栏的"测试运行"→"DO强制输出"，如图11-15所示，弹出如图11-16所示的DO强制输出界面，接着单击"ON"，相应的端子出现黄色，表示强制输出成功。

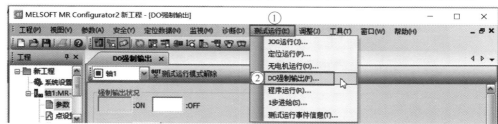

图11-15 打开DO强制输出界面

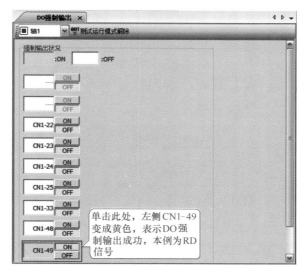

图11-16 DO强制输出界面

1102-MR-
J4/MR-JE
伺服系统的一
键式调整

11.2.2　MR-J4/MR-JE伺服系统的一键式调整

前面已经提到：一键自动优化（即一键式调整）通过内部运动指令估算机械的负载惯量和机械特性。为达到期望的性能，在使用上位机控制驱动运行之前，可以多次执行一键自动优化。特别是初学者，对伺服系统的参数不熟悉，使用一键式调整具有很大的优势。

以下将介绍用MR Configurator2软件，进行"一键式调整"的过程。

① 首先将计算机的USB接口与MR-J4/MR-JE伺服系统的USB接口用mini-USB电缆连接起来；接着MR-J4/MR-JE伺服系统上电，运行MR Configurator2软件，此软件与伺服系统自动建立通信连接。

② 打开"一键式调整"界面。如图11-17所示，单击菜单栏的"调整"→"一键式调整"，打开"一键式调整"界面，如图11-18所示。

图11-17　打开"一键式调整"界面

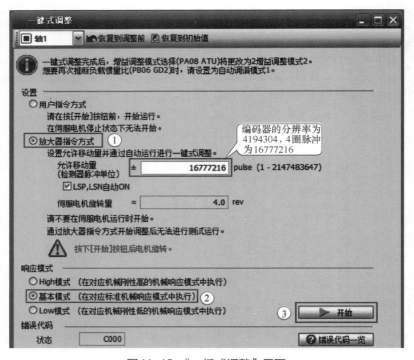

图11-18　"一键式调整"界面

③ "一键式调整"实施。如图11-18所示，选择"放大器指令方式"→"基本模式"，单击"开始"按钮，"一键式调整"开始实施。"一键式调整"进度如图11-19所示，当"一键式调整"完成后弹出如图11-20所示的界面，单击"是"按钮，弹出如图11-21所示的界

面，单击"更新"按钮，将"一键式调整"计算出的参数，下载到伺服系统里。

注意：在实施"一键式调整"前，应将工作台移到轨道的中间，本例移动范围是±4圈，应确保工作台不发生碰撞，移动的圈数是可以修改的。

图11-19 "一键式调整"进度 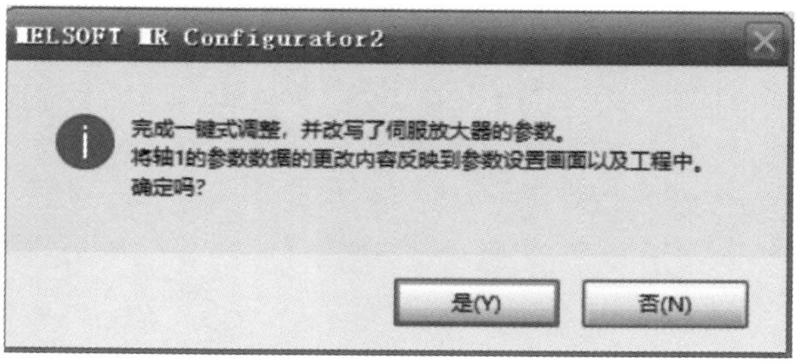　　　　　　图11-20　完成"一键式调整"

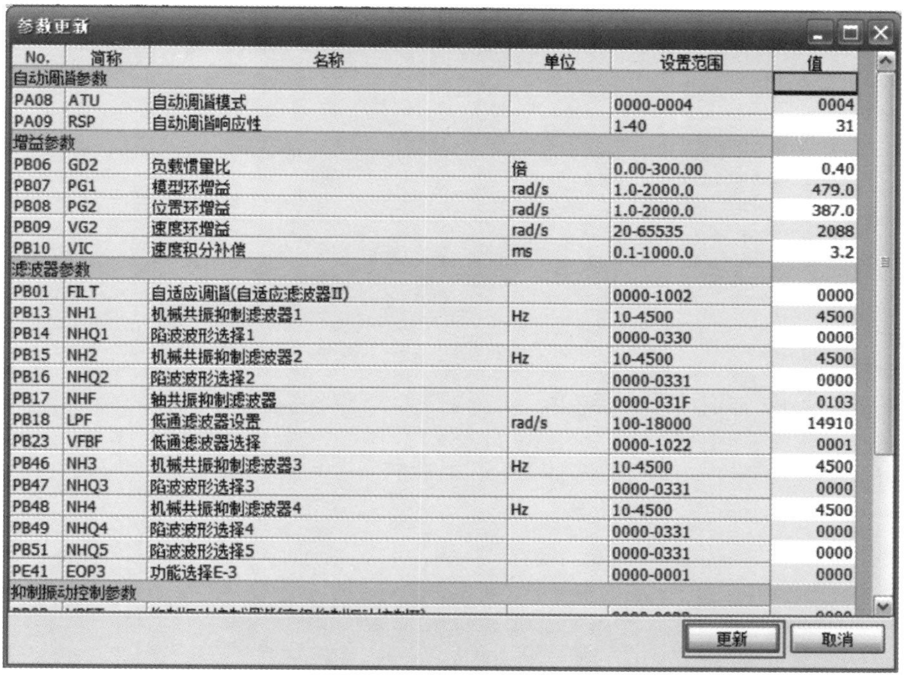

No.	简称	名称	单位	设置范围	值
参数更新					
自动调谐参数					
PA08	ATU	自动调谐模式		0000-0004	0004
PA09	RSP	自动调谐响应性		1-40	31
增益参数					
PB06	GD2	负载惯量比	倍	0.00-300.00	0.40
PB07	PG1	模型环增益	rad/s	1.0-2000.0	479.0
PB08	PG2	位置环增益	rad/s	1.0-2000.0	387.0
PB09	VG2	速度环增益	rad/s	20-65535	2088
PB10	VIC	速度积分补偿	ms	0.1-1000.0	3.2
滤波器参数					
PB01	FILT	自适应调谐(自适应滤波器II)		0000-1002	0000
PB13	NH1	机械共振抑制滤波器1	Hz	10-4500	4500
PB14	NHQ1	陷波波形选择1		0000-0330	0000
PB15	NH2	机械共振抑制滤波器2	Hz	10-4500	4500
PB16	NHQ2	陷波波形选择2		0000-0331	0000
PB17	NHF	轴共振抑制滤波器		0000-031F	0103
PB18	LPF	低通滤波器设置	rad/s	100-18000	14910
PB23	VFBF	低通滤波器选择		0000-1022	0001
PB46	NH3	机械共振抑制滤波器3	Hz	10-4500	4500
PB47	NHQ3	陷波波形选择3		0000-0331	0000
PB48	NH4	机械共振抑制滤波器4	Hz	10-4500	4500
PB49	NHQ4	陷波波形选择4		0000-0331	0000
PB51	NHQ5	陷波波形选择5		0000-0331	0000
PE41	EOP3	功能选择E-3		0000-0001	0000
抑制振动控制参数					

图11-21 "一键式调整"参数更新

参 考 文 献

［1］ 向晓汉. 西门子PLC、触摸屏和变频器综合应用从入门到精通. 北京：化学工业出版社，2020.

［2］ 向晓汉. 电气控制工程师手册. 北京：化学工业出版社，2020.

［3］ 向晓汉. 西门子SINAMICS V90伺服驱动系统从入门到精通. 北京：化学工业出版社，2022.